알기쉽게 풀어쓴

전력전자공학

노의철·정규범·최남섭 공저

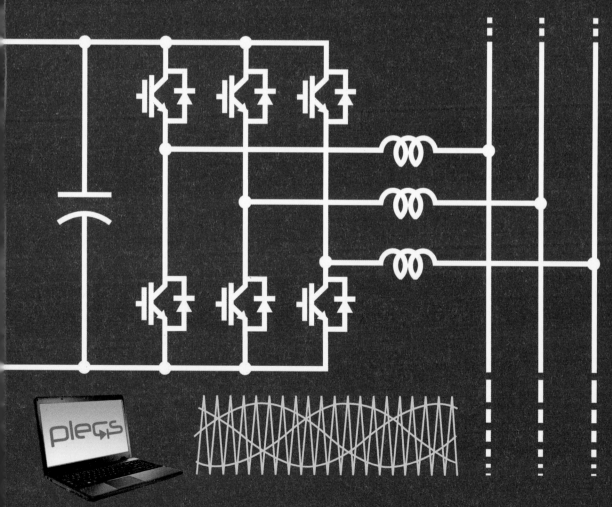

문운당

머리말

스마트폰! 언제 어디서나 인터넷 정보검색이 가능하고, 아름다운 순간을 포착하여 사진으로 남길 수도 있고, 카카오톡을 무제한 즐기며, 지도와 네비게이션 덕분에 어디를 가든 헤맬 일도 없고… 참으로 편리하고 유용한 기기이다.

주위에 우리를 편리하게 해주는 것들을 더 살펴보자. 먼저 집안에 놓여 있는 냉장고, 에어컨, TV, 세탁기, 컴퓨터, 러닝머신 등등. 집을 나서 통학을 하거나 출퇴근시 이용하는 대도시 교통의 절대강자-지하철! 빌딩에 도착하여 버튼만 누르면 아무리 높은 층이라도 수십 초 이내에 모셔드리는 엘리베이터! 장거리 여행시 축지법의 달인-KTX! 이들의 편리함이란 스마트폰 못지 않다. 잘 알다시피 2004년 KTX가 개통되기 이전에 서울-부산 간을 육상으로 가장 빨리 실어 나른 운송수단은 새마을열차였다. 보통 4시간 30분~5시간 정도 소요되었으므로 부산 사람들이 서울 가서 일보고 하루만에 왕복하기에는 무리였다. 이러한 소요시간을 50 % 정도로 단축시킨 KTX 덕분에 서울-부산이 옆동네처럼 느껴진다.

스마트폰과 이들과의 공통점은 무엇인가? 그렇다! 바로 전기로 동작한다는 것이다. 일반인들도 이 정도는 알고 있으나 전기가 이들 기기에 들어가서 얼마나 중요한 일들을 하는지는 전문가가 아니면 잘 모른다. "전문가? 난 스마트폰을 즐기고 TV 보며 지하철을 타면 되는데 무슨 전문가? 나하고는 상관없다."라고 생각하면 평생 비용만 지출하는 인생에 머무른다. 통신요금, TV 시청료, 지하철 요금… 돈을 버는 쪽은 스마트폰을 만드는 기업체와 이를 운용하는 통신사, 지하철 전동차와 지하철시스템을 만드는 메이커와 지하철공사 등이다. 일반인들이 편하다고 많이 쓰면 쓸수록 돈은 이들 기업체와 운용사들에게 계속 빨려 들어간다.

이 책은 전기분야에서 부(富)를 창출하는 전문가로 성장하고자 하는 모든 분들에게 도움을 드리고자 집필된 것이다. 신성한 학문에 웬 돈타령? 2013년도 명목 GDP 기준 우리나라의 세계 경제 순위는 15위! 무역규모는 세계 9위! 전세계 국가별 국토면적에서는 109위, 인구 순위에서는 25위에 지나지 않는 우리나라로서는 실로 대단한 위상이다. 1960년대 초만 해도 세계 최빈국의 하나에 불과했었는데 1980년대 초

반 세계 30위권으로 상승하였던 경제력이 1980년대 1990년대 급성장기를 거치면서 2000년대에는 전세계 11~15위권에 랭크될 수 있었던 동력!

그 지칠 줄 모르던 힘의 근원이 무엇이었는지 잘 아시리라!
바로 공학(엔지니어링)의 힘!
수십 년에 걸쳐 한 우물을 파는 전문가층이 두터울수록 국력도 크게 신장되는 법!

앞에서 예를 들었던 지하철 전동차를 다시 살펴보자. 지하철 플랫폼에서 역사로 진입하고 있는 전동차를 보면 전동차 지붕 위에 스키모양으로 생긴 장치가 전차선에 붙어서 미끄러지고 있는 것을 볼 수 있는데 이것을 팬터그래프(pantograph : 집전장치)라고 한다. 그런데 이 팬터그래프를 통해 들어오는 전기는 직류일 수도 있고 교류일 수도 있다. 직류가 들어오든 교류가 들어오든 전동차는 개의치 않고 잘도 움직인다. 전동차의 움직임을 또 살펴보자. 전동차는 말 그대로 전기로 움직이는 열차인데 움직이는 힘은 전동기로부터 얻는다. 전동기는 교류전동기도 될 수 있고 직류전동기도 될 수 있다. 역사로 들어온 전동차는 잠시 정차 후 다시 출발하니 전동기도 회전속도를 서서히 낮추었다가 완전히 정지한 다음 다시 속도를 서서히 올려야 한다. 교류전동기의 경우 회전속도를 낮추거나 올리려면 전동기에 공급되는 전기의 전압과 주파수를 동시에 서서히 줄이거나 서서히 높여야 한다. 그런데 전차선에 직류가 들어오면 어떻게 하나? 교류전동기에 이 직류를 바로 연결해 버리면 전동기가 움직이지도 못하고 타버리고 만다. 그럼 전차선에 교류가 들어오면? 이 교류는 발전소에서 보내주는 전기이므로 단상이고 전압도 일정하고 주파수도 60 Hz로 일정한데 전동기는 3상교류에 전압과 주파수도 시시각각 변하는 전기를 필요로 하므로 역시 전차선의 교류를 전동기에 바로 연결할 수가 없다. 그런데 전차선이 직류든 교류든 전동차는 잘 움직이지 않는가! 왜 그럴까? 전차선을 통해 들어오는 전기를 전동기에 연결하기 전에 전기를 가공해 주는 장치가 있기 때문에 가능한 것이다. 즉, 교류든 직류든 일단 받아서 전동기가 필요로 하는 특수한 전기로 정밀하게 가공해서 실시간으로 전동기에 공급해 주기 때문에 쾌적한 승차감을 얻을 수 있는 것이다.

이와 같이 직류를 교류로 바꾸거나 일정한 교류를 변하는 교류로 바꾸거나 하는 것을 **전력변환**이라 한다.

플랫폼에 들어오는 전동차의 밑 부분을 보면 철제 박스들이 전동차 바닥에 여러 개 붙어 있는 것을 볼 수 있는데, 이런 것들이 바로 전력변환장치이며 전동차의 엔진 역할을 한다. 바로 이러한 전력변환장치가 전동차의 핵심기술이다. 전기를 가공하는 전력변환장치가 필요한 곳을 더 살펴보면, KTX, 전기자동차, 엘리베이터, 크레인 등등 전기를 공급해서 움직이는 것들은 대부분 이에 해당한다고 볼 수 있다. 물론 움직이지 않는 TV, 컴퓨터, 에어컨, 냉장고, 세탁기 등에도 전력변환장치가 들어가 있다.

전력전자공학이란 이와 같은 전력변환에 필요한 이론과 기술을 연구하는 학문이라고 보면 된다.

이제 **전력전자공학의 비전**을 보자. 전세계적인 핫이슈 중 하나인 에너지 확보! 태양광, 풍력, 연료전지 등의 신재생에너지, 지구온난화 방지책 중 하나로 치열한 연구개발이 진행되고 있는 전기자동차, 전기에너지의 효율적 사용을 위한 스마트그리드, 에너지 저장시스템 등은 모두 전기에너지에 관련된 분야이며 전력변환기술이 없으면 무용지물이다. 이외에도 인공위성, 항공기, 자기부상열차, 전기추진선박, 방사광가속기, 핵융합 발전, HVDC(고압직류전송시스템), 인텔리전트 빌딩, 에너지 제로 하우스, 로봇, 제철소 철강 압연 시스템, 기중기, 용접기, 무선전력전송, 군용 레일건, LED 조명 및 디스플레이, 병원의 MRI를 비롯한 각종 진단 및 수술기구 등등 전력변환기술의 응용범위는 한계를 긋기 힘들 정도이며 산업이 고도화됨에 따라 새로운 영역이 계속 창출되는 특성이 있다. 이렇게 전세계적으로 거대하게 확장되고 있는 전력전자분야의 시장에서 우위를 확보하기 위한 국내외 기업체들 간의 경쟁이 치열하게 전개되고 있으며 주요 핵심기술을 기반으로 한 중견 및 중소 벤처기업들이 급성장하고 있는 상황이다.

이 책은 이러한 미래지향적인 전력전자분야에서 유능한 전문가로 성장하여 개인적 보람은 물론 국부 창출에도 크게 기여하고자 하는 모든 분들에게 확고한 기술적 토대를 마련해 드리고자 기획되었으며 주요 특징을 정리하면 다음과 같다.

- 기존의 이론 위주로 된 공학도서와는 달리 산업현장의 시스템(필드시스템)을 먼저 보고 여기에 숨어 있는 전력전자기술을 이론적으로 밝혀냄으로써 이론과 실제의 연결에 대한 이해를 쉽게 할 수 있도록 하였다.
- 복잡한 수식을 배제하고 개념을 확실히 파악할 수 있도록 하였다.

- 회로이론을 공부한 학생이라면 더 쉽게 접근이 가능하나 고등학교에서 배운 전기회로와 간단한 미적분 기초 정도의 지식만 있어도 학습이 가능하도록 하였다.

- 배우기(學)만 하고 익히지(習) 아니하면 실력이 향상될 수 없고 절대로 전문가가 될 수 없는 법. 약 2500년 전에 공자께서도 "學而時習之 不亦說乎!"라 하지 않으셨던가! 배운 것을 익히기 위하여 일반적으로 다양한 연습문제를 만들어서 풀어보게 하고 있으나, 더 좋은 방법은 실제로 시스템을 만들어서 실험을 직접 해 보는 것이다. 이 책에서는 컴퓨터 소프트웨어(PLECS)를 활용하여 가상으로 시스템을 만들어서 테스트해 볼 수 있도록 하였다.

- PLECS를 별도로 공부할 필요 없이 이 책을 그냥 따라 하기만 하면 저절로 PLECS를 상당한 수준까지 활용할 수 있는 능력이 갖추어지도록 하였다.

- 대학에서 강의 개설을 하면 담당교수님은 물론 수강하는 모든 학생들이 한 학기 동안 무료로 PLECS의 모든 기능을 다 사용할 수 있도록 소프트웨어 공급사인 PLEXM과 협의를 해 두었다.

이 책을 보고 나서 전력전자공학에 대한 느낌이 오시는 분들은 1997년도 초판 발간 이래 2014년도 현재 3판 총 20쇄에 걸쳐 출간된 문운당의 "전력전자공학"을 참고하시면 한 단계 더 깊은 실력을 갖추게 될 것이다.

이 책을 쓰는데 있어서 그동안 바쁜 와중에도 귀한 자료를 제공해 주신 관련 기업체 임원분들과 박태준 박사님(포항산업과학연구원), 송승호 교수님(광운대학교), 유병규 교수님(공주대학교)께 감사드리며, 타이핑, 그림, 시뮬레이션 등 소소한 부분에 많은 도움을 준 부경대학교 정재헌, 김학수, 구법진, 서보길, 김지현, 선다운 대학원생들과 우석대학교 진은수, 이세희 대학원생들에게 고마움을 전하고, 아울러 PLECS를 학생들이 부담감 없이 편리하게 사용할 수 있도록 PLEXIM사로부터 적극적 지원을 이끌어 내는 등 물심양면으로 많은 도움을 주신 (주)미림씨스콘의 임한준 대표이사님께 깊이 감사드린다. 끝으로 이 책을 만드는데 많은 배려와 격려를 해주신 문운당 이성범 사장님과 김홍룡 상무님, 까다롭고 지루한 편집을 하나하나 정성껏 잘 마무리해 주신 주옥경 편집국장님과 편집부 직원 여러분께 감사드린다.

2014년 5월
저자 일동

목 차

3 직류를 왜 또 직류로 바꾸나?

4 교류를 가변직류로 변환하기

5 직류로부터 교류를 만들어 보자

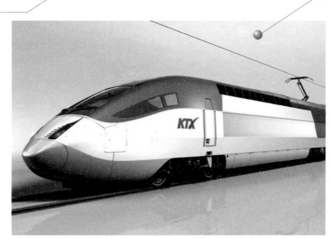

KTX-산천(출처:코레일)

Power Electronics

1

앗! 여기에도 전력전자가!

머리말에서 전력전자 응용 분야의 다양성에 대해 간단히 언급하였는데 이제부터 조금 더 자세히 살펴보기로 하자.

가전제품에 숨어 있는 전력전자 찾기

일반가정에서 세상으로 통하는 창 TV! LED TV의 화면 밝기를 조절해본 적이 있을 것이다. 화면 밝기는 LED에서 방출되는 빛의 세기에 따라 결정되며 LED에서 나오는 빛의 세기는 LED를 통해 흐르는 전류에 비례한다. 그리고 이 전류는 교류가 아닌 직류이므로 결국 직류전류의 크기를 제어함으로써 화면의 밝기가 조절되는 것이다. 그런데 TV 전원은 교류 220 V 이지 않은가! TV를 분해해 보면 교류 220 V를 직류로 변환하면서 직류의 전류를 임의로 변화시킬 수 있는 전원장치가 들어 있음을 알 수 있다. 이 전원장치가 전력을 변환하는 전력전자기술로 이루어진 것이며 이것이 제대로 작동을 하지 않으면 TV를 제대로 볼 수 없다.

지금으로부터 130여년 전인 1879년 에디슨이 발명한 백열전구는 "어둠을 몰아낸 제2의 빛"이라는 찬사를 받으며 전세계의 밤문화를 바꾸어 놓았다. 그런데 백열전구는 전기에너지의 90 % 정도를 열로 낭비한다는 치명적인 단점이 있어서 형광등보다도 효율이 낮다. **LED로 조명**을 하면 백열전구가 소모하는 전기에너지의 1/6만 가지고도 동일한 밝기를 얻을 수 있다. 뿐만 아니라 수명도 LED 조명이 백열전구보다 15배 정도 길어서

그림 1.1.1 LED 조명등 (출처 : 삼성전자)

전세계적으로 LED 조명으로 전환되고 있는 실정이다. 아쉽게도 백열전구는 이제 박물관으로 들어가게 되었다. 2014년부터 백열전구는 국내생산이 중단되었으며 수입도 전면 중단되었다. 이처럼 에너지 문제는 100여년의 역사를 자랑하는 백열전구의 아성을 하루아침에 무너뜨릴 정도로 심각하게 대두되고 있다. LED 수명은 50,000시간 이상에 달한다는 큰 장점이 있으나 LED 밝기 조절을 위한 직류전원장치의 수명은 그리 길지 않다. 직류전원장치의 수명을 LED 수명 정도로 확보하기 위해서는 고도의 전력변환기술이 필요하다.

한여름에 **에어컨** 없이 지낸다는 것은 참으로 힘든 일이다. 학습 및 업무능력이 심각하게 떨어지므로 시원한 에어컨을 찾게 되는데 에어컨의 주요 구성품은 열교환기, 팬, 컴프레셔, 제어기, 전동기 및 전동기 구동장치 등이다. 에어컨 메이커들은 품질, 효율, 가격 경쟁력의 세 가지 조건을 모두 확보하기 위한 기술개발에 열을 올리고 있다. 컴프레셔 구동을 위한 전동기로는 예전에는 유도전동기를 사용하였으나 최근에는 고효율화를 달성하기 위하여 BLDC(Blushless DC)전동기로 교체하였으며 BLDC 전동기를 구동하기 위해서는 3상 인버터가 필요하다. 3상 인버터라고 하는 것은 직류전원을 3상의 교류로 변환시키는 것인데 가정이나 일반사무실에서 사용하는 에어컨의 전원은 단상교류 220 V이지 않는가! 따라서 단상교류 220 V를 직류로 변환하는 장치와 이 직류를 다시

그림 1.1.2 시스템 에어컨 외형도와 내부구성도 (출처 : LG전자)

3상의 교류로 변환하는 장치가 필요한데 이들 전력변환장치의 성능은 에어컨 전체 효율과 품질에 결정적인 영향을 미친다. 참고로 냉장고의 기본원리도 에어컨과 유사하다.

전세계 여성들을 가사노동으로부터 해방시킨 **세탁기**! 우리나라에서 세탁기가 생산되기 시작한 것은 1969년도부터지만 본격적인 보급은 1970년대말경부터 이루어졌다. 세탁기가 운전중일 때 자세히 관찰해 보면 기본 행정이 세탁, 헹굼, 탈수로 이루어지며 세탁 시에는 세탁봉이 좌로 회전하다가 다시 오른쪽으로 회전하기를 반복해가며 세탁효율을 극대화 하고 있다. 세탁봉을 좌우로 회전시키는 것은 전동기에 의해 이루어지는데 결국 전동기를 정회전시켰다가 역회전시키기를 반복하는 것이다. 세탁기용 전동기도 고효율화 때문에 대부분 BLDC 전동기를 사용하므로 역시 3상 인버터가 필요한데 에어컨이나 냉장고와는 달리 전동기의 정·역회전이 가능하도록 제어한다. 탈수모드에서는 원심력을 이용하여 물기를 제거해야 하므로 고속회전이 필요한데, 이때는 전동기의 회전속도를 1300 rpm 정도로 증가시킨다. 세탁 시에는 50 rpm 정도의 저속으로 동작시키다가 탈수 시에는 고속으로 동작되도록 하는 것은 바로 전력변환장치가 담당하는 것이며 고속회전 시 소음과 진동을 최소로 하기 위해서는 고도의 전력전자기술이 필요하다.

Front Loading Washer Parts Identification Diagram

그림 1.1.3 세탁기 구성도 (출처 : AEG)

가마솥! 무거운 뚜껑으로 압력밥솥 효과가 있어 밥맛이 좋았다. 요즘 시판되고 있는 **전기압력밥솥**의 내부압력을 대기압보다 높은 1.2기압 정도로 높여서 물의 끓는점을 120℃ 정도로 함으로써 요리시간도 줄이고 연료도 절약하는 일석이조의 효과를 보고 있다. 더군다나 요리시간을 단축함으로써 요리과정에서 쉽게 파괴되는 비타민이나 무기질의 손실도 최소화한다고 한다. 이러한 전기압력밥솥에는 **열판가열방식**과 IH(Induction Heating : **유도가열) 방식**이 있다. 열판가열방식은 바닥면의 히터가 열판을 가열하여 내부 솥에 전달하는 간접 가열 방식이므로 쌀의 양이 많을 경우에 밑부분은 타고 위부분은 덜 익는 층층밥이 되는 수도 있다. 그런데 IH 방식은 내부 솥 전체를 둘러싸고 있는 전기코일의 전자기유도작용으로 내부 솥 자체가 직접 발열하는 직접가열방식이라 할 수 있다. 이를 좀 더 자세히 살펴보자. 밥솥 뚜껑을 열어보면 쌀을 넣을 수 있는 내부 솥(재질 : 알루미늄)이 있고 이 내부 솥을 들어내고 밥솥 내부를 보면 스테인리스로 되어 있는 외부 솥이 보인다. 이 외부 솥 바깥쪽에 유도가열용 코일이 바닥과 측면에 감겨져 있는데 이 부분은 밥솥 프레임 속에 숨어 있으므로 볼 수는 없다. 이 코일에 20 kH~40 kHz의 고주파 전류를 흘리면 스테인리스로 된 외부 솥에 와전류가 유도되어 마치 외부 솥 자체가 하나의 히터처럼 되는데 따라서 바닥과 측면에 열이 골고루 발생하게 된다.

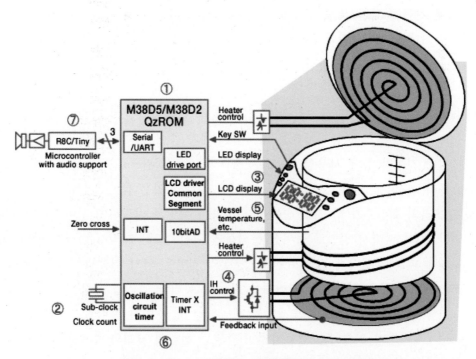

그림 1.1.4 IH 전기밥솥 분해도 (출처 : Renesas)

이 열이 알루미늄으로 된 내부 솥 전체를 통째로 가열함으로써 빠른 시간 내에 맛있는 밥을 짓게 되는 것이다. 여기서 문제는 '20 kHz~40 kHz의 고주파 전류를 어떻게 만들 것인가?' 하는 것이다. IH 전기밥솥에 공급되는 전기는 단상교류 220 V 60 Hz 이지 않은가! 전력전자기술은 전기를 가공하는 기술! 이럴 때에는 단상교류 220 V를 직류로 일단 변환한 다음 이 직류를 20 kHz~40 kHz의 고주파 교류로 변환하는 방식을 주로 사용한다. IH 전기밥솥 내부에는 이러한 전기가공장치가 숨어 있다. IH 전기밥솥, IH 레인지 등 IH 조리기구들의 작동원리는 다 유사하다.

컴퓨터와 전기장판에 숨어 있는 전력전자기술은 2장과 4장에서 자세히 소개하였다. 이 외에도 가정 및 일반사무실에 사용되고 있는 제품 중에서 전력전자기술이 활용되고 있는 것들로는 러닝머신, 전동안마의자, 믹서, 휴대폰 충전기, 전동칫솔과 무선충전기, 인버터 스탠드, 형광등용 전자식 안정기, 서버 등을 들 수 있다.

1.2 산업용 제품과 전력전자의 만남

제철소에 견학을 가본 분들은 직접 볼 수 있었겠는데 시뻘겋게 달구어진 침대 매트리스 모양의 거대한 압연강괴가 얇은 철판이 될 때까지의 과정을 보면 마치 밀가루반죽 덩어리를 방망이로 이리 펴고 저리 펴고 하여 마침내 얇은 만두피가 만들어지는 과정과 유사하다. 대형 압연강괴의 두께를 점차 줄이기 위하여 여러 단의 롤러를 통과하게 되는데 각각의 롤러는 상하 2개가 한조로 구성된다. 마치 컨베이어벨트가 움직이듯 강괴가 이들 일렬로 늘어선 롤러를 통과하면서 서서히 두께가 줄어드는데 좌우로 여러 번 왕복하면서 마침내 자동차 등에 사용할 수 있는 정도의 얇은 철판으로 변형된다. 이 과정에서 각각의 롤러 회전수를 살펴보면, 두꺼운 철판을 누르고 있는 롤러보다 얇은 철판을 누르고 있는 롤러의 회전수가 더 커야 철판이 흘러가는 속도가 일정하게 되어 중간에 철판이 휘는 일이 없다. 따라서 일렬로 늘어선 롤러들의 회전속도는 제각각 달라야 하며 아울러 철판 두께에 따라 시시각각 변해야 한다. 양질의 철판을 얻기 위해서는 이들 롤러의 회전속도와 누르는 힘을 최적으로 제어해야 하는데 이러한 롤러를 구동하는 것은 전동기이므로 결국 전동기의 토크와 속도제어를 정밀하게 해 주어야 한다. 교류전동기의 경우 회전속도를 제어하기 위해서는 전동기에 인가되는 전압의 크기와 주파수를 시시각각 변하게 해주어야 하는데 제철소에 공급되는 전기는 60 Hz의 일정주파수에 전압의 크기도 일정한 3상교류전원이므로 이러한 전기를 직접 전동기에 걸어줄 수가 없다. 어떻게 할까? 공장에 들어오는 3상 전원을 일단 직류전원으로 변환을 한 다음 이 직류전원을 다시 가공하여 크기와 주파수가 변하는 3상교류로 변환하면 된다. 각 롤러마다 철판두께에 따라 서로 다른 교류전원을 정확하게 인가해 주면 압연강괴는 몇 번 왕복운동을 하면서 그 두께가 점차 얇아지는데 강괴가 철판으로 바뀌는데 소요되는 시간은 1분도 채 안될 정도로 빠르다. 이처럼 전력전자기술은 무쇠덩어리를 순식간에 바늘로 만들어 버릴 정도의 생산성 향상에 절대적으로 기여하고 있다. 전동기의 속도를 제어하여 생산성을 향상시키는 예는 이 외에도 천장크레인, 화물용 엘리베이터, 공장 자동화시스템, 로봇 등 이루 헤아릴 수 없을 정도이다.

철판은 공기 중에 그대로 방치하면 바로 부식이 진행되어 문제가 된다. 부식을 방지하기 위하여 페인트칠을 하거나 도금처리를 하는데 주로 **주석도금이나 아연도금**을 많이 하고 특수한 경우는 금도금도 한다. 산업용 철판을 주석이나 아연으로 도금하는 경우는 철판을 도금용매에 넣은 상태에서 직류전원을 걸어주면 된다. 이때 직류전압과 직류전류의 크기는 대략 수~수십 볼트 [V], 수백~수만 암페어 [A] 정도이다. 즉, 전압은 낮고 전류는 높은 직류전원을 필요로 하는데 일반 도금용 공장에 들어오는 전기는 전압이 일정한 60 Hz 교류이므로 교류를 직류로 가공할 수 있는 장치가 필요하다.

그림 1.2.1 제철소 열연공정 시스템 (출처 : 포스코)

전기도금에는 낮은 직류전압과 높은 직류전류가 필요한데 반하여 공장의 굴뚝을 통해 내보내는 먼지, 분진, 연기, 오일, 기타 유해성 공해물을 포집하는데 사용되는 **전기집진기**는 반대로 매우 높은 직류전압과 비교적 적은 직류전류를 필요로 한다. 이처럼 같은 직류전원이라 하더라도 용도에 따라 전압과 전류의 크기가 달라진다.

직류전원을 이용하는 장치에는 철근이나 파이프의 부식을 방지하는 **방식시스템**, 쇠를 녹이는 직류 **아크로**, **전기분해장치**, **배터리 충전기** 등 매우 다양하다. 1.1 절에서 전기밥솥에 숨어 있는 전력전자기술을 살펴보았는데 이러한 **유도가열기술**은 산업현장에도 광범위하게 사용되고 있다. 철강제조 과정에서 금속제품을 예열하거나 열처리 또는 후처리를 위하여 가열하는 공정에 유도가열기술을 적용하면 에너지 효율도 향상되고 친환경 설비를 구현할 수 있고 비용도 절감되는 장점이 있다. 유도가열기술은 금속의 가열뿐 아니라 금속을 녹이는데에도 사용되는데 저주파 및 고주파 유도가열로가 있다.

반도체 제조공장에 가보면 천정에 설치되어 있는 선로를 따라 생산된 웨이퍼를 실어 나르는 **이송차**를 볼 수 있는데 이들 이송차는 내부에 전동기가 있어 전동력으로 이동을 하는데 전동기에 공급하는 전원시스템이 특이하다. 수백대의 이송차가 천정에서 이리저리 움직이는데 전기를 공급하는 전선은 보이지 않는다. 도대체 전원공급은 어디서 할까? 선로를 따라 설치해 놓은 전선이 있는데 내부에 숨어 있어 보이지는 않는다. 물론 이송차와 연결도 되어 있지 않다. 그런데 어떻게 전원을 공급받을 수 있을까? 선로에 숨어 있는 전선에는 수십 kHz의 고주파 전류가 흐른다. 이송차 안에는 이러한 고주파 전류에 의해 형성되는 자장에너지를 받아들이는 장치가 있어서 이 자장에너지를 전기에너

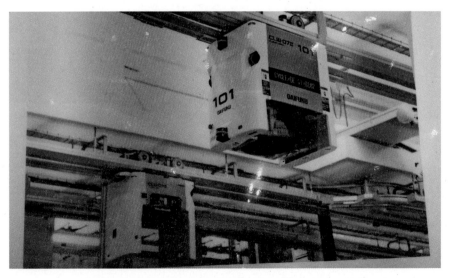

그림 1.2.2 Overhead Hoist Transport (출처 : DAIFUKU)

지로 변환하여 전동기를 움직일 수 있게 하는 것이다. 이렇게 전선 없이 전력을 공급하는 것을 **무선전력전송**(wireless power transmission)이라 하며 그 응용범위를 급속도로 넓혀나가고 있다. 무선전력전송은 기본적으로 고주파를 사용하기 때문에 상용 60 Hz의 교류를 수십 kHz의 교류로 변환하는 기술과 전선 없이 전력을 전송하는 기술, 그리고 전송된 고주파 전력을 사용하기에 적합한 전기로 재가공하는 기술 등이 필요하다.

1.3 전기추진시스템의 핵심 − 전력전자 !

대도시 생활에 지하철이 없다고 가정해보라! 그야말로 출퇴근길은 주차장과 다를 바 없을 것이다. 시간 약속을 가능하게 해주는 **지하철 전동차**를 타면 "전기와 어떤 관계가 있을까?"라고 생각해본 적은 있는지? 머리말에서 전동차를 움직이는 전동차에 공급되는 전기의 성질을 설명했는데 여기서는 전동차 객실로 들어가서 살펴보기로 하자. 일단 전동차를 타면 겨울엔 히터가, 여름엔 에어컨이, 밤에는 램프가, 정차 및 출발 시에는 안내방송이 나오는데 이 모두가 전기로 동작하는 것들이다. 전동차에 설치된 히터나 에어컨은 일반가정용 보다는 훨씬 용량이 크기 때문에 단상이 아닌 3상교류전원을 필요로 하는데 주파수는 60 Hz이고 전압은 3상 220 V, 380 V, 440 V 등이 사용된다. 4장에서 자세히 설명하겠지만 전동차에 공급되는 전기는 단상 60 Hz 25 kV의 교류이거나 아니면 직류 1.5 kV이다. 교류가 들어오든 직류가 들어오든 이 전기를 그대로 에어컨이나 히터에 연결할 수는 없다. 따라서 전차선으로부터 받아들이는 전기는 일단 히터나 에어컨에 적합한 전기로 가공을 해서 공급해야 한다. 그런데 전차선의 교류 25 kV나 직류 1.5 kV는 그 크기가 일정한 것도 아니어서 운전상황에 따라 변동이 매우 심하다. 이렇게 크기가 심하게 변하는 전기를 주파수와 크기가 일정한 전기로 가공하는 일이란 쉬운 일이 아니다. 더군다나 정지된 상태에서 전기를 가공하는 것도 아니고 시속 60~80 km로 달리면서 진동과 전차선의 스파크 등의 악조건에서 양질의 전기를 만든다는 것은 고도의 전력전자기술이 아니고는 불가능하다. 1974년도 서울 지하철 1호선이 개통된 이래 1990년도 초까지만 해도 대부분 지하철 전동차는 수입에 전적으로 의존할 수밖에 없었다. 1980년대 말부터 시작된 전동차 국산화 연구개발 덕분에 1990년도 이후부터는 국산 전동차가 운행되기 시작하였으며 2000년대 들어서는 이란, 브라질, 아일랜드 등의 외국에 수출까지 하게 되었으니 그야말로 우리나라의 전력전자기술은 짧은 시간에 눈부신 성장을 하고 있음을 실감한다.

그림 1.3.1 수출용 지하철 전동차–브라질 (출처 : 현대로템)

그림 1.3.2 해 무 (출처 : 현대로템)

　지하철에 이어 **고속전철**도 2004년도 수입산으로 개통 이래 6년만인 2010년도에 국산 고속전철인 **KTX–산천**이 상용운전을 개시하였으며 이들보다 속도를 43 % 더 올린 시속 430 km의 주파기록을 보유한 차세대 고속열차인 **해무(HEMU–430X)**도 순수 국내기술로 개발을 완료하였으며 상용운전을 위한 준비를 하고 있다. 해무를 타면 서울–부산 간을 기존보다 40여분 단축시킨 1시간 40분 정도 만에 주파하게 된다. 프랑스, 독일, 일본,

중국 등의 고속전철 강국들과 어깨를 나란히 할 정도로 성장한 국내기술의 핵심 중 하나가 바로 전력전자기술에 있다. **고속전철의 엔진은 전력전자기술로 이루어지기 때문이다.**

　전자기적 반발력을 이용하여 차체를 레일 위에 띄워놓고 추진하게 하는 **자기부상열차**는 주행 중 레일과의 마찰력이 없으므로 바퀴식 고속열차보다 속도를 더 올릴 수 있어서 시속 500~700 km대의 속력을 갖는 미래 교통수단으로 상업화를 위한 연구가 지속되어 왔다. 자기부상열차 역시 전력전자기술로 부상 및 추진력을 갖게 된다. 도심지 교통수단의 하나로 역할을 하고 있는 **경전철**도 지하철과 원리는 유사하므로 역시 전력전자기술이 핵심 역할을 하고 있다.

그림 1.3.3 경전철 (출처 : 현대로템)

그림 1.3.4 전기추진선 (출처 : Nigel Gee)

육상뿐 아니라 해상에서도 디젤기관 또는 증기터빈으로 프로펠러축을 돌려서 움직이는 기존의 선박이 갖는 구조적 경직성, 소음, 진동 등의 문제점을 해결하기 위하여 전동기로 프로펠러를 구동하는 **전기추진선**이 등장하였는데 1990년대부터 크루즈선, 쇄빙선, 함정 등에 본격적으로 적용되고 있다. 전동기의 속도제어 원리는 머리말에서 언급한 지하철 전동차용 전동기의 원리와 유사하며 역시 전압의 크기와 주파수를 동시에 변화시킬 수 있는 전력변환장치가 필수적이다.

환경공해로 인한 지구온난화 문제를 해결하기 위한 방안의 하나로 전세계적인 이슈가 되고 있는 **전기자동차!** 상용화에 최대 걸림돌로 작용하는 배터리와 배터리 충전시스템이 갖는 문제점들이 점차적으로 개선됨에 따라 향후 보급이 급속도로 확대될 전망인데, 특히 스마트그리드와 연계하여 에너지 저장요소로서의 기능도 갖게 되어 기존의 자동차와는 그 쓰임새에 있어 차원이 다르다. 전기자동차의 연료는 배터리이며 배터리는 직류시스템이다. 배터리에 에너지를 충전시키려면 충전소에서 충전하거나 아니면 야간에 개인 주차장에서 교류 220 V를 공급해 주면 된다. 충전소에서는 가능한 한 짧은 시간 내에 충전을 해야 하므로 충전전류가 클 수밖에 없다. **충전소가 하는 일은 3상교류전력을 직류전력으로 가공해서 전기자동차 배터리가 필요로 하는 직류전기를 공급하는 것이다.** 아파트나 주택가에는 단상 220 V가 공급되므로 개인 주차장에서는 220 V 교류전원으로 충전할 수 있는데 이때는 배터리에 바로 연결할 수 없으니 전기자동차 내부에 단상교류를 직류로 가공해 주는 장치가 탑재되며 단상이니 전기가 약해서 충전시간도 오래 걸린다. 220 V 교류를 공급하려면 전기줄이 필요한데 때로는 이 전기줄이 성가실 때가 있다. 따라서 최근에 전기 줄 없이 충전이 가능하도록 한 무선 전력전송기술이 개발되어 상용화 대비를 하고 있다. 이렇게 충전된 배터리는 전기자동차를 움직이는 전동기, 차량 내부 에어컨, 열선, 오디오, 계기판, 전조등, 전동의자, 윈도우 브러시, 블랙박스, 네비게이션 등의 전원으로 사용될 뿐 아니라, 주차장에서도 중요한 역할을 하게 된다. 하절기 한낮에 전국적으로 거의 동시에 대부분의 에어컨이 가동됨에 따라 정전사태가 발생할 정도로 전기 사용량이 폭증하는데, 이때 주차장에 서 있는 전기자동차의 배터리를 교류로 가공하여 방출해 주면 발전소의 부담을 상당히 줄일 수 있다. 이러한 경우 전기자동차 소유자는 전기를 파는 입장이 되어 심야의 저렴한 전기로 충전해서 한낮에 비싸게 판다면 그만큼 비용측면에서 이익을 볼 수 있는데, 이와 같은 사업성까지도 고려한 V2G(Vehicle to Grid) 기술에 대한 연구개발도 활발히 진행되고 있다. 이와 같은 **전기자동차를 에너지 저장창치의 하나로 간주하여 활용하는 것도 스마트그리드가 갖는 주요 기능 중 하나이다.**

그림 1.3.5 전기자동차(출처 : Volvo)

전기자동차의 전동기 속도제어 원리도 기본적으로는 전동차와 유사하지만 좀 더 복잡한 상황에서 운전이 이루어지는 만큼 에너지 흐름도 복잡하다. 시내 주행의 경우 신호등 때문에 가속, 감속, 정지, 출발 등이 불규칙적으로 빈번히 발생하며 오르막과 내리막의 경사도 급한 경우가 많다. 가속 시에는 배터리의 에너지를 소모하지만 브레이크를 잡으면서 감속하는 경우에는 자동차의 운동에너지를 전기에너지로 변환하여 역으로 배터리를 충전하게 된다. 이때는 전동기가 발전기 역할을 하고, 배터리의 직류전기를 전동기를 위한 교류전기로 가공해 주던 전력변환장치는 반대방향으로 동작을 하여 교류를 직류로 가공하게 된다. 특히 내리막에서는 전동기가 계속 발전기로 동작하므로 자동차 운전도 하면서 동시에 배터리를 계속 충전하게 되므로 연료의 이용효율을 극대화할 수 있다. 전기자동차 배터리는 이처럼 충전과 방전이 수시로 일어나므로 배터리의 전압도 오르락내리락 하는데 오디오, 계기판, 블랙박스, 네비게이션 등의 전자기기는 일정한 직류전압을 필요로 하므로 이런 경우에는 변동이 심한 직류전기를 변동이 거의 없는 양질의 직류전기로 가공해주는 전력변환기가 필요하다. 이처럼 전기자동차에는 교류를 직류로, 직류를 교류로, 직류를 직류로 가공해 주는 장치들이 다양하게 들어 있어서 엔진 역할도 하고, 에어컨 등 각종 편의장치들이 원활하게 동작할 수 있도록 한다. 이제 전기자동차는 하나의 전력전자제품으로 보일 것이다. 차체와 배터리를 제외한 나머지는 대부분 전력전자기기들이므로 차량의 성능은 이러한 전력전자기기들이 좌우한다 해도 과언이 아니다.

신재생에너지의 가공은 전력전자가

우선 **풍력 발전기**를 살펴보자. 바람이 강하면 회전날개가 회전하는 속도도 높다. 회전날개는 발전기의 회전자와 기계적으로 연결되어 있으므로 회전자를 강하게 돌리면 돌릴수록 발전기 출력이 커져서 더 많은 전기에너지를 얻을 수 있다. 그런데 기상조건에 따라 바람은 약하게도 세게도 불수 있고 혹은 없을 수도 있으니 문제다. 회전날개가 천천히 돌면 발전기 출력전압의 주파수가 낮고 빨리 돌면 주파수가 높다. 즉, 바람에너지를 전기에너지로 변환해주는 1단계 발전기의 출력은 전압의 크기와 주파수가 상시 변하기 때문에 바로 사용할 수가 없으므로 2단계의 전기가공이 필요하다. 울퉁불퉁하게 출력되는 발전기의 교류출력전기를 일단 직류로 변환한 다음 다시 크기와 주파수가 일정한 양질의 교류전기로 가공해주는 장치가 있어야 비로소 사용이 가능한 전기가 되는 것이다. **전기가공은 전력전자가 해결**한다.

풍력 발전기는 바람이 좋은 산악지대나 해상에 주로 설치하기 때문에 우리 눈에 쉽게 보이지는 않으나 **태양광 발전용** 태양전지판은 곳곳에서 쉽게 볼 수 있다. 태양전지셀은 빛에너지를 받아서 직류의 전기에너지로 내보내는 기능을 가지고 있다. 빛에너지를 많이 받을수록 직류전기가 많이 나오므로 태양전지판은 가능한 한 해바라기처럼 태양을 쳐다보도록 설치한다. 열심히 태양을 바라보면서 전기를 만들어내고 있는데 갑자기 구름이 지나가면 전기 생산이 뚝 떨어진다. 이렇게 되면 태양전지로 만들어진 전기를 공급받고 있던 지역에서는 갑자기 전력이 부족해져서 엘리베이터가 서버리고 에어컨도 꺼지

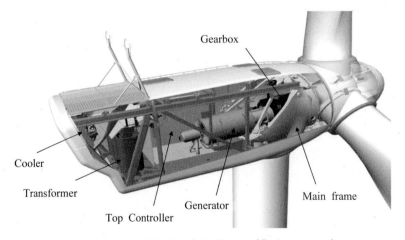

그림 1.4.1 풍력발전 시스템의 내부구조 (출처 : VESTAS)

게 된다. 이렇게 전력이 극심하게 변하는 경우에는 배터리와의 협조를 잘 하면 문제를 해결할 수 있다. 평소 전기 발생이 잘될 때 배터리에도 전기를 충전해 두면 갑자기 전기 생산이 줄어들더라도 저장되어 있던 배터리의 에너지를 뽑아서 사용할 수 있으므로 엘리베이터가 정지하는 일을 없앨 수 있다. 그런데 태양전지 출력도 직류전기이고 배터리도 직류전기인데 우리가 사용하는 전기는 교류전기이므로 이 역시 그대로 사용할 수는 없고 직류를 교류로 잘 가공해 주어야 한다. 물론 태양전지 출력전압이나 배터리 출력전압이 같은 직류이기는 하나 서로 그 크기가 다르기 때문에 태양전지 출력전압도 잘 가공을 해서 배터리에 충전해 주어야 한다. 이렇게 평상 시 잉여 전기를 배터리에 저장해 두었다가 필요 시 사용하는 시스템을 **에너지 저장시스템**(ESS : Energy Storage System)이라 하는데 이것 역시 스마트그리드의 일부로서 그 응용영역을 급속히 넓혀가고 있다. 수소와 산소가 가진 화학적 에너지를 직접 전기에너지로 바꿔주는 장치가 **연료전지**인데 연료전지에서 나오는 전기도 태양전지와 마찬가지로 직류전기이다.

인공태양이 지구상에 건설되고 있다는 사실을 아시나요? 태양은 수소 간의 핵융합으로 인한 폭발이 초대형으로 끊임없이 이루어지면서 어마어마한 에너지를 분출하고 있는데 이는 거대한 수소폭탄들이 계속 터지는 것과 같다. 원자폭탄의 위력보다 더 세다고 알려진 수소폭탄! 핵분열에너지를 이용한 원자폭탄을 순식간에 터트리지 않고 폭발하는 양을 아주 정밀하게 제어해서 뜨거운 열을 지속적으로 얻어서 발전용 터빈을 돌리는데 이용한 것이 원자력발전소이듯이, 수소폭탄의 파괴력을 초정밀 제어하여 발전용 터빈을

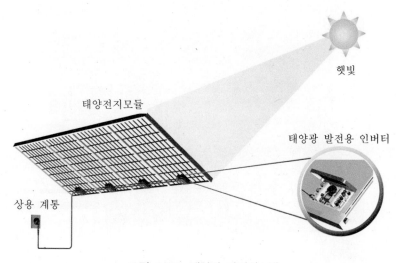

그림 1.4.2 태양광 발전시스템

돌리는데 이용하고자 하는 것이 **핵융합 발전**이다. 전세계 핵물리학자와 전기 엔지니어를 비롯한 여러 분야의 전문가들이 모여서 150만 kW급 핵융합에너지를 얻기 위하여 **국제 열핵융합 실험로**(ITER : International Thermonuclear Experimental Reactor) 건설 프로젝트를 2025년경 완공을 목표로 추진 중에 있다. 현재 우리나라 원자력발전소 최대용량이 95만 kW이므로 그 규모를 짐작할 수 있을 것이다. 이 프로젝트에는 EU, 미국, 한국, 러시아, 일본, 중국, 인도의 7개국이 공동으로 참여하고 있다. 핵융합에너지는 환경오염이나 방사능 누출의 위험도 없어 깨끗하고 안전하며 무한한 에너지원으로 기대되어 전세계의 이목이 집중되고 있다. 그런데 수소는 이 지구상에서 가장 가벼운 기체이므로 수소를 한 군데 모아놓고 핵융합반응을 일으키기란 거의 불가능할 정도로 어렵다. 그런데 이것을 가능하게 하는 것이 바로 과학기술의 힘! 진공용기에 수소를 넣고 거대하고도 정밀한 전자장을 만들어 주면 수소들이 이 전자장 내에 머무르게 된다. 이렇게 가두어진 수소를 1억℃ 정도로 가열하여 핵융합반응이 일어나게한다. 수소를 잘 가두어 놓고 가열하는 것이 핵심 기술인데 이 핵심 기술을 구현해 주는 것이 바로 전력전자기술이다. 여기에는 수천~수만 암페어 [A]의 초정밀 직류 및 교류전기가 흐르는가 하면 수십만 볼트 [V]의 고압 직류전원이 투입된다. 국내에서는 ITER의 축소판인 KSTAR(Korea Superconducting Tokamak Advanced Research)를 2007년에 건설하여 2008년도

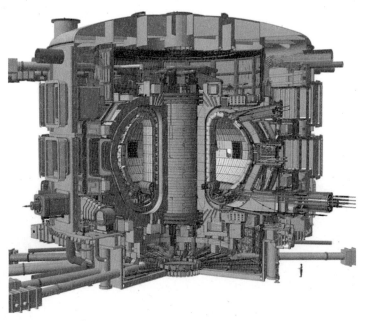

그림 1.4.3 ITER (출처 : 국가핵융합연구소)

세계적 이목이 집중된 가운데 최초 플라스마 발생에 성공함으로써 초전도 핵융합장치로서의 성능을 검증받은 바 있는데 KSTAR에 들어간 핵심 전력변환장치들은 순수 국내기술진에 의해 만들어진 것들이다. 이러한 실력을 인정받아 7개국 공동으로 프랑스에 건설 중인 ITER에 필요한 핵심 전력변환장치를 우리나라도 공급할 수 있게 되었다. 15년 내지 20년 후 등장할 인공태양! 기대해 볼 만하다.

1.5 스마트그리드의 링커 – 전력전자

어느 지역에 태양광 발전, 연료전지 발전, 열병합 발전, 마이크로터빈 등의 **분산전원**들이 다수 존재하면 배터리와 함께 이들을 잘 결합하여 전기에너지와 열에너지를 함께 공급할 수 있고 외부로부터의 전기에너지 공급을 받지 않고도 독립적인 운전이 가능하다. 이러한 시스템을 **마이크로그리드**라고 하는데 새로운 개념의 에너지 생산 및 공급기술로 각광을 받고 있다. 이러한 마이크로그리드 구성이 제대로 되려면 각종 분산전원들이 그리드에 접속될 수 있도록 해주는 전력변환 기술이 필수적이다.

스마트그리드는 이러한 마이크로그리드들을 포함하는 상위레벨의 시스템이라 할 수 있는데, 기존의 전력망에 정보기술이 융합된 지능형 전력망으로서 기존의 일방통행식 전력망과는 달리 전력공급자와 소비자 간의 양방향 전력 수수가 가능하다는 특징이 있다. 이렇게 양방향 전력전달이 되면 전력계통 설비가 포화되는 것을 방지하고 효율적인 전기에너지의 분배가 가능하여 마치 고속도로에 병목현상이 없어지는 것과 유사한 효과가 있어 차세대에너지 기술로 급부상하고 있다. 앞에서 설명하였던 전기자동차, 배터리 에너지 저장시스템, 풍력, 태양광, 연료전지 발전 등이 스마트그리드의 핵심요소들이다.

HVDC(High Voltage Direct Current : 고압직류)송전! 우리나라에도 제주도에 전기를 공급하기 위하여 전남 해남에서 3상교류전력을 180 kV의 고압직류로 가공한 다음 해남-제주 간(101 km) 해저에 설치된 케이블을 통해 300 MW의 전력을 전송하고 제주에서는 다시 직류전력을 3상교류전력으로 가공하여 사용하고 있다. 여기서 "그냥 3상교류전력을 보내면 될텐데 왜 이렇게 번거롭게 전력을 가공해야 하나?"하는 의문이 생긴다. 이렇게 하는 것은 지중 송전이나 장거리 송전 시에는 건설비용도 절감될 뿐 아니라 송전효율도 높기 때문이다.

그림 1.5.1 스마트그리드 (출처 : 한국 스마트그리드사업단)

1997년도에 해남-제주 간 HVDC가 완공된 이후 진도-제주 간 400 MW급 HVDC도 추가로 완공되어 2014년부터 시운전 후 상용화 운전중에 있는데 여기에 장착된 핵심 전력변환 기술은 모두 외국의 알스톰그리드 사에서 제공한 것이다. 이 분야의 세계시장이 급속도로 증가함에 따라 국내에서도 한전과 전기연구원 및 대기업체가 중심이 되어 본격적으로 연구 개발을 추진하고 있다.

그림 1.5.2 HVDC용 SCR 사이리스터 밸브 (출처 : ABB)

기타 다양한 전력전자 응용분야

일반가정에서는 잘 사용하고 있지 않지만 컴퓨터 작업을 전문적으로 하는 경우에는 UPS(Uninterruptible Power Supply : 무정전 전원장치)를 반드시 사용하고 있다. 발전소에서 공급되는 전력이 정전이 되는 순간 컴퓨터의 전원이 없어지므로 작업 중이던 데이터는 순식간에 다 날아가 버린다. UPS는 평소 배터리에 에너지를 저장하고 있다가 정전이 되는 순간을 포착하여 정전이 되자마자 바로 배터리의 에너지를 교류로 가공하여 컴퓨터에 공급을 하므로 컴퓨터는 정전 걱정 없이 동작을 계속 할 수 있다. 이러한 UPS의 쓰임새는 실로 무궁무진하다. 은행이나 관공서의 전산시스템용, 병원 수술실, 인터넷 데이터 센터(IDC), 공장자동화시스템 등등.

가끔 병원에 가서 X-RAY나 CT(Computed Tomography : 컴퓨터 단층촬영) 및 MRI(Magnetic Resonance Imaging : 자기공명영상) 검사를 하는 경우가 있는데 여기에도 전력전자기술이 들어가 있다. X-RAY는 고속의 전자가 금속판에 충돌하면서 갑자기 정지할 때 발생하는 전자기파이다. 이때 전자를 진공 속에서 고속으로 날아가게 하기 위해서 수만V에 달하는 직류전압이 필요하다. CT도 X-RAY를 이용한다. MRI는 자기장을 발생하는 커다란 자석통 속에 인체가 들어가면 고주파를 발생시켜 신체 부위에 있는 수소원자핵을 공명시켜 각 조직에서 나오는 신호의 차이를 측정하여 컴퓨터를 통해 재구성하여 영상화하는 기술이다. 이때 자기장이 정밀하고 세면 셀수록 보다 선명한 영상을 얻을 수 있는데 이렇게 하기 위하여 수천 A에 달하는 직류전류를 정밀하게 가공하여 공급해 주어야 한다.

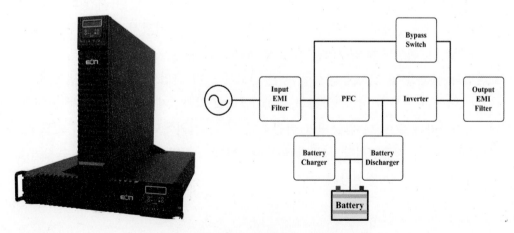

그림 1.6.1 UPS (출처 : EON)

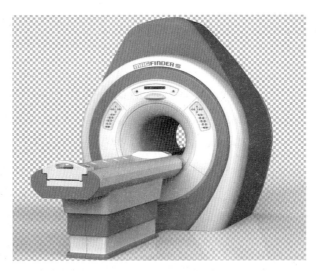

그림 1.6.2 MRI (출처 : 사이메딕스)

　방사광은 빛의 속도에 가까운 초고속으로 가속된 전자(하전입자)가 자기장에 의해 원운동이나 나선운동을 하게 될 때 곡률중심방향으로 가속도가 가해지므로 원의 접선방향으로 집중되어 복사되는 전자기파이다. 기존의 X-선 보다도 수백만~수억 배 이상 밝기 때문에 원자나 분자구조까지 들여다 볼 수 있어서 물체의 구조를 연구하는 기초과학에서부터 신소재 개발, 유전공학, 화학공업, 신약개발 등 응용과학과 다양한 산업에 걸쳐 광범위하게 활용되고 있다. 우리나라에는 1994년 12월에 포항공대 부설 **포항가속기연구소**에 25억 eV의 3세대 **방사광가속기**가 준공되어 세계 5번째 첨단 방사광가속기를 보유하게 되었으며 1995년도 가동을 시작한 이래 그 활용도가 너무 높아 포화상태가 된지 오래다. 2011년도부터 건설이 시작된 4세대 **방사광가속기**는 3세대 가속기보다 빛의 밝기가 100억 배 크며 펄스폭도 1/1000에 불과하여 1/1000조 초 단위 시간대 물질의 변화와 살아 있는 세포분자구조를 실시간으로 관찰할 수 있다. 따라서 단백질 구조연구를 통한 신약개발, 고해상도 종양촬영을 통함 암치료법 개발 등 생명현상의 비밀을 풀어내는 의료산업과 신물질 및 신소재 분석을 통한 반도체 소자 산업 등에 획기적 발전이 기대되고 있다. 미국과 일본은 이미 2008년, 2010년도에 각각 4세대 가속기 가동을 시작하였으며, 우리나라는 2015년 완공되어 가동중에 있다. 이외에도 전자를 빛의 속도로 가속하기 위한 초고압 직류전원장치와 전자가 저장링에서 회전운동을 계속 할 수 있도록 해주는 전자석용 초정밀 전원장치 등은 고도의 전력전자기술이 뒷받침되어야 가능하다.

그림 1.6.3 포항가속기연구소 내 전자석전원장치 (출처 : 포항가속기연구소)

지금까지 일반가정과 사무실, 산업현장, 병원, 기간산업 등을 둘러보면서 전력전자기술이 얼마나 광범위하게 활용되고 있는지 살펴보았는데 느낌들이 어떠신지? 수학의 발전 없이는 과학기술의 발전이 있을 수 없듯이 전기를 사용하는 시대에는 전력전자기술의 발전 없이는 인류 문명의 발전도 크게 기대할 수 없다고 해도 과언이 아니다. 이처럼 사회 발전에 따라 미래지향적으로 진화해 나가고 있는 전력전자 분야의 시장을 개척하고 국부를 창출하기 위하여 막대한 투자를 하고 사업영역을 확대해 나가고 있는 **국내외 주요 업체**를 소개하면 다음과 같다.

표 1.6.1 전력전자기술 관련 국내외 주요 업체 (2014년 현재)

국내 주요 대기업	대성에너지, 동부대우전자, 두산중공업, 르노삼성자동차, 삼성SDI, 삼성전기, 삼성전자, 삼성중공업, LS산전, LG전자, OCI, SK C&C, SK이노베이션, 웅진에너지, KCC, 포스코ICT, 한진중공업, 한화큐셀코리아, 현대로템, 현대오트론, 현대자동차, 현대중공업, 현대하이스코, 효성중공업 등
국내 주요 중견 및 중소기업	그린파워, 금호시스템, 나인플러스이디에이, 네스캡, 뉴튼스포스코리아, 뉴파워프라즈마, 다보코퍼레이션, 다원시스, 다인산전, 다한테크, 대봉테크원, 대은, 동아일렉콤, 루텍, 르크로이코리아, 리치텍코리아, 맥스컴, 맥스파워, 미림씨스콘, 미산이엘씨, 부영엔지니어링, 브이씨텍, 비앤피인터내셔널, 빈코텍코리아, 삼화콘덴서공업, 새한테크놀로지, 서호전기, 선우전기, 성암전기, 세니온, 세미크론, 세미피아, 세방전지, 세종산전, 시그넷시스템, 시에스컴포넌트, 신호시스템, 싱크웍스, 씨티케이, 아델피아랩, 에스테크널러지, 에스텍, 에이디티, 에이프로, 오스템, 요꼬가와인스트루먼트, 우앤이, 우주하이테크, 우진산전, 우창엔지니어링, 웰텍시스템, 위코, 월링스, 유니슨, 이엔테크놀로지, 이엠시스, 이이시스, 이지테크, 이지트로닉스, 인터그래텍, 인터파워, 인텍FA, 인피니언, YPP, 제이앤디전자, 지트라, 지필로스, 창성, 청파이엠티, 카코뉴에너지, 케이티엠엔지니어링, KTE, 코아전기, 트윈텍아이엔씨, TSA, TPS, 팩테크, 페어차일드코리아, 프론티스, 플라토, 피닉스테크닉스, 피앤이솔루션, 피에스텍, 한국내쇼날인스트루먼트, 한국다무라, 한국야스카와전기, 한국에머슨일렉트릭, 한국파워심, 한빛EDS, 헥스파워시스템, 화인테크기전 등
외국 주요기업	ABB, Alstom, Broadwind Energy, Cemig, DEC, Delta Electronics, Eaton, Emerson, Enercon, Enerdrive, Ferrostaal, Fuji Electric, Gamesa, General Electric, Goldwind, Hitachi, IC3E, Ingeteam, KACO New Energy, Mersen, Mitsubishi, Repower, Rockwell Automation, SAJ, Sanken, Schneider electric, Sharp, Siemens, Sinovel, SMA solar Technology, Suntech, Suzlon Energy, TBEA, TDK, Toshiba, Vestas, Visedo, Woodward, Yaskawa 등

 전력전자를 컴퓨터로 익히기

머리말에서 배우기(學)만 하고 익히지(習) 아니하면 진정한 전문가가 될 수 없다고 하였다. 유능한 엔지니어나 CTO(Chief Technology Officer : 최고 기술경영자)가 되려면 기술을 충분히 익혀서 정확한 기술적 판단을 할 수 있음은 물론 신기술 개발과 새로운 응용 분야를 지속적으로 넓혀나갈 수 있는 능력을 갖추어야 한다. 익히는 방법에는 여러 가지가 있으나 그 중의 하나로 매우 효과적인 방법이 우리에게 익숙한 컴퓨터를 활용하는 것이다.

여기서 잠시 머리를 식히는 의미로 항공기 설계에 대한 역사를 하나 짚어보자. 1990
년대 이전에는 항공기 하나를 설계하려면 그 비행기 무게만큼의 설계도면이 필요할 정
도로 종이 사용량이 어마어마하였다. 또한 수백만 개의 부품을 하나하나 설계도면대로
나무로 깎아 제작한 다음 조립하여 모형을 만들어보는 과정이 필수였다. 그러니 설계 및
제작기간도 길고 개발비용도 수조원에 달할 정도로 부담이 막대하였다. 1990년에 보잉
사는 보잉 777 시리즈 개발 시 항공기산업 사상 최초로 컴퓨터를 이용한 3차원 디지털
설계기법이라는 획기적인 개발기법을 도입하였다. 3백만 개에 달하는 부품들을 하나하
나 3차원 영상으로 미리 만든 다음 가상공간에서 조립해냄으로써 paperless design,
나무 모형 없는 설계, 넓은 공간이 필요 없는 설계를 가능하게 한 것은 물론 불량 발생
건수도 획기적으로 줄였으며 설계 변경비용도 개발비의 75 %에서 20 %로 대폭 절감하
였으며 인건비도 30 %나 절감하였고 개발 기간도 종전 대비 50 % 정도로 압축할 수 있
었다.

이러한 컴퓨터를 이용한 설계는 항공기뿐 아니라 자동차, 선박, 기계, 건축, 토목, 조
경, 음악, 영화, 광고, 방송 등 거의 전분야에 걸쳐 이루어지고 있다. 최근에는 스위스의
TypoonHIL사 등에서 공급하고 있는 HILS(hardware-in-the-loop-simulation)를 이용하
여 신재생에너지원은 물론 마이크로그리드 시스템 등 전력계통도 고성능 실시간으로 시
뮬레이션할 수 있게 되었다. **이러한 HILS를 이용한 시스템 설계기술은 전력전자 분야로도
빠르게 확산되고 있다.** 따라서 전력전자 이론을 배우고 나면 이러한 이론을 다양하게 응
용하기 위해서는 문제도 풀어보고 컴퓨터로 전력전자 시스템을 요리조리 뜯어보면서 충
분히 익힐 필요가 있다.

전력전자를 위한 응용 소프트웨어에는 여러 가지가 있으나 여기서는 배우기도 쉽고
사용하기도 편하며 막강한 기능들을 제공하는 PLECS를 선정하여 이론을 익힐 수 있도
록 하였다. PLECS의 설치는 이 책의 부록을 참고하도록 하고 일단 설치를 하고 나서
다음과 같이 PLECS에 첫발을 들여 놓아 보자.

1.7.1 PLECS 일단 사용하고 보기

새로운 프로그램을 배우는 가장 빠른 방법은 일단 프로그램을 사용해보는 것이다. 이
절에서는 한걸음 한걸음씩 PLECS의 사용법에 익숙해지도록 그림 1.7.1과 같이 간단한
RLC 회로를 시뮬레이션 하기로 한다.

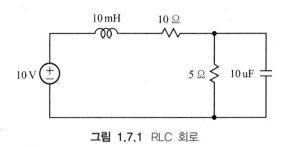

그림 1.7.1 RLC 회로

[1] 회로도 작성하기

◘ 새로운 시뮬레이션 Schematic 모델을 작성하기 위해 Schematic 창을 열려면

(1) Library Browser 창의 메뉴 [File]의 [New Model]을 선택하면 (또는 단축키 Ctrl +N), 비어 있는 Schematic 창이 열린다.

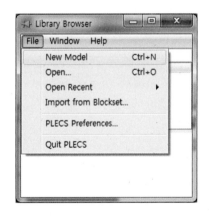
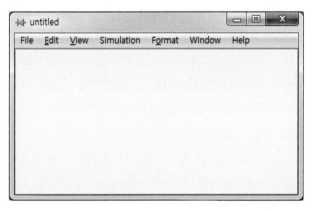

◘ 소자(Component)를 가져오려면

(1) 직류전원 가져오기

Library Browser 창에서 [Electrical] ⇨ [Sources] 탭을 차례로 선택한 후, 나열된 소자 가운데 [Voltage Source DC]로 표시된 전원 심볼을 Schematic 창으로 드래그& 드롭한다.

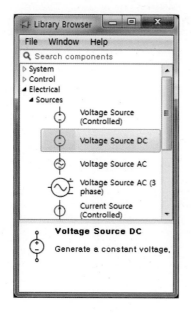

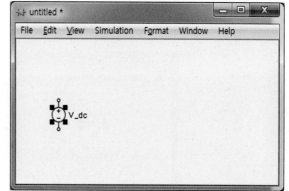

(2) 인덕터 가져오기

Library Browser 창에서 [Electrical] ⇨ [Passive Components] 탭을 차례로 선택한 후, 나열된 소자 가운데 [Inductor]로 표시된 심볼을 Schematic 창으로 드래그&드롭한다.

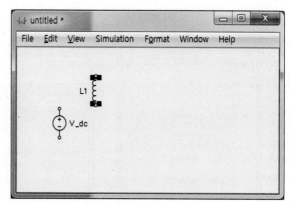

❑ 소자를 회전(rotation), 복사, 이동시키려면

(1) 소자의 회전

L1 소자를 클릭하여 선택 후, Schematic 창의 메뉴에서 [Format] ⇨ [Rotate]를 선택(또는 단축키 Ctrl+R를 사용)한다.

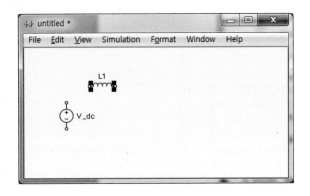

(2) 저항 가져와서 회전시키기

Library Browser 창에서 [Electrical] ⇨ [Passive Components] 탭을 차례로 선택한 후, 나열된 소자 가운데 [Resistor]로 표시된 심볼을 Schematic 창으로 드래그&드롭한다. 그리고 가져온 저항을 회전시키려면 저항을 마우스로 선택한 후 단축키 Ctrl+R를 사용한다.

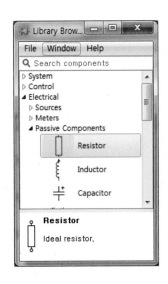

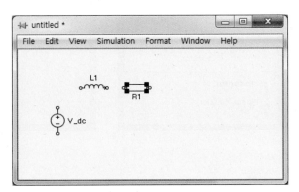

(3) 소자의 복사(copy)

R1 소자를 복사하려면 다음과 같이한다.

① R1 소자를 클릭하여 선택한다.
② Schematic 창의 메뉴에서 [Edit] ⇨ [Copy]를 선택한다.
  (또는 단축키 Ctrl+C를 사용)
③ 마우스 포인터(↖)로 Schematic 창 내의 복사하려는 위치를 클릭한다.
④ Schematic 창의 메뉴에서 [Edit] ⇨ [Paste]를 선택한다.
  (또는 단축키 Ctrl+V를 사용)

1개 이상을 복사하려면 위에서 ①, ②는 한차례만 하고, ③, ④를 반복적으로 하면 해당 횟수만큼 복사가 된다.

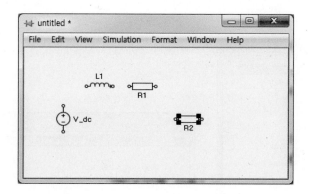

✓소자를 복사하는 다른 방법 : Ctrl 키를 누른 상태에서 복사하려는 소자를 드래그&드롭한다.

(4) 부품의 이동

부품을 클릭하여 선택 후 원하는 위치에 드래그&드롭한다.

(5) 저항 R2를 회전시키기

R2를 마우스로 선택 후 단축키 Ctrl+R를 사용한다.

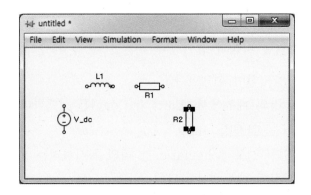

(6) 커패시터 가져오기

Library Browser 창에서 [Electrical]⇨[Passive Components] 탭을 차례로 선택한 후, [Capacitor]로 표시된 심볼을 Schematic 창으로 드래그&드롭한다.

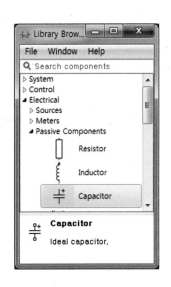

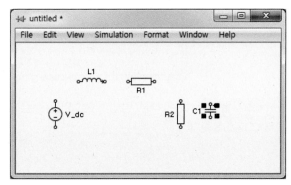

◻ 소자들을 결선하려면 …

(1) 소자들의 연결되지 않은 전기적 단말(terminal)들은 작은 원으로 표시되는데, 만일 마우스 포인터를 전기적 단말 연결점에 가깝게 접근시키면 마우스 포인터의 모양이 십자가 모양으로 바뀐다. 예를 들면, 직류전원 V_dc 소자의 단말에 마우스를 접근 시키면 이 와 같이 마우스 포인터가 변한다.

(2) 마우스 왼쪽 버튼을 누른 채 V_dc 소자의 단말에서 L1 소자의 단말로 드래그 하면 연결선이 될 부분이 점선으로 표시된다.

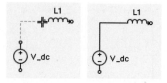

(3) 마우스 포인터가 L1 소자의 단말에 접근하면 마우스 포인터의 모양이 이중십자가 모양으로 바뀐다. 이때 마우스 버튼을 놓으면 전기적 결선이 생성된다.

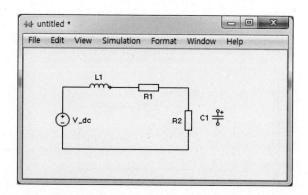

(4) V_dc, L1, R1, R2 소자의 각 전기적 단말을 연결한다.

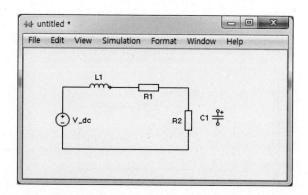

📁 가지선을 만들어 결선하려면

(1) 가지가 시작될 위치에 마우스 포인터를 위치시킨다.

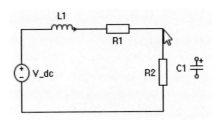

(2) Ctrl 키를 누른 상태에서 마우스 왼쪽 버튼(오른쪽 버튼도 가능)을 누르면 결선이 가능한 상태로 된다. 일단 결선이 가능한 상태로 변하면 Ctrl 키를 더 이상 누르지 않고 마우스 버튼만 누르고 있으면 결선 가능한 상태가 유지된다.

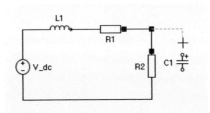

(3) 다음과 같이 결선을 완성한다.

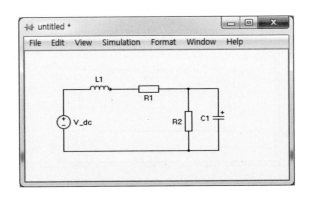

[2] 소자의 명칭과 파라미터를 변경하기

❑ 소자의 명칭(component name)을 변경하려면

(1) 직류전원 소자의 명칭인 V_dc를 Vs로 변경하기 위하여

① 'V_dc' 문자를 더블 클릭한다. 그러면 'V_dc' 문자가 점선의 사각형 박스에 둘러싸이고 편집 가능하게 된다.

② V_dc 문자를 드래그 하여 전체 선택 후 Del 키를 사용하여 지우고, 'Vi'를 타이핑하여 기입한다.

✓소자 명칭은 각각의 소자를 구별하기 위한 것이므로 중복 되어서는 안 된다. 만일 중복된 소자 명칭으로 변경하려고 하면 PLECS는 Warning 메시지를 보인 후 자동으로 다른 것으로 변경한다.

◻ 소자의 파라미터를 변경하려면

(1) Vs의 심볼을 더블 클릭하면 소자의 파라미터를 나타내는 Block Parameter 창이 열린다.

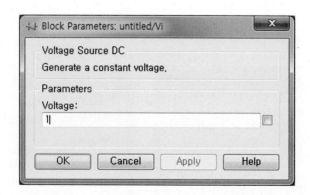

(2) Voltage를 1에서 10으로 바꾸고 Voltage에 대한 체크박스를 체크하여 ☑상태로 만든 후 OK 버튼을 누른다. Voltage 파라미터에 체크하면 Schematic 창의 회로도에서 Vs 심볼에 전압값이 표시된다.

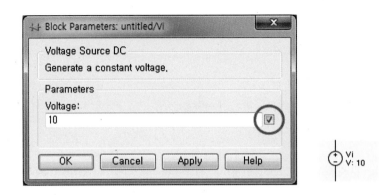

(3) L1의 심볼을 더블 클릭하여 소자의 파라미터를 다음과 같이 변경한다.

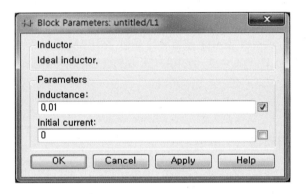

(4) R1 및 R2의 심볼을 더블 클릭하여 소자의 파라미터를 다음과 같이 각각 변경한다.

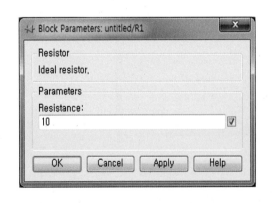
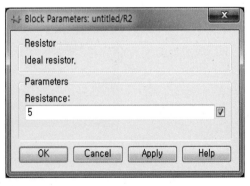

(5) 끝으로, C1의 심볼을 더블 클릭하여 소자의 파라미터를 다음과 같이 변경한다.

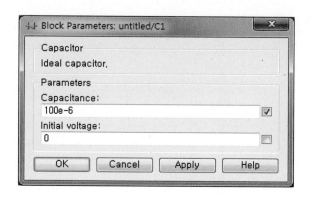

◻ 소자의 명칭과 파라미터가 회로와 겹쳐서 표시될 때는

(1) C1과 R1이 일부 겹치는 경우, C1 소자를 오른쪽으로 약간 이동시켜 C1 소자의 명칭과 파라미터가 R2 소자의 일부분과 겹치지 않도록 공간을 확보한다.

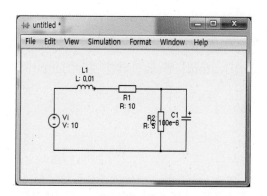 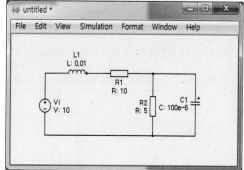

[3] 시뮬레이션을 위한 준비작업

◻ 전압을 측정하기 위해 전압계와 Scope를 설치하자

(1) 시뮬레이션을 하여 커패시터 양단의 전압을 측정하고 싶다면 C1 소자와 병렬로 전압계를 연결한다. 전압계를 가져오기 위하여 Library Browser 창에서 [Electrical] ⇨ [Meters] 탭을 차례로 선택한 후, [Voltmeter] 심볼을 Schematic 창으로 드래그&드롭한다.

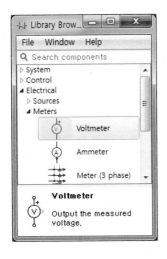

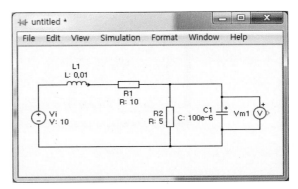

✓신호(signal)선은 초록색으로 표시되며 화살표 머리가 그 전달방향을 나타낸다. 신호선은 계산에 이용되고 Scope에 표시된다.

(2) 전압계의 역할은 전압이나 전류 같은 전기적인 양을 비전기적인 신호의 양으로 변환하는 것이다. 신호선의 정보는 Scope 소자를 사용하여 디스플레이할 수 있다. Scope를 가져오기 위하여 Library Browser 창에서 [System] 탭을 선택한 후, [Scope] 심볼을 Schematic 창으로 드래그&드롭한다.

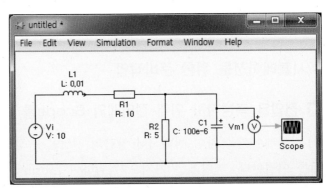

◻ 파일의 저장

(1) Schematic 창에서 [File] ⇨ [Save] 탭을 선택하여 파일저장을 위한 대화창을 열고, 파일이름을 'RLC_circuit'이라고 적은 후 ⟨ 저장(S) ⟩ 버튼을 누른다. 저장된 파일의 파일명은 "RLC_circuit.plecs"가 된다.

[4] 시뮬레이션하기

◻ 시뮬레이션 시간을 정하고 시뮬레이션 실행하려면

(1) Schematic 창에서 [Simulation] ⇨ [Simulation parameters …] 탭을 선택하여 시뮬레이션의 시작시간(Start time)과 정지시간(Stop time)을 정해준다.

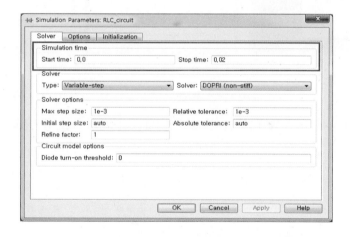

(2) Schematic 창에서 [Simulation] ⇨ [Start] 탭을 선택하거나, Ctrl-T를 누르면 시뮬레이션이 실행된다. Scope 소자를 더블 클릭하면 커패시터전압파형을 볼 수 있다.

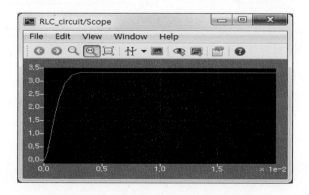

(3) plot 화면의 배경을 흰색으로 변경하려면 [File] ▷ [PLECS Preferences] 탭을 선택한 후 Scope Colors 단추를 클릭한다.

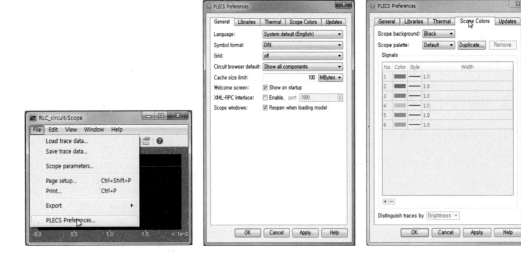

그리고 Scope background의 오른쪽에 있는 단추를 Black에서 White로 변경하면 다음과 같이 plot의 배경색깔이 흰색으로 변경된 것을 확인할 수 있다.

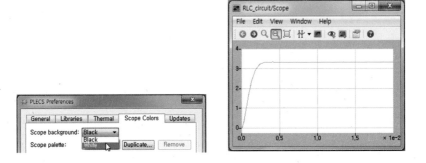

(4) 파형의 색깔과 굵기를 변경할 경우에는 plot 위에 마우스 커서를 놓고 마우스 오른쪽 클릭 메뉴에서 Edit curve properties로 변경이 가능하다.

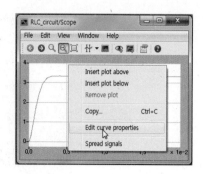

굵기를 변경할 경우에는 Width의 숫자를 클릭하여 변경할 수 있으며, 아래의 파형은 Width를 2로 설정한 것이다.

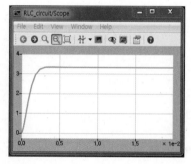

색깔을 변경할 경우에는 Color의 색깔 그림을 클릭하여 변경이 가능하다.

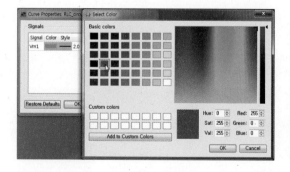
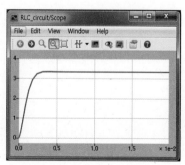

KSTAR(출처:국가 핵융합연구소)

2

교류를 직류로 바꾼다?

 Electronics

 다이오드에 전류 역주행은 없다.

이 책을 보시는 분들은 교류와 직류가 무엇인지는 잘 알고 있을 것이다. 그런데 교류를 직류로 바꿔본 적이 있는지? 교류를 직류로 바꾸는 방법에는 여러 가지가 있는데 여기서는 그 중에서도 가장 기본이 되는 다이오드를 사용한 방법을 살펴보고자 한다.

다이오드는 잘 알다시피 한쪽 방향으로만 전류가 흐르는 반도체 소자이다. 그림 2.0.1은 다이오드의 기호를 나타내며 A는 애노드(anode), K는 캐소드(cathode)라고 한다. 전류는 기본적으로 애노드에서 캐소드 방향(순방향)으로만 흐르고 반대로 캐소드에서 애노드 방향(역방향)으로는 흐르지 않는다[1].

다이오드는 이러한 성질로 인해 교류전력을 직류전력으로 변환하는 정류기에 많이 사용되는데 그 용도는 일반사무용 전기/전자기기뿐 아니라 산업용기기에 이르기까지 광범위하다. 주변에서 쉽게 볼 수 있는 대표적인 전기전자기기인 컴퓨터에 다이오드 정류기가 어떻게 사용되고 있는지 살펴보자.

그림 2.0.2는 데스크탑 컴퓨터를 구성하는 각 부품을 보이고 있다. 이 구성품들이 동작을 하기 위해서는 적절한 직류전원이 필요하다. 팬(fan), 플로피(floppy), 하드드라이브(hard drive), 프로세서 히트싱크(heat sink)용 팬, 광드라이브(optical drive) 등은 직류 12 V를 필요로 하고, 마더보드(mother board), 프로세서(cpu), 램모듈(ram module)등은 직류 5 V를 필요로 한다. 그런데 컴퓨터의 전원은 교류 220 V이므로 교류 220 V로부터 직류 5 V와 12 V를 얻기 위한 장치가 필요한데 이것이 바로 전원장치(power supply)이다. 익히 알고 있듯이 전원장치는 통상 컴퓨터 본체의 뒤쪽 상단부에 설치되어 있다. 그러면 이 전원장치와 다이오드는 어떠한 관계를 가지고 있는지 살펴보기로 하자.

그림 2.0.1 다이오드의 기호

---

1) 역방향으로 흐르는 경우가 있기는 하나 **누설전류**라고 하며 극히 소량의 미미한 정도 밖에 안되므로 정상동작 해석 시에는 무시해도 된다. 또한 다이오드 턴오프 시 역회복 전류도 매우 짧은 시간동안 역방향으로 흐르기는 하지만 이것 또한 이 책에서는 무시하기로 한다.

그림 2.0.2 데스크탑 컴퓨터의 구성품

그림 2.0.3 전원장치 내부

그림 2.0.3은 전원장치의 내부를 보이고 있다. 오른쪽 하단에 교류 220 V 연결케이블이 보이며 오른쪽 상단에 여러 가닥의 전선이 케이스 밖으로 연결되는 것이 보이는데 이들 전선이 각각 그림 2.0.2의 각 부품들의 입력전원으로 연결되어 직류 +5 V 혹은 +12 V를 공급하는 것이다.

그림 2.0.3의 배치도를 전기적인 회로 구성도로 나타내면 그림 2.0.4와 같다. 그림 2.0.4에서 왼쪽의 v_s는 교류 220 V에 해당하며 오른쪽의 v_{o1}과 v_{o2}는 각각 직류 5 V와 12 V에 해당한다. 회로 구성도를 보면 교류전압 v_s의 (+)측은 다이오드 D_1과 D_3의 연결점에, (−)측은 D_2와 D_4의 연결점에 각각 접속되어 있음을 알 수 있는데 이렇게 연결하면, D_1과 D_2의 캐소드 연결점과 D_3과 D_4의 애노드 연결점 사이의 전압 v_{DC}는 직류가 된다[2]. 즉, 교류 v_s가 직류 v_{DC}로 변환되는데 자세한 변환원리는 본문(2.1절)에서 알아보기로 하고 여기서는 대략적인 흐름만 살펴보기로 하자.

실효값이 220 V인 교류 v_s를 그림 2.0.4처럼 다이오드를 사용하여 직류 v_{DC}로 변환하면 v_{DC}의 최대값은 v_s의 최대값과 같아지는데 이 값은 약 $220\sqrt{2}\,(= 311)$ V가 된다[3]. 그런데 컴퓨터를 구성하고 있는 그림 2.0.2의 각 부품들이 필요로 하는 전압은 직류 5 V와 12 V의 낮은 전압이므로 311 V 정도의 큰 직류전압 v_{DC}를 5 V와 12 V의 작은 직류전압으로 변환하는 역할을 하는 DC-DC 컨버터를 사용해야 한다[4].

이상의 내용을 정리해보면 교류 220 V로부터 직류 5 V와 12 V를 얻기 위해서는 일단 교류를 직류로 변환한 다음 이 직류를 다시 일정한 크기의 낮은 직류전압으로 변환한다는 것이다. 여기서 중요한 것은 교류를 직류로 변환하는 첫 번째 단계에서 다이오드가 사용된다는 것이다. 즉, 다이오드는 한쪽 방향으로만 전류가 흐른다는 성질을 이용하여 교류를 직류로 만드는 것이다.

다시 그림 2.0.3으로 돌아가서 내부를 살펴보면 여러 개의 방열판, 변압기, 리액터, 전해커패시터 등을 볼 수 있는데 이들을 그림 2.0.4에서 찾아볼 수 있을까? 그림 2.0.4의 DC-DC 컨버터는 변압기, MOSFET, 다이오드, 필터리액터, 전해커패시터 등으로 구성되는데 여기서는 설명의 편의 상 DC-DC 컨버터의 내부회로를 나타내지 않았기 때

---

2) 일반적으로 단순히 다이오드만 가지고 교류를 직류로 변환하면 교류에 흐르는 전류 모양이 정현파가 안되고 펄스 형태가 되어 전력의 품질이 나빠진다. 자세한 내용은 2.1.3절을 참조하기 바란다. 뿐만 아니라 역률도 나빠지므로 전력품질과 역률을 양호하게 하기 위하여 PFC(Power Factor Correction) 회로를 사용한다. PFC 회로 동작에 대한 기본원리는 4.5절을 참조하기 바란다. 여기서는 설명의 편의 상 PFC 회로는 생략하였다.

3) 상세한 원리는 2.1절을 참조하기 바란다.

4) DC-DC 컨버터에 대한 상세한 동작원리는 3장에서 다룬다.

문에 회로도 상에는 안보일 따름이다. 3장을 공부하고 나면 이들 숨어 있는 부품들이 눈에 들어올 것이다. 그런데 방열판도 회로를 구성하는 부품인가? 아니다. 방열판은 회로를 구성하는 다이오드와 MOSFET 등의 전력반도체 소자에서 발생하는 열을 방출하기 위한 보조물이다. 전력반도체 소자는 동작 시 손실이 발생하여 내부의 온도가 상승하기 마련인데 내부 접합부 온도가 정격온도(통상 150℃ 정도)를 초과하면 소자가 파손될 수 있으므로 온도상승을 억제할 수 있는 적합한 방열판의 선택이 매우 중요하다.

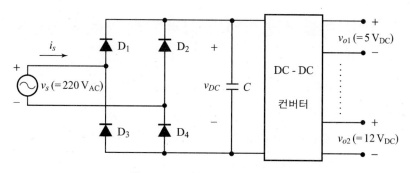

그림 2.0.4 전원장치의 회로 구성도

모델명 : EGP30A
(a) 150 V 3 A

모델명 : MSC P0904
(b) 200 V 35 A

모델명 : SD600N
(C) 1600 V 600 A

모델명 : MTC 110
(d) 1500 V 110 A

그림 2.0.5 각종 다이오드

그림 2.0.5는 각종 다이오드의 외형과 정격전압 및 정격전류를 나타낸다. (a)의 경우는 전류용량이 작기 때문에 방열판이 필요 없으나, (b)~(d)의 경우는 전류용량이 커서 방열판이 필요하다. 물론 전류용량이 클수록 방열판의 크기도 커지는 경향이 있다.

그러면 이제부터 그림 2.0.4의 입력단에 연결되어 있는 4개의 다이오드가 어떻게 동작을 하여 교류를 직류로 변환하는지 살펴보기로 한다.

2.1 다이오드를 사용하여 단상교류를 직류로 변환하기

그림 2.0.4에서 4개의 다이오드 $D_1 \sim D_4$ 입장에서 보면 왼쪽의 v_s는 교류입력이 되고 오른쪽의 v_{DC}는 직류출력이 된다. 여기서 **교류를 직류로 변환하는 것을 정류기 또는 정류회로**라고 하는데 다이오드를 사용해서 단상교류를 직류로 변환하는 것을 **단상 다이오드 정류기**라 한다. 따라서 DC-DC 컨버터 및 DC-DC 컨버터의 직류부하는 모두 다이오드 정류기의 부하가 된다. 부하의 종류에 따라서 다이오드에 흐르는 전류의 모양이 달라지므로 다이오드 정류기 부하가 저항인 경우, 리액터인 경우, 커패시터인 경우로 나누어 살펴보기로 하자.

2.1.1 저항부하인 경우

그림 2.0.4의 필터커패시터 C부터 오른쪽 전체를 하나의 저항으로 생각하고 이를 나타내면 그림 2.1.1 (a)와 같아진다. 설명의 편의 상 그림 2.0.4의 v_{DC}를 그림 2.1.1에서는 다이오드 정류기의 출력전압이라는 의미에서 v_o로 나타내었다. 이제 그림 2.1.1 (a)와 (b)를 번갈아 보면서 정류회로의 동작을 이해하도록 하자. 교류 입력전압 v_s가 플러스(+)인 구간 (구간 – I)에서는 그림 2.1.1 (c)에 나타낸 바와 같이 전류가 $v_s \rightarrow D_1 \rightarrow R \rightarrow D_4 \rightarrow v_s$의 경로를 따라 흐른다. 즉, 다이오드 D_1과 D_4는 순방향으로 바이어스되어 도통상태가 된다. $D_1 (D_4)$이 켜지면 $D_2 (D_3)$에는 v_s의 전압이 걸리는데 캐소드측 전압이 애노드측 전압보다 높게 걸리므로 역방향으로 바이어스되어 전류가 흐를 수 없어 $D_2 (D_3)$는 오프상태로 있게 된다. 다이오드 D_1과 D_4의 도통상태에서의 전압강하는 1 V 정도되지만 교류 입력전압 220 V에 비해 매우 작은 값이므로 다이오드의 전압강하는 무시하기로 한다. 따라서 출력전압 v_o의 크기와 입력전압 v_s의 크기는 동일하다. 이 책에서는 모든 전력반도체 소자의 도통상태에서의 전압강하는 없는 것으로 가정하였

다. 반면에, v_s가 마이너스(−)인 구간(구간 − Ⅱ)에서는 다이오드 D_1과 D_4는 역방향 바이어스 되어 오프되고 D_2와 D_3가 온되어 그림 2.1.1 (c)에 나타낸 바와 같이 전류는 v_s → D_2 → R → D_3 → v_s로 흐른다. 따라서 출력전압 v_o는 그림 2.1.1 (b)와 같이 v_s가 마이너스인 구간(구간 − Ⅱ)에서도 플러스인 구간에서의 v_o와 동일하다. 이와 같은 방식으로 교류를 직류로 변환하는 것을 **전파정류**(full wave rectification)라 한다[5].

이제 동작원리를 알았으니 단상전파정류기를 설계하고 만들기 위한 분석을 해보자. 그림 2.1.1 (a)의 회로를 만들어 보라고 하면 어떤 순서로 할 것인가? 일반적으로 전기전자기기는 입력과 출력에 대한 사양(specification)이 정해지면 이러한 사양을 충족시킬 수 있도록 기기설계를 한다. 그림 2.1.1 (a)에서 입력전원은 교류 220 V, 60 Hz이고 출력부하는 10 Ω이라는 사양이 주어졌을 때 다이오드 정류기를 어떻게 설계할 것인가?

먼저 다이오드를 구입해야 하는데 수천 내지 수만 가지 종류에 이르는 다이오드 중에서 하나를 골라야 한다. 다이오드의 데이터 시트를 보면 정격전압과 정격전류가 표기되어 있는데 **정격전압은 역방향으로 견딜 수 있는 최대전압을**, 정격전류는 도통 시 다이오드를 **통해 흐르는 전류의 평균값을** 의미한다. 따라서 적합한 다이오드를 선정하려면 다이오드에 걸리는 역전압이 얼마나 되는지, 그리고 흐르는 전류의 평균값은 얼마나 되는지를 알아야 한다. 따라서 그림 2.1.1 (b)와 같은 각 부분의 전압과 전류파형을 그릴 수 있어야 한다. 다이오드 D_1에 걸리는 전압파형을 보면 최대값이 교류 전원전압 v_s의 최대값 ($220\sqrt{2} = 311$ V)과 동일함을 알 수 있다. 따라서 다이오드의 정격전압은 311 V 이상이어야 하는데 교류 전원전압의 변동과 전압 스웰(swell : 일시적으로 전압이 상승하는 현상) 등을 고려하여 이러한 경우의 다이오드 정격전압은 통상 600 V급으로 한다.

그림 2.1.1 (b)의 i_{D1}으로부터 다이오드 D_1의 정격전류를 구하라고 하면 어떻게 할 것인가? 다이오드의 정격전류는 다이오드를 통해 흐르는 전류의 평균값이므로 i_{D1}의 평균값을 구하면 된다. 구간 − Ⅰ에서 i_{D1}은 i_s와 동일하다. 따라서,

$$i_{D1} = i_s = \frac{v_s}{R} \text{ (구간 − I)} \tag{2.1.1}$$

이다. 입력전압 v_s를

$$v_s = \sqrt{2}\,V\sin\omega t \tag{2.1.2}$$

---

5) 참고로 다이오드를 하나만 사용하여 교류 입력전압이 플러스인 구간에서만 출력으로 나오고 마이너스 구간에서는 출력이 0이 되도록 변환하는 것을 반파정류라 한다.

라 두면[6] 구간 – I에서

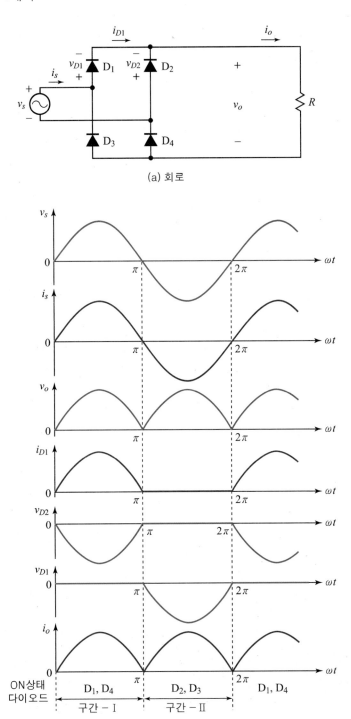

(a) 회로

(b) 파형

---

6) 식 (2.1.2)에서 ω는 교류전압 v_s의 각주파수를 나타내며 $2\pi f$와 같다. 여기서 f는 교류전압의 주파수이다.

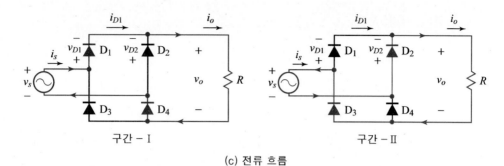

(c) 전류 흐름

그림 2.1.1 단상전파 정류회로와 파형 (저항부하)

$$i_{D1} = \frac{\sqrt{2}\,V}{R}\sin\omega t \tag{2.1.3}$$

이고 구간 - Ⅱ에서는 i_{D1}이 0이므로 i_{D1}의 평균값을 $<i_{D1}>$이라 하면

$$<i_{D1}> = \frac{1}{2\pi}\int_0^{2\pi} i_{D1}d(\omega t)$$

$$= \frac{1}{2\pi}\left[\int_0^\pi \frac{\sqrt{2}\,V}{R}\sin\omega t\,d(\omega t) + \int_\pi^{2\pi} 0\,d(\omega t)\right] \tag{2.1.4}$$

$$= \frac{\sqrt{2}\,V}{\pi R}$$

가 된다. 입출력 사양으로부터 식 (2.1.4)에 $V = 220$, $R = 10$을 대입해 보면

$$<i_{D1}> = \frac{220\sqrt{2}}{10\pi} = 9.9\,\text{A} \tag{2.1.5}$$

이다. 따라서 다이오드의 정격전류는 9.9 A 이상으로 하면 되는데 통상 여유분을 100 % 정도 두어서 20 A로 한다.

이제 적합한 다이오드 선정을 했는데 더 필요한 것은 없을까? 물론 있다. 전원과 다이오드 정류기와 부하를 연결할 전선이 필요하다. 전선도 사양을 보면 사용전압과 전선의 굵기가 매우 다양하다. 사용전압은 220 V이므로 220 V용 전선을 구입하면 되는데 전선의 굵기는 얼마로 해야 하나? 가느다란 전선에 많은 전류를 흘리면 전선이 과열되어 피복이 타서 합선이 되기도 한다. 전선에 열이 발생한다는 것은 저항성분이 있기 때문이다. 저항 R에 전류 I가 흐를 때 발생하는 전력손실은 I^2R이라는 것은 알고 있을텐데

여기서 전선의 저항 R은

$$R = \rho \frac{l}{A} \tag{2.1.6}$$

이다. 여기서 ρ는 도체의 도전율, l은 전선의 길이, A는 도체의 단면적을 나타낸다. 그리고 전류 I는 순시치도 평균값도 아닌, 바로 실효값이다. 따라서 **전선의 굵기를 정하려면 전류의 실효값을 알아야 한다.**

그림 2.1.1 (b)의 i_s의 실효값 I_s를 구해보자. i_s는 교류이고 i_o는 직류이지만 $|i_s| = |i_o|$이므로 i_s의 실효값과 i_o의 실효값은 같다. 또한

$$i_s = \frac{v_s}{R} \tag{2.1.7}$$

이므로 i_s의 실효값 I_s는

$$I_s = \frac{V}{R} \tag{2.1.8}$$

이다.

이상 살펴본 바와 같이 일반적으로 전기전자 시스템 설계를 하려면 우선 회로에 대한 동작원리를 이해하고 각 부분의 전압과 전류파형이 어떻게 되는지 확인하고 전류의 평균값과 실효값 등을 계산할 필요가 있다.

그럼 여기서 출력전압 v_o의 평균값 $<v_o>$와 출력전류 i_o의 평균값 $<i_o>$도 살펴보고 넘어가도록 하자. 그림 2.1.1 (b)에서 v_o와 i_o를 보면 한주기가 π임을 알 수 있다. 따라서 $<v_o>$와 $<i_o>$는 다음과 같이 구한다.

$$<v_o> = \frac{1}{\pi} \int_0^{\pi} v_o d(\omega t) = \frac{1}{\pi} \int_0^{\pi} \sqrt{2}\, V \sin \omega t\, d(\omega t) = \frac{2\sqrt{2}\, V}{\pi} \tag{2.1.9}$$

$$<i_o> = \frac{<v_o>}{R} = \frac{2\sqrt{2}\, V}{\pi R} \tag{2.1.10}$$

예제 2.1.1

그림 2.1.1 (a)와 같은 전파 정류회로에서 부하저항이 10 Ω 이다. 전원전압 v_s가 220 V, 60 Hz일 때 다음을 구하라.

(a) 출력전압 평균값   (b) 출력전류 평균값

(c) 출력전류 실효값   (d) 부하에 공급되는 전력

(e) 다이오드에 인가되는 역방향 최대전압

[풀이]

(a) 출력전압 평균값 $\langle v_o \rangle$는 식 (2.1.9)로부터

$$\langle v_o \rangle = \frac{2\sqrt{2}\,V}{\pi} = \frac{2\sqrt{2}}{\pi} \times 220 = 198 \text{ V}$$

(b) 출력전류 평균값 $\langle i_o \rangle$는 식 (2.1.10)으로부터

$$\langle i_o \rangle = \frac{2\sqrt{2}\,V}{\pi R} = \frac{2\sqrt{2} \times 220}{\pi \times 10} = 19.8 \text{ A}$$

(c) 출력전류 실효값 I_o는 입력전류 실효값 I_s와 동일하므로 식 (2.1.8)로부터

$$I_o = \frac{V}{R} = \frac{220}{10} = 22 \text{ A}$$

(d) 부하에 공급되는 전력 P_o는

$$P_o = I_o^2 \times R = 22^2 \times 10 = 4,840 \text{ W}$$

(e) 다이오드에 인가되는 역방향 최대전압 $v_{D\,\max}$는 그림 2.1.1 (b)의 v_{D1}에 보이는 바와 같이 입력전압 v_s의 최대값과 동일하므로

$$v_{D\,\max} = 220\sqrt{2} = 311.13 \text{ V}$$

예제 2.1.2

PLECS로 그림 2.1.1 (a)의 회로를 구성한 후 그림 2.1.1 (b)의 파형을 확인하고 예제 2.1.1 의 (a)~(e)를 구하여 계산한 값과 비교하여라.

[풀이]

🔵 그림 2.1.1 (a)의 시뮬레이션 Schematic 모델 만들기

(1) 제 1 장의 [1] 회로도 작성하기를 참고하여 그림 2.1.1 (a)의 단상전파정류회로를 아래와 같이 구성한다. 파일 저장 시 파일 이름을 '예제 2.1.2'로 하면 에러가 발생하여 저장이 안되므로 언더바를 이용하여 '예제2_1_2'로 저장한다.

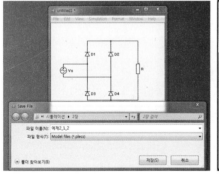
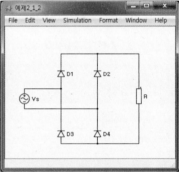

🔵 교류전원 파라미터의 변경

(1) Vs의 Block Parameter 창에서 Amplitude를 1에서 220*sqrt(2)로, Frequency를 2*pi*50에서 2*pi*60으로 변경하고, OK 버튼을 누른다.

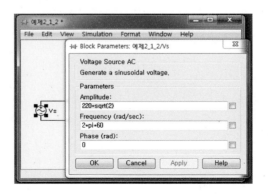

◯ 파형관찰

(1) 파형을 관찰하기 위하여 먼저 Library Browser 창에서 Scope를 가져온다.

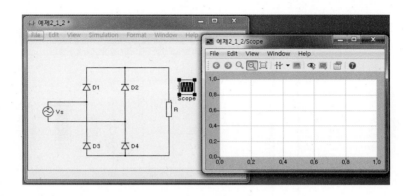

(2) Scope에 plot 추가하기

Scope 창에서 파형을 나타내는 plot은 초기에 1개이다. 그림 2.1.1 (b)의 7개의 파형에 전력 파형을 추가하여 총 8개의 파형을 나타내어야 하므로 plot을 7개 더 만들어 주어야 한다. plot 위에 커서를 가져가면 커서의 형태가 +로 바뀌고 이때 마우스를 오른쪽 클릭한 후 Insert plot above 또는 Insert plot below를 클릭하면 plot이 추가로 생성된다. 동일한 선택 을 계속 반복하여 6개의 창을 더 만들면, Schematic 창에 있는 Scope 소자에도 plot이 1개 에서 8개로 증가되어 있음을 확인할 수 있다.

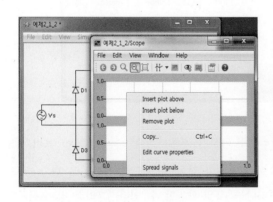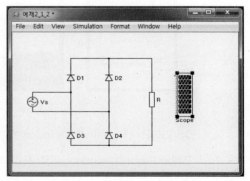

(3) 측정신호 전달하기

측정신호를 Scope 창으로 전달하기 위한 방법은 두 가지가 있다.

① 방법 1(Meter로 측정하기) : Library Browser 창에서 Electrical ⇨ Meters 탭 선택 후

Voltmeter와 Ammeter를 Schematic 창으로 드래그&드롭 하여 다음과 같이 구성한 뒤 각각의 meter에서 나오는 신호선을 Scope의 입력으로 연결한다. 한 가지 유의할 점은 Ammeter로 전류측정 시 기준방향이 ⊶Ⓐ⊶의 화살표방향이라는 것이다.

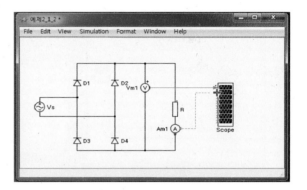

② 방법 2(Probe로 측정하기) : Library Browser 창에서 System 탭의 Probe를 Schematic 창으로 드래그&드롭하여 Scope 입력으로 연결한 후에 Probe를 더블 클릭하면 Probe Editor가 나타난다.

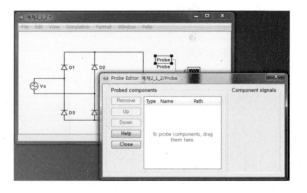

그리고 Probe Editor의 window에 명시된 것처럼 측정하고자 하는 소자인 부하 R을 Probe Editor의 window 위로 드래그 하여 아래와 같이 마우스 커서가 ☖로 변할 때 드롭하면 소자 목록이 window 상에 나타나는 것을 확인할 수 있다. 그리고 창 오른쪽의 Component signals 하단에 plot 상에 나타내고자 하는 파라미터의 체크박스를 체크한다.

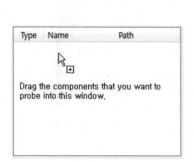
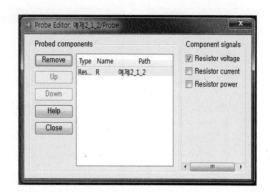

참고로 방법 1과 방법 2를 혼용할 수도 있는데, 아래의 그림과 같이 Voltmeter를 Scope 에 바로 연결하지 않고 Probe Editor의 window로 드래그&드롭할 수 있다.

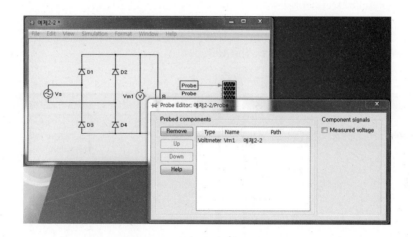

(4) Probe 사용 시 다수의 plot에 측정신호 전달방법

plot의 총 개수가 8개이므로 Probe를 이용하여 각 plot에 신호를 전달할 경우 다음의 두 가 지 방법으로 할 수 있다.

① 방법 1(Signal Demultiplexer 사용하기) : Library Browser 창에서 System 탭 선택 후 Signal Demultiplexer를 Schematic 창으로 드래그&드롭한 후 Signal Demultiplexer를 더 블 클릭하여 Number of outputs 입력란에 출력신호의 개수인 8을 입력한다.

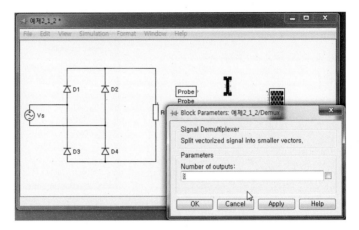

아래와 같이 Signal Demultiplexer의 출력신호를 각 플롯에 연결한 후 Probe를 더블 클릭하여 Probe Editor의 window로 측정하고자 하는 소자를 드래그&드롭한다. 그리고 plot 상에 나타내고 싶은 파라미터의 체크박스를 체크한다. 측정신호는 Probe Editor의 window에 나열된 순서대로 전달된다.

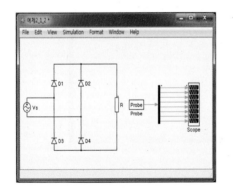
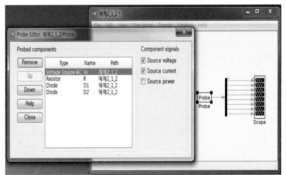

② 방법 2(Probe 복사해서 사용하기) : 두 번째 방법은 아래와 같이 Probe를 plot의 개수만큼 복사해서 연결한 후 각 Probe마다 측정하고자 하는 소자를 드래그&드롭한다.

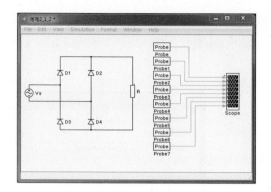
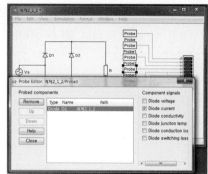

Signal Demultiplexer를 사용할 경우 구성이 간단한 장점이 있지만 한 plot에 파형을 2개 이상 나타낼 수 없고 입출력의 개수를 정확하게 맞추지 않으면 에러가 발생하므로 주의해야 한다. 반면에 Probe를 여러 개 복사해서 사용할 경우에는 구성은 복잡해지지만 한 plot에 다수의 파형을 나타낼 수 있다.

(5) Scope 창에 각 plot의 label을 나타내기

아래와 같이 Probe를 복사하여 각 Probe가 나타내고자 하는 명칭(V_s, I_s, V_o, I_d1, V_d2, V_d1, I_o, P_o)을 입력하여도 Scope의 각 plot에는 이러한 명칭이 나타나지 않는다. 따라서 각 파형이 무엇을 나타내는지 식별하기 위하여 각 plot마다 label을 붙여준다.

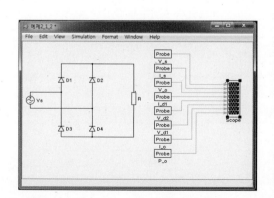
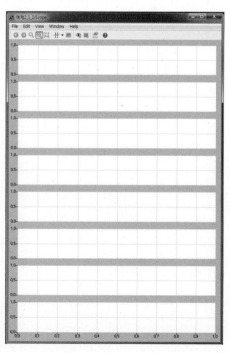

Scope Parameters라는 도구를 이용하여 label을 붙여줄 수 있는데 Scope 창의 툴 바 오른쪽 끝의 두 번째 아이콘 을 클릭하면 창이 나타난다.

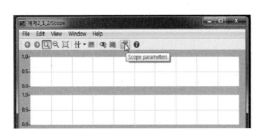

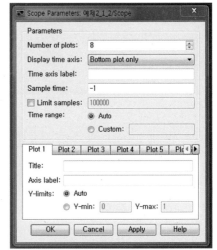

시간축은 plot의 구분 없이 공통된 label이라서 한 번만 입력해 주면 된다. 시간축을 나타내기 위해 Time axis label에 Time [sec]라고 기입하고 각 plot 별 label은 Scope Parameters 창의 아래쪽에 번호로 매겨진 Plot 1 부터 순차적으로 클릭하여 label을 붙이면 된다. 만약 입력을 나타낼 경우 Title은 Vs라 넣고, 세로축인 Axis label은 전압을 나타낼 것이므로 Voltage[V]라고 기입한다. 이런 방식으로 모든 plot의 label을 채워주고 OK 나 Apply 버튼을 클릭하면 각 plot별로 label이 나타나는 것을 확인할 수 있다.

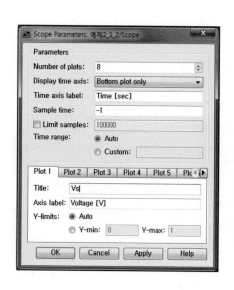

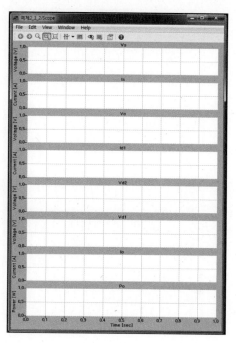

(6) 시뮬레이션 하여 파형관찰 및 측정하기

시뮬레이션 실행 시 시뮬레이션이 수행되는 시간은 출력파형의 주기 및 과도상태에서 정상 상태까지 나타내는 시간을 고려해서 결정해 주면 된다. 아래 그림의 왼쪽 창은 Stop time을 0.166 [sec]로 설정한 후 시뮬레이션한 결과파형인데 출력전압 Vo가 20 사이클 나타나 있음 을 알 수 있다. 단상전파 정류회로의 출력전압 한 주기가 8.33 msec이므로 출력전압파형이 20 사이클 나타나는 동안의 시간은 8.33 msec × 20 = 166.6 msec이며 이는 설정값 0.166 sec와 일치한다. 그림 2.1.1 (b)처럼 3주기 정도만 확대하여 보고 싶은 경우는 plot위의 확대 하고자 하는 부분의 시작점에 마우스 커서를 놓고 확대하고 싶은 부분까지 드래그&드롭하 면 된다. 아래의 오른쪽 그림은 3주기만 확대한 결과 파형이다.

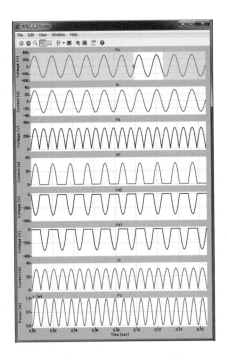 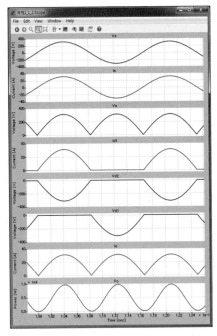

각 파형의 순시값, 평균값 및 실효값 등은 Cursors 기능을 이용하여 측정한다. Scope 창의
툴 바에서 Cursors라고 나타나는 ⊞▾ 아이콘을 클릭하면 다음과 같이 세로로 두 줄의 커서
(Cursor1, Cursor2)가 생기면서 Data 창이 Scope 창의 아래에 추가 된다. Data 창의
Cursor1과 Cursor2 아래에 나타난 값들은 각 커서가 지시하는 시각과 그 시각에서의 데이터
값을 의미한다.

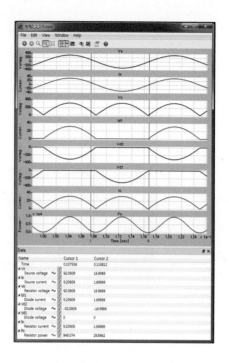

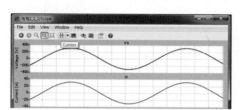

Data 창의 위쪽 바를 클릭하여 Scope 창 바깥쪽으로 드래그하면 아래처럼 Scope 창과 Data
창의 분리가 가능하다.

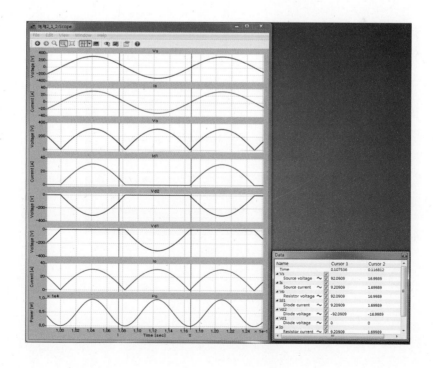

각 파형의 평균값, 실효값을 측정할 경우 Cursor1부터 Cursor2까지의 구간을 적분하는 것이므로 각 Cursor의 위치를 옮겨서 값을 측정할 구간을 지정해 주어야 한다. 커서의 위치는 Data 창에서 각 Cursor의 Time을 직접 입력하여 지정이 가능하다. 예를 들어 Cursor1은 0.1, Cursor2는 16.667 msec를 더한 0.116667을 입력하면 16.667 msec 구간 내 파형의 값을 측정하는 것이다.

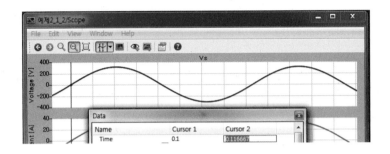

평균값은 Data 창의 Name바에 마우스 커서를 가져놓고 오른쪽 클릭을 하면 다음과 같이 Delta부터 아래로 THD까지 구하고자 하는 값을 선택하는 옵션창이 나타나게 된다. 여기서 평균값을 뜻하는 Mean을 클릭하면 다음과 같이 Cursor2 옆에 Mean에 해당하는 값들이 나타난다.

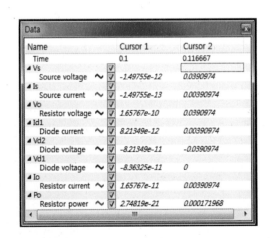

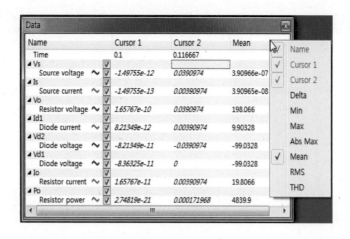

실효값 또한 옵션창에서 RMS를 클릭하면 다음처럼 Mean값 옆에 나타난다.

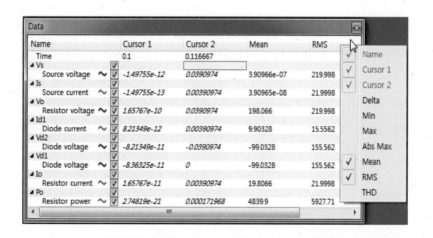

그리고 소자 선정 시 중요한 고려사항인 순방향 및 역방향 전압 피크값 또한 최대값과 최소
값을 통해 구할 수 있다. 마찬가지로 옵션 창에서 Max와 Min을 클릭하면 다음처럼 지정된
구간 내에서의 최대값과 최소값이 나타난다.

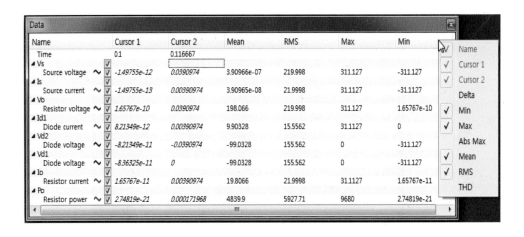

따라서 예제 2.1.1에서 구한 (a)~(b)의 값들은 Data 창에서 해당하는 파라미터의 값을 읽으면
된다. 그 결과는

(a) 출력전압 평균값 $\langle v_o \rangle$는 Data 창의 출력전압 label Vo의 Mean 값으로 198.8 V이다

(b) 출력전류 평균값 $\langle i_o \rangle$는 Data 창의 출력전류 label Io의 Mean 값으로 19.88 A이다.

(c) 출력전류 실효값 I_o는 Data 창의 출력전류 label Io의 RMS 값으로 22 A이다.

(d) 부하에 공급되는 전력 P_o는 Data 창의 출력파워 label Po의 Mean 값으로 4839.9 W이다.

(e) 다이오드에 인가되는 역방향 최대전압 $v_{D\max}$는 Data 창의 다이오드의 순방향 전압 label
  Vd1 혹은 Vd2의 역방향 전압을 나타내는 Max 값은 311 V이다.

검토 이상으로 시뮬레이션 상으로 계산한 값이나 앞서 수식으로 구한 값은 거의 일치하다는
것을 확인할 수 있다.

2.1.2 리액터-저항부하인 경우

직류부하 중에서 저항(R)과 리액터(L) 성분을 갖는 부하로는 어떠한 것이 있을까?
간단한 예로 전자석을 들 수 있다. 여기서는 다이오드 정류기로 전자석과 같은 부하에
전력을 공급하는 경우를 살펴보자. 그런데 $R-L$ 부하의 경우는 R과 L 값에 따라 전류
의 모양이 다양하게 변화하므로 우선 이러한 전류의 변화에 대한 이해를 하고 나서 본론
으로 들어가기로 한다.

그림 2.1.2는 $R-L$ 부하에 직류 전압을 인가하는 경우의 회로와 파형들을 나타낸다. 그림 2.1.2 (b)의 $t=0$에서 스위치 S를 닫았다고 가정하면 출력전류 i_o는 0 A에서 서서히 증가하기 시작한다. 이때 전류가 증가하는 기울기는 시정수 τ에 따라 달라진다. R과 L에 의해 정해지는 시정수 τ는 L/R이므로 R이 일정하다면 시정수는 L 값이 증가할수록 커진다. 여기서는 $\tau_1 = 10^{-2}$, $\tau_2 = 5 \times 10^{-2}$, $\tau_3 = 10^{-1}$으로 하여 L 값을 5배, 10배 증가시켰을 때의 전류파형을 보고자 하는데 그림 2.1.2 (b)에 보인 바와 같이 출력전류 i_o의 상승하는 기울기는 τ가 클수록 감소함을 알 수 있다. 즉, L이 클수록 전류의 변화가 느려서 전압파형을 따라가는데 시간이 더 걸린다. **교류회로에서는 부하가 L로 구성된 경우 전류의 위상이 전압 위상보다 90° 뒤진다는 것을 상기하라.** τ가 아주 작다면 어떻게 될까? τ가 0이라면 R만 있고 L이 없는 경우이므로 이때의 전류파형은 저항 R에 걸리는 전압파형과 동일하다.

그림 2.1.2 (b)의 i_{o1}, i_{o2}, i_{o3}을 보면 전류가 증가하는 기울기는 다르지만 일정기간 ($4\tau_1$, $4\tau_2$, $4\tau_3$)이 경과한 이후의 전류 모양과 크기는 서로 동일함을 알 수 있고, 전류의 크기 I_o는 V_o/R로서 L과는 아무런 관련이 없다. 즉, **인덕터 L은 전류가 0에서 I_o까지 증가하는 과도상태에서만 임피던스로 역할을 하고 I_o에 도달한 이후부터의 정상상태에서는 임피던스의 값이 없는 것처럼 보인다.** 그 이유는, L의 임피던스는 ωL인데 ω가 0이기 때문이다. ω가 0인 이유는 $\omega = 2\pi f$에서 앞에서 언급한 정상상태는 직류이므로 주파수 f가 0이 되어 각주파수 ω도 0이 된다.

만약 그림 2.1.2 (b)의 v_o가 그림 2.1.3 (a)처럼 된다면 $R-L$ 부하에 흐르는 전류의 모양은 어떻게 될까? 다소 복잡하게 될 것 같지만 그림 2.1.3 (a)의 전압파형을 (b)와 (c)로 분해해서 생각해 보면 간단히 예측할 수 있다. 그림 2.1.3 (a)의 파형은 직류이기는 하나 리플성분이 꽤 포함되어 있으므로 순수한 직류성분과 리플성분으로 나누어 보면 순수 직류성분은 v_o의 평균값에 해당하므로 그림 (b)와 같이 되고 리플성분은 그림 (c)와 같이 v_o에서 v_{oDC}를 뺀 v_{oAC}가 된다.

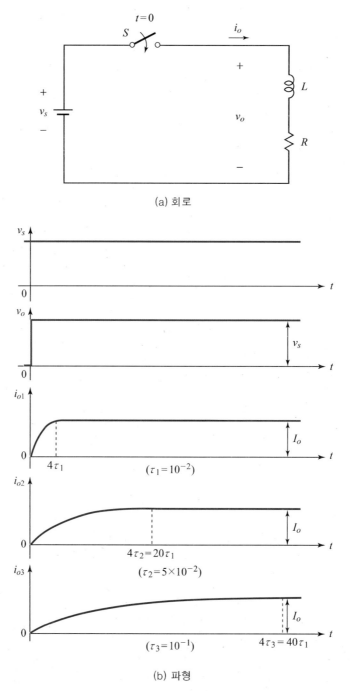

(a) 회로

(b) 파형

그림 2.1.2 직류전원이 $R-L$ 부하에 인가되는 경우의 전류상승

이제 그림 2.1.2 (a)의 $R-L$ 부하에 그림 2.1.3 (a)의 전압을 인가했을 경우의 전류파형을 예측해 보자. **중첩의 원리에 의하여 $R-L$ 부하에 흐르는 전류는 v_{oDC}에 의한 전류와 v_{oAC}에 의한 전류의 합**으로 볼 수 있다. v_{oDC}에 의한 전류파형은 그림 2.1.2 (b)와 동일하다. v_{oAC}에 의한 전류는 어떻게 될까? $R-L$ 회로에서 임피던스의 크기 $|Z|$는

$$|Z| = \sqrt{R^2 + (\omega L)^2} \tag{2.1.11}$$

인데 L에 의한 임피던스 ωL이 직류에서는 0이었지만 교류에서는 ω의 값이 존재하므로 ω가 일정한 경우 L 값이 커질수록 임피던스도 증가한다. 따라서 v_{oAC}에 의한 전류는 교류이며 그 크기는 L이 커질수록 감소한다.

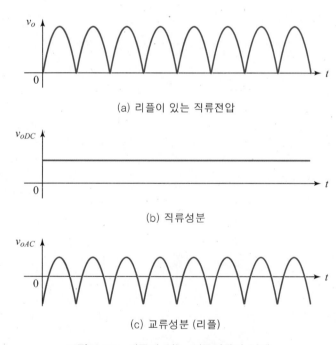

(a) 리플이 있는 직류전압

(b) 직류성분

(c) 교류성분 (리플)

그림 2.1.3 리플이 있는 직류전압의 분해

그러면 이제 본론으로 돌아와서 그림 2.1.3 (a)의 파형을 만들어 보고 $R-L$ 부하에 흐르는 전류를 상세히 들여다보도록 한다. 그림 2.1.3 (a)의 v_o는 그림 2.1.1에서 다이오드 전파 정류기로 만들어 보았으므로 동일한 원리로 그림 2.1.4 (a)와 같이 회로를 구성해보자. **그림 2.1.4 (b)의 i_{o1}, i_{o2}, i_{o3} 파형에서 리플성분을 무시하고 이들 파형이 증가하는 모양을 자세히 살펴보면 그림 2.1.2 (b)에 나타낸 i_{o1}, i_{o2}, i_{o3}의 파형과 일치한다.** i_{o2}의 L 값은 i_{o1}의 L 값보다 5배 크기 때문에 $R-L$ 회로의 임피던스가 증가하여 i_{o2}의 리플성분의 크기는 i_{o1}보다 줄어들었음을 알 수 있다. i_{o3}의 L 값은 i_{o1}의 L 값보다 10배 증가하였기 때문에 리플성분이 상당히 줄어들었음을 볼 수 있다.

이제 다이오드 정류기의 동작 하나하나를 살펴볼텐데 설명의 편의 상 전류가 계속 증가하고 있는 과도상태나 리플성분이 많이 포함되어 있는 상태보다는 전류의 흐름이 안정화되어 있는 **정상상태에서 L이 커서 리플이 거의 없는 경우의 동작**을 보도록 한다. 그림 2.1.4 (b)의 i_{o3} 파형을 보면 정상상태에서 리플성분이 매우 작다는 것을 알 수 있는데 리플이 거의 없을 정도로 L 값을 키우면 그림 2.1.5의 i_o 파형이 된다. 그림 2.1.5는 정상상태에서 교류 전원전압의 약 한주기 동안 확대하여 나타낸 것이다.

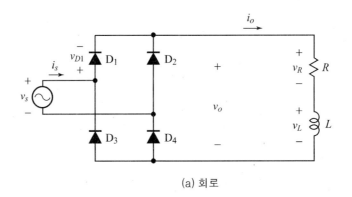

(a) 회로

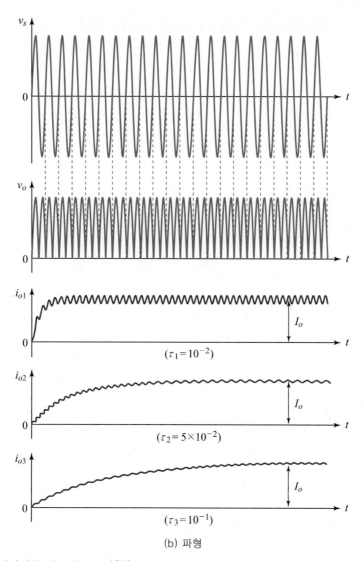

그림 2.1.4 단상전파 정류회로와 파형($R-L$ 부하 : $R = 10\,\Omega$, $L = 100\,\mathrm{mH}$, $500\,\mathrm{mH}$, $1000\,\mathrm{mH}$)

[1] 전원전압 v_s가 양(+)인 구간($0 \le \omega t < \pi$)

이 구간에서는 다이오드 D_1과 D_4가 온되므로 전류는 $v_s \to D_1 \to R \to L \to D_4 \to v_s$로 흐른다. 따라서 전원측 전류 i_s는 그림 2.1.4 (a)에서 전류 i_s의 화살표방향으로 흘러서 양(+)이 되며 그 크기는 부하전류 I_o와 동일하다.

[2] 전원전압 v_s가 음(−)인 구간 ($\pi \leq \omega t < 2\pi$)

이 구간에서는 다이오드 D_2와 D_3가 온되므로 전류는 $v_s \rightarrow D_2 \rightarrow R \rightarrow L \rightarrow D_3 \rightarrow v_s$로 흐른다. 따라서 전원측 전류 i_s는 그림 2.1.4 (a)의 전류 i_s의 화살표 반대방향으로 흐르므로 음(−)이 되며 그 크기는 부하전류 I_o와 같다. 또한 이 구간에서 다이오드 D_1은 오프되어 있는데 D_2가 온되어 있으므로 D_1에는 전원전압 v_s가 그대로 걸리게 되어 v_{D1}은 v_s와 동일하게 된다.

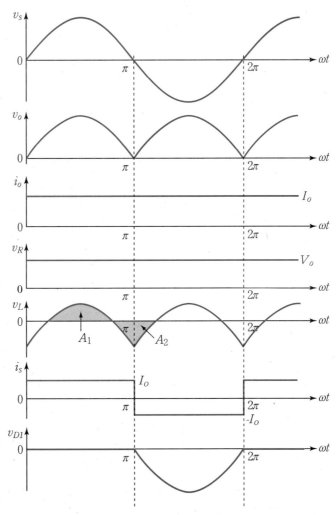

그림 2.1.5 단상전파 정류회로의 전압과 전류파형($R-L$ 부하 : 전류의 리플을 무시할 수 있을 정도로 큰 L 사용 시)

그림 2.1.5의 v_L 파형을 보면 교류임을 알 수 있는데 이것은 v_o에 포함된 리플성분에 해당한다. 즉, v_o, v_R, v_L의 관계는

$$v_o = v_R + v_L \qquad (2.1.12)$$

이므로 v_L은 v_o에서 v_R을 뺀 것이다. 그리고 v_L 파형에서 **면적 A_1과 A_2는 동일함**을 알 수 있는데 그 이유는 다음과 같다. 만약 A_1이 A_2보다 크면 인덕터의 전류는 전압이 적분되어 결정되므로[7] i_o는 계속 증가하고, 반대로 A_2가 A_1보다 크면 i_o는 계속 감소해야 하는데 그림 2.1.5에서 i_o는 일정하기 때문이다.

그림 2.1.5에서 출력전압 v_o의 파형은 그림 2.1.1 (b)의 저항부하를 갖는 전파 정류회로에서의 출력전압 파형과 동일하다. 따라서 출력전압의 평균값 $\langle v_o \rangle$는 식 (2.1.9)과 같이

$$\langle v_o \rangle = \frac{2\sqrt{2}\,V}{\pi} \qquad (2.1.13)$$

가 된다. 또한 출력전류의 평균값 $\langle i_o \rangle$는

$$\langle i_o \rangle = \frac{\langle v_o \rangle}{R} = \frac{2\sqrt{2}\,V}{\pi R} \qquad (2.1.14)$$

가 된다. 출력전류 i_o는 리플성분이 없는 직류이므로 실효값은 식 (2.1.14)의 평균값과 동일하다.

예제 2.1.3

그림 2.1.4의 유도성 부하를 갖는 전파 정류회로에서 전원전압 v_s는 220 V, 60 Hz이다. $R = 10\,\Omega$이고 L은 매우 크다고 가정하고 다음을 구하라.

(a) 출력전압 평균값   (b) 출력전류 평균값

(c) 출력전류 실효값   (d) 부하에 공급되는 전력

(e) 각 다이오드전류의 평균값   (f) 각 다이오드전류의 실효값

---

[7] $i_L = i_L(0) + \dfrac{1}{L}\displaystyle\int_0^t v_L\,dt$

[풀이]

(a) 출력전압 평균값 $\langle v_o \rangle$는 식 (2.1.13)으로부터

$$\langle v_o \rangle = \frac{2\sqrt{2}\,V}{\pi} = \frac{2\sqrt{2}\times 220}{\pi} = 198 \text{ V}$$

(b) 출력전류 평균값 $\langle i_o \rangle$는 식 (2.1.14)로부터

$$\langle i_o \rangle = \frac{\langle v_o \rangle}{R} = \frac{198}{10} = 19.8 \text{ A}$$

(c) 출력전류 실효값 I_o는 평균값과 동일하므로 19.8 A

(d) 부하에 공급되는 전력 P_o는

$$P_o = I_o^2 R = 19.8^2 \times 10 = 3{,}920.4 \text{ W}$$

(e) 다이오드 평균전류 $\langle i_D \rangle$는 출력전류 평균값 $\langle i_o \rangle$의 절반이므로

$$\langle i_D \rangle = \frac{\langle i_o \rangle}{2} = \frac{19.8}{2} = 9.9 \text{ A}$$

(f) 다이오드전류의 실효값 I_D는

$$I_D = \sqrt{\frac{1}{2\pi}\int_0^\pi i_o^{\,2}\,dt} = \frac{I_o}{\sqrt{2}} = \frac{19.8}{\sqrt{2}} = 14 \text{ A}$$

예제 2.1.4

그림 2.1.4 (a)의 회로를 PLECS로 구성한 뒤 다음을 구하라. 단 v_s는 220 V 60 Hz, R은 10 Ω이고 L은 100 mH이다.

(a) v_s, i_s, v_o, i_o 파형   (b) 출력전압 평균값
(c) 출력전류 평균값   (d) 출력전류 실효값

[풀이]

예제 2.1.2와 동일한 방법으로 schematic 창을 구성하면 다음과 같다.

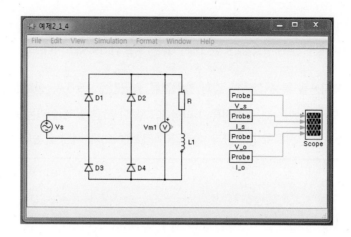

(a) v_s, i_s, v_o, i_o 파형은 다음과 같으며 그림 2.1.5의 파형과 비교했을 때 v_s와 v_o는 동일하고 i_s와 i_o는 다르게 나타난다. 그 이유는 L값이 유한한 값인 100 mH이므로 리플성분이 나타나기 때문이다.

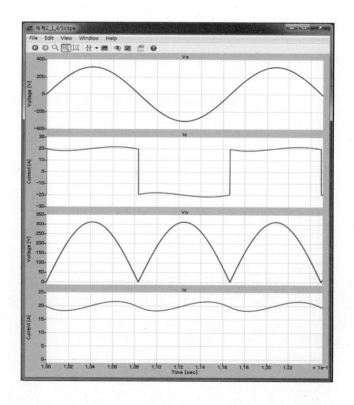

(b) 출력전압 평균값은 예제 2.1.2의 풀이 ▶ 파형관찰 ⑤항에서 설명한 방법으로 Data 창의 값을 읽으면 198.2 V이다.

(c) 출력전류 평균값도 (b)와 동일한 방법으로 읽으면 19.8 A이다.

(d) 마찬가지로 출력전류 실효값 또한 Data 값을 읽으면 19.85 A이다.

검 토 시뮬레이션을 통해 확인한 결과 출력전류 평균값은 19.8 A, 실효값은 19.85 A로 예제 2.1.2와 비교했을 때 출력전류의 파형에 리플이 조금 실려 있기는 하지만 그 크기가 거의 미미하여 전류의 평균값과 실효값이 크게 차이가 나지 않는다.

예 제 2.1.5

예제 2.1.4에서 L값을 10 mH로 변경한 다음 (a)~(d)를 구하여 비교해 보아라.

[풀이]

예제 2.1.4의 Schematic을 그대로 활용하고 L값의 파라미터값만 변경한다.

(a) v_s, i_s, v_o, i_o 파형은 다음과 같으며 그림 2.1.5의 파형과 비교했을 때 v_s와 v_o는 역시 동일하다. 하지만 L 값이 10 mH로 예제 2.1.4 보다도 10배 더 줄었기 때문에 i_s와 i_o의 파형의 리플이 더 커진 것을 확인할 수 있다.

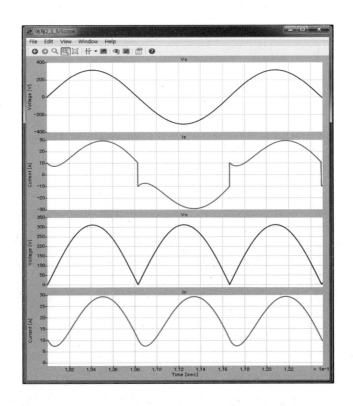

(b) 출력전압 평균값은 예제 2.1.4 (b)와 동일한 방법으로 구하면 198.1 V이다.

(c) 출력전류 평균값도 (b)와 동일한 방법으로 구하면 19.8 A이다.

(d) 출력전류 실효값도 (b)와 동일하게 구하면 21.2 A이다.

검토 시뮬레이션을 통해 확인한 결과 출력전류 평균값은 19.8 A, 실효값은 21.2 A로 예제 2.1.4에 비하여 전류의 평균값과 실효값에 차이가 꽤 있다는 것을 알 수 있다.

___

예제 2.1.4와 2.1.5에서 L값을 각각 변화시켜 가면서 전류파형이 어떻게 변하는지 살펴보았는데, 이렇게 하지 않고 하나의 프로그램 내에 L값을 여러 개 입력해 두고 각 각의 경우에 해당하는 전류파형을 동시에 비교해 볼 수 있는 방법이 있는데 자세한 것은 이 장의 부록을 참조하기 바란다.

2.1.3 커패시터-저항부하인 경우

직류부하 중에서 커패시터(C)와 저항(R) 성분을 갖는 부하는 가전제품이나 사무용기 기 등에 널리 사용되고 있다. 그림 2.1.6 (a)는 단상 다이오드 정류기 부하에 $R-C$ 병 렬회로가 사용된 경우를 보이고 있다. 여기서 커패시터는 직류필터 역할을 하기 때문에 그림 2.1.6 (b)의 출력전압 v_o의 파형을 보면 그림 2.1.1 (b)나 2.1.5의 v_o보다 훨씬 깨 끗한 직류파형임을 알 수 있다. 물론 이 파형은 정상상태에서의 파형이다. 교류전원을 인가하기 전에 커패시터의 초기전압은 0 V이므로 교류전원이 연결되는 순간 과대한 돌 입전류가 흐르므로 이러한 **돌입전류의 크기를 제한할 수 있는 초기 충전회로가 필요하다.** 초기 충전회로에 대해서는 연습문제를 통해 파악하기 바란다. 또한 그림 2.1.6 (a)를 시 뮬레이션 할 때에는 v_s의 전원에 약간의 내부임피던스를 넣어야 하는데 이는 전압원 v_s 와 또 하나의 전압원 v_o 사이의 전류제한을 위해서이다. 여기서는 약 1 mΩ 정도의 저항 값을 추가하였다. 그림 2.1.6 회로의 동작을 구간별로 나누어 살펴보자.

[1] 구간-I $(0 \le \omega t < \theta_1)$

이 구간에서는 교류 입력전압 v_s의 크기보다 출력전압 v_o의 크기가 더 크므로 D_1과 D_4에는 역방향 전압이 걸려서 켜질 수가 없고 오프상태를 유지한다. 물론 D_2와 D_3도 오프상태다. 따라서 교류전원전류 i_s와 출력전류 i_o 모두 0이다. 부하저항에 흐르는 전 류 i_R은

$$i_R = \frac{v_o}{R} \tag{2.1.15}$$

이므로 i_R의 모양은 v_o와 동일하게 된다. 즉, 이 구간에서는 커패시터의 에너지가 저항 R을 통하여 방전하며 커패시터전압 v_o는 계속 감소한다. 이때, 방전 시정수 τ는

$$\tau = RC \tag{2.1.16}$$

이다. 따라서 저항값이 작거나 커패시터값이 작으면 v_s와 v_o의 크기가 같아지는 지점인 θ_1의 크기도 작아진다. 이에 대한 분석은 예제를 통해 살펴보기로 한다.

[2] 구간-II $\left(\theta_1 \leq \omega t < \frac{\pi}{2} \right)$

$\omega t = \theta_1$이 되는 시점에서 v_s와 v_o는 크기가 같고, ωt가 θ_1보다 커지면 전원전압 v_s가 v_o보다 커지므로 다이오드 D_1과 D_4는 이제야 비로소 순방향 바이어스가 되어 온상태로 바뀐다. 그러면 출력전압 v_o는 입력전압 v_s를 따라 증가하게 된다. 따라서 커패시터전압을 증가시키기 위한 충전전류가 흐르게 되는 것이다. 이 충전전류는 $v_s \rightarrow D_1 \rightarrow R \mathbin{//} C \rightarrow D_4 \rightarrow v_s$의 경로를 따라 흐른다. ωt가 $\frac{\pi}{2}$보다 커지게 되면 다시 v_s가 v_o보다 작아지므로 D_1과 D_4는 오프상태로 된다.

[3] 구간-III $\left(\frac{\pi}{2} \leq \omega t < \pi + \theta_1 \right)$

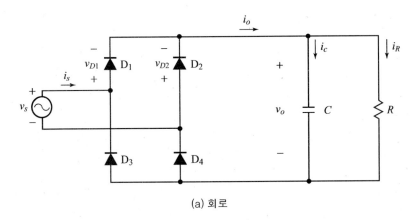

(a) 회로

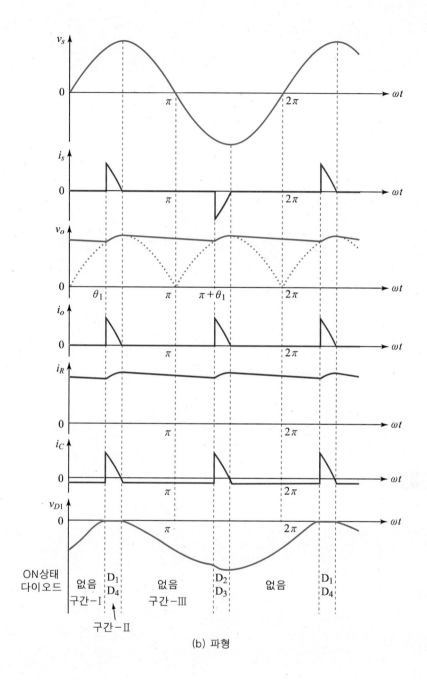

(b) 파형

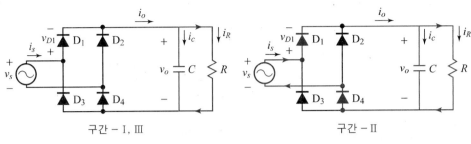

구간 - I, III   구간 - II

(c) 전류 흐름

그림 2.1.6 단상전파 정류회로와 파형($R // C$ 부하인 경우)

이 구간에서의 동작은 구간-I에서의 동작과 기본적으로 동일하다.

한가지 유의해서 관찰할 사항이 있는데 그림 2.1.6 (b)에서 볼 수 있듯이 교류전원전류 i_s는 정현파가 아니고 펄스 형태이다. 이러한 비정현파의 전류는 교류전원의 전력품질을 떨어뜨리는 나쁜 결과를 초래한다. 다이오드 정류기의 용량이 작은 경우에는 비록 펄스형 전류라 하더라도 그 크기가 작기 때문에 큰 문제는 안되지만 용량이 큰 경우에는 심각한 문제가 되므로 **역률보상회로(PFC 회로)**를 추가하거나 **능동형 필터**를[8] 설치해야 한다. 그러면 i_s의 파형은 정현파와 유사하게 된다.

예제 2.1.6

PLECS로 그림 2.1.6의 단상전파 정류회로를 구성하되 v_s는 220 V, 60 Hz 이고 R은 10 Ω이고 C는 4700 μF으로 하여 v_s, i_s, v_o, i_o, i_R, i_C, v_{D1} 파형을 나타내어라. 단, 교류전원의 내부저항은 1 mΩ으로 한다.

[풀이]

그림 2.1.6 (b)의 파형은 예제 2.1.6의 조건에서 저항값만 50 Ω으로 다르고 나머지는 동일한 경우이다. 따라서 부하전류의 크기는 다르지만 대부분 유사한 파형임을 알 수 있다.

---

8) R, L, C 등으로 구성되는 수동형 필터에 대하여 능동형 필터는 전력반도체 소자를 이용한 일종의 전력변환 장치로서 교류전원측 전류가 정현파에 가깝게 되도록 하는 역할을 한다.

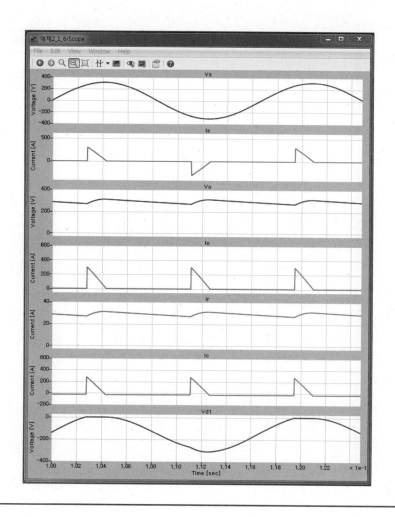

예제 2.1.7

예제 2.1.6에서 C를 470 μF으로 변경하여 v_s, i_s, v_o, i_o, i_R, i_C, v_{D1} 파형을 나타내라.

[풀이]

예제 2.1.6의 조건과 다른 점은 커패시터값을 1/10로 줄였다는 것이다. 이렇게 하면 방전이 빨리 이루어지므로 커패시터를 충전하는 기간이 더 길어진다는 것을 알 수 있다.

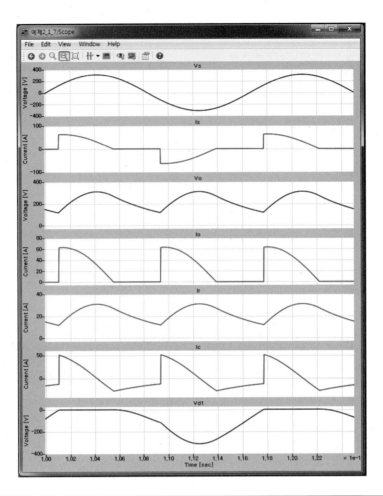

2.2 다이오드를 사용하여 3상교류를 직류로 변환하기

　단상 다이오드 정류기는 소용량의 전기전자기기에 주로 이용되고 산업용 중대형 전력기기에는 **3상 다이오드 정류기**가 사용된다. 그림 2.2.1 (a)처럼 3상 전파 정류회로는 6개의 다이오드 $D_1 \sim D_6$로 구성된다. 출력전류 i_o는 상단부 다이오드(D_1, D_3, D_5) 중 하나와 하단부 다이오드(D_2, D_4, D_6) 중 하나가 온되어 흐르게 된다. 상단부에서는 임의의 시간에 3상 전원 중 전압의 크기가 양의 방향으로 가장 큰 상의 다이오드가 온되고 나머지 2개의 다이오드는 역방향 바이어스되어 오프상태를 유지한다. 역으로 하단부에서는 3상 전원 중 전압의 크기가 음의 방향으로 가장 큰 상의 다이오드가 온된다. 그림 2.2.1 (b)는 3상 전파정류회로에서 각부의 전압과 전류파형을 나타낸다. 여기서 각 상전압 v_{an}, v_{bn}, v_{cn}은 다음과 같다.

$$v_{an} = \sqrt{2}\,V\sin\left(\omega t + \frac{\pi}{6}\right) \tag{2.2.1}$$

$$v_{bn} = \sqrt{2}\,V\sin\left(\omega t - \frac{2}{3}\pi + \frac{\pi}{6}\right) \tag{2.2.2}$$

$$v_{cn} = \sqrt{2}\,V\sin\left(\omega t - \frac{4}{3}\pi + \frac{\pi}{6}\right) \tag{2.2.3}$$

그러면, a상과 b상 간의 선간전압 v_{ab}는

$$
\begin{aligned}
v_{ab} &= v_{an} - v_{bn} \\
&= \sqrt{2}\,V\left[\sin\left(\omega t + \frac{\pi}{6}\right) - \sin\left(\omega t - \frac{2}{3}\pi + \frac{\pi}{6}\right)\right] \\
&= \sqrt{6}\,V\sin\left(\omega t + \frac{\pi}{3}\right)
\end{aligned}
\tag{2.2.4}
$$

가 된다. 동일한 원리로 v_{ac}, v_{bc}, v_{ba}, v_{ca}, v_{cb}를 구할 수 있으며 각 파형의 양(+)인 부분을 그림 2.2.1 (b)에 점선으로 나타내었다. 각각의 파형의 크기를 보면 $0 \leq \omega t < \frac{\pi}{3}$ 구간에서는 v_{ab}가 가장 크다는 것을 알 수 있으며 구간별로 가장 크게 출력되는 선간전압을 나타내면 다음과 같다.

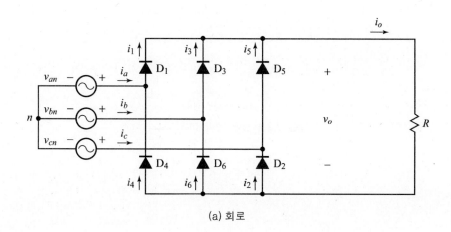

(a) 회로

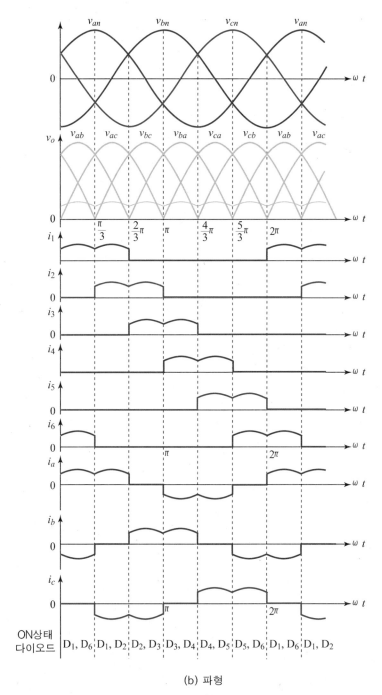

(b) 파형

그림 2.2.1 3상 전파 정류회로와 파형

82

$$
v_o = \begin{cases}
v_{ab}\left(0 \le \omega t < \dfrac{\pi}{3}\right) \\[2mm]
v_{ac}\left(\dfrac{\pi}{3} \le \omega t < \dfrac{2}{3}\pi\right) \\[2mm]
v_{bc}\left(\dfrac{2}{3}\pi \le \omega t < \pi\right) \\[2mm]
v_{ba}\left(\pi \le \omega t < \dfrac{4}{3}\pi\right) \\[2mm]
v_{ca}\left(\dfrac{4}{3}\pi \le \omega t < \dfrac{5}{3}\pi\right) \\[2mm]
v_{cb}\left(\dfrac{5}{3}\pi \le \omega t < 2\pi\right)
\end{cases}
$$

이와 같이 직류 출력전압 v_o는 교류 전원전압의 한 주기 내에 펄스폭이 $\dfrac{\pi}{3}$이고 크기와 모양이 동일한 6개의 펄스 형태의 전압이 연속되어 이루어진다. 따라서 **3상 전파 정류기를 6-펄스 정류기(6-pulse rectifier)라고도 한다.** 그림 2.2.1 (b)에서 보듯이 각 다이오드는 120°씩 온되고 각 상의 상하 다이오드($D_1 - D_4$, $D_3 - D_6$, $D_5 - D_2$)는 상호 180°의 위상차를 갖고 온된다. 따라서 각 상의 전원에는 3상 반파정류회로에서와는 달리 양, 음의 전류가 120°씩 도통하는 교류전류(i_a, i_b, i_c)가 흐르게 된다. 출력전압의 평균값을 얻기 위해서는 그림 2.2.1 (b)의 출력전압 v_o를 구성하는 6개의 선간전압 중 임의의 전압에 대해 $\dfrac{\pi}{3}$ 구간 동안의 평균값을 구하면 된다. 예를 들면, $0 \le \omega t < \dfrac{\pi}{3}$ 구간에서 선간전압 v_{ab}의 평균값은 출력전압 v_o의 평균값 $\langle v_o \rangle$와 동일하므로 이를 구하면 식 (2.2.4)로부터

$$
\begin{aligned}
\langle v_o \rangle &= \frac{3}{\pi} \int_0^{\frac{\pi}{3}} v_{ab}\, d(\omega t) \\[3mm]
&= \frac{3}{\pi} \int_0^{\frac{\pi}{3}} \sqrt{6}\, V \sin\left(\omega t + \frac{\pi}{3}\right) d(\omega t) \\[3mm]
&= \frac{3\sqrt{6}\, V}{\pi}
\end{aligned}
\tag{2.2.5}
$$

또한 출력전류 i_o의 평균값 $\langle i_o \rangle$는

$$\langle i_o \rangle = \frac{\langle v_o \rangle}{R} = \frac{3\sqrt{6}\,V}{\pi R} \qquad\qquad (2.2.6)$$

이다.

예제 2.2.1

그림 2.2.1 (a)의 3상 전파 정류회로에서 3상 전원의 선간전압은 220 V, 60 Hz이고 부하 저항 R은 10 Ω이다. 다음을 구하라.

(a) 출력전압 평균값   (b) 출력전류 평균값

(c) 출력전류 실효값   (d) 각 다이오드전류의 평균값

(e) 각 다이오드에 가해지는 역전압의 최대값 (f) 부하저항에 공급되는 전력

[풀이]

(a) 출력전압 평균값 $\langle v_o \rangle$는

$$\langle v_o \rangle = \frac{3}{\pi} \int_{\frac{\pi}{3}}^{\frac{2}{3}\pi} v_{ac}\,d(\omega t)$$

$$= \frac{3}{\pi} \int_{\frac{\pi}{3}}^{\frac{2}{3}\pi} 220\sqrt{2}\,\sin\omega t\,d(\omega t)$$

$$= \frac{3\sqrt{2}}{\pi} \times 220 = 297.1 \text{ V}$$

(b) 출력전류 평균값 $\langle i_o \rangle$는 식 (2.2.6)으로부터

$$\langle i_o \rangle = \frac{\langle v_o \rangle}{R} = \frac{297.1}{10} = 29.7 \text{ A}$$

(c) 출력전류 실효값 I_o는

$$I_o = \sqrt{\frac{3}{\pi} \int_{\frac{\pi}{3}}^{\frac{2}{3}\pi} \left(\frac{v_{ac}}{R}\right)^2 d(\omega t)}$$

$$= \sqrt{\frac{3}{\pi} \int_{\frac{\pi}{3}}^{\frac{2}{3}\pi} \left(\frac{220\sqrt{2}\,\sin\omega t}{10}\right)^2 d(\omega t)}$$

$$= 22\sqrt{2}\,\sqrt{\frac{3}{\pi}\left(\frac{\pi}{6} + \frac{\sqrt{3}}{4}\right)} = 29.74 \text{ A}$$

(d) 각 다이오드전류의 평균값 $\langle i_D \rangle$는 출력전류 평균값 $\langle i_o \rangle$의 $\frac{1}{3}$이 되므로

$$\langle i_D \rangle = \frac{\langle i_o \rangle}{3} = \frac{29.7}{3} = 9.9 \text{ A}$$

(e) 각 다이오드에 가해지는 역전압의 최대값은 다음과 같이 구할 수 있다. 우선 그림 2.2.1 (b)에서 $0 \leq \omega t < \frac{\pi}{3}$인 구간을 보자. 이 구간에서 다이오드 D_1과 D_6가 온상태에 있고 나머지 다이오드 $D_2 \sim D_5$는 오프상태에 있다. 다이오드 D_3에는 다이오드 D_1과 D_6가 온되어 있으므로 선간전압 v_{ab}가 인가된다. 나머지 다이오드에 대해서도 마찬가지이므로 다이오드에 인가되는 역전압의 최대값은

$$\sqrt{2}\, V = 220\sqrt{2} = 311.13 \text{ V}$$

(f) 부하저항에 공급되는 전력 P_o는

$$P_o = I_o^2 \times R = 29.74^2 \times 10 = 8{,}844.7 \text{ W}$$

예제 2.2.2

그림 2.2.1 (a)의 3상 전파 정류회로의 저항부하를 $L - R \,/\!/\, C$(R과 C를 병렬접속 후 이를 L과 직렬접속함) 부하로 교체한 회로를 PLECS로 구현한 후 다음을 구하라. 단, 전원측 선간전압은 220 V, 60 Hz이고, $L = 10 \text{ mH}$, $C = 2200\,\mu\text{F}$, R은 $10\,\Omega$이다.
(a) v_o, i_0, i_a, i_b, i_c 파형   (b) 출력전류 평균값
(c) 출력전류 실효값   (d) 각 다이오드전류의 평균값
(e) 각 다이오드에 가해지는 역전압의 최대값 (f) 부하저항에 공급되는 전력

[풀이]

(a) 단상에서와 같이 Library Browser 창에서 Electrical ▷ Power Semiconductors에 있는 다이오드를 하나하나 가지고 와서 시뮬레이션을 위한 회로구성을 할 수도 있지만 Converters에 있는 Diode Rectifier (3ph)를 가지고 오면 훨씬 간편하다. 아래 그림은 Diode Rectifier (3ph)를 이용한 시뮬레이션 회로도와 결과파형을 보이고 있다. Probe에는 위에서부터 순서대로 V$_o$, I$_0$, I$_a$, I$_b$, I$_c$, P$_o$를 입력하였다.

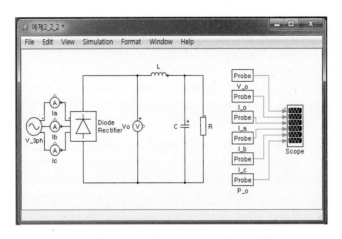

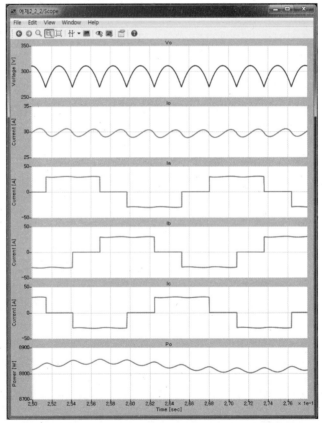

(b) 출력전류 평균값은 예제 2.2.1에서와 동일하므로 29.7 A이다.

(c) 출력전류 실효값은 평균값과 동일하므로 29.7 A이다.

(d) 각 다이오드전류의 평균값은 예제 2.2.1에서와 동일하므로 9.9 A이다.

(e) 각 다이오드에 가해지는 역전압의 최대값은 예제 2.2.1에서와 동일하므로 311.13 V이다.

(f) 부하저항에 공급되는 전력 P_o는

$$P_o = I_o^2 \times R = 29.7^2 \times 10 = 8,820.9 \text{ W}$$

 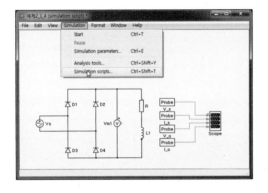 Simulation Script 사용하기

◻ 예제 2.1.4, 2.1.5의 시뮬레이션을 Simulation Script 기능을 이용하여 구현해 보도록 한다.

PLECS의 Simulation Scription 기능은 예제 2.1.4, 2.1.5를 구현하는 것처럼 어떠한 파라미터의 변화에 따른 파형의 변화를 하나의 graph에 나타내어 파형의 비교분석을 용이하게 하기 위한 기능이다. Simulation Script는 Octave language로 작성하는데 syntax는 Matlab과 거의 유사하다.

(1) 그림 2.1.4 (a)의 회로를 schematic 창에 구성한 상태에서 schematic 창 메뉴의 Simulation ⇨ Simulation scripts를 선택하면 Simulation Scripts 창이 나타난다.

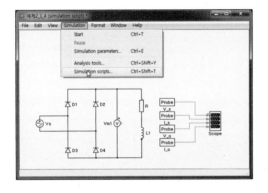 

(2) Simulation Scripts 창의 왼쪽 하단에 있는 ⊞ 버튼을 클릭하면 Script라는 이름의 script창이 활성화 된다. script의 이름을 변경하고 싶을 경우 Description란에 원하는 명칭을 넣고 Accept 버튼을 누르면 변경이 된다.

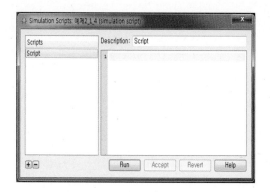
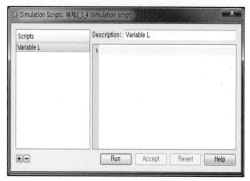

① Simulation Script 기능을 이용한 시뮬레이션 실행

회로 내 L1의 Inductance 파라미터를 10 mH로 하여 시뮬레이션 스크립트를 이용하여 시뮬레이션하는 구문을 살펴보면 다음과 같다.

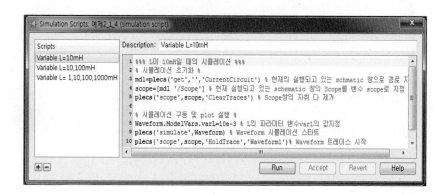

스크립트는 크게 시뮬레이션 초기화 부분과 시뮬레이션 구동 부분으로 나뉘어 져있다. 시뮬레이션 초기화 부분을 먼저 살펴보기 위해 라인 3,4,5를 보면 다음과 같다.

3. mdl=plecs('get', '', 'CurrentCircuit') → 현재 실행되고 있는 schematic 창으로 경로 지정

4. scope=[mdl '/Scope'] → 현재 실행되고 있는 schematic 창의 Scope를 변수 scope로 지정

5. plecs('scope',scope,'ClearTraces') → Scope 창의 자취 다 제거

다음으로 시뮬레이션 구동 부분은 라인 8, 9, 10을 살펴보면 된다.

8. Waveform.ModelVars.varL=10e-3 → L의 파라미터 변수 varL의 값 지정

9. plecs('simulate',Waveform) → 시뮬레이션 스타트

10. plecs('scope',scope,'HoldTrace','Waveform1') → 트레이스 시작

라인 8에 선언된 것처럼 변수로 지정된 파라미터값을 schematic 상에도 직접 입력해주어야 한다. 여기서는 L값이 변수이므로 L1의 파라미터 입력란에 지정된 값이 아닌 변수이름을 입력한다.

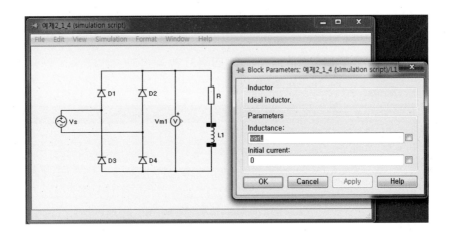

그리고 L1의 변수 varL을 'Waveform'이라는 구조체 변수의 멤버로 선언하여 L값(10e-3)을 넣어준다. 라인 9는 'Waveform'를 변수로 하여 시뮬레이션을 시작하라는 명령이다. 시뮬레이션을 시작할 때에는 Simulation scripts 창의 Run 버튼을 클릭하면 된다. 마지막으로 라인 10을 보면 'Waveform1'이라는 이름으로 Trace를 지정한 것을 알 수 있고 그 결과는 아래 그림의 시뮬레이션 결과로 확인이 가능하다.

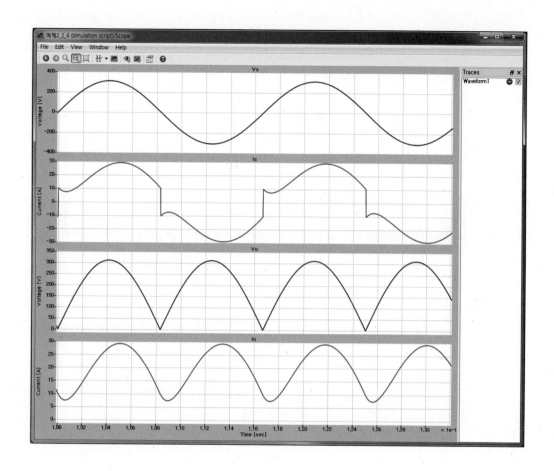

② 서로 다른 2개의 L값에 대한 결과를 동시에 보고자 할 경우의 Simulation Script

앞서 설명했던 기본 원리를 적용하여 Inductance의 파라미터가 10 mH, 100 mH 경우를 시뮬레이션 하면 다음과 같다. 앞에서의 Simulation Script와 구조는 같고 단지 시뮬레이션 구동 구문을 두 번 반복하여 처음 구문의 구조체 변수 멤버 varL에 10 mH을 넣고 그 다음에는 100 mH의 L값을 넣는다.

출력파형은 다음과 같으며, 첫 번째 Trace의 이름 'Waveform1'과 두 번째 Trace의 이름 'Waveform2'를 확인할 수 있다. 만약 파형을 하나씩 확인하고자 하는 경우 Trace 창의 체크 표시를 채우거나 해제하여 따로따로 확인이 가능하다.

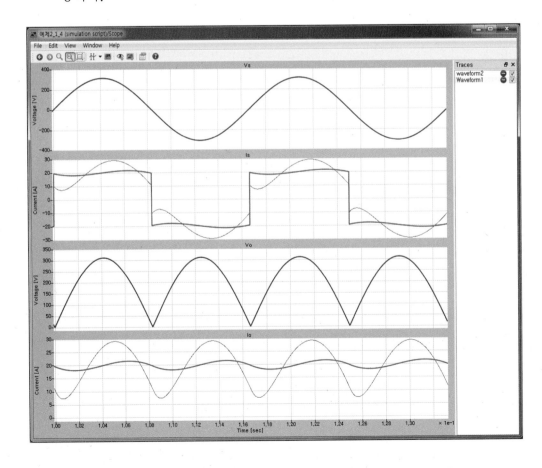

③ 다수의 파형을 동시에 확인할 때의 Simulation script

만약 Inductance의 파라미터가 각각 1 mH, 10 mH, 100 mH, 1000 mH일 때의 파형을 동시에 확인할 경우 각 파라미터마다 script를 작성하면 script가 너무 길어지므로 간결한 구문으로 구현이 가능한 반복문을 사용한다. 마찬가지로 시뮬레이션 초기화 부분은 동일하다.

9. L=[1 10 100 1000] → L의 변수를 배열로 저장

10. for i=1 : length(L) → 1부터 4까지 1씩 증가시키면서 반복

11. Waveform.ModelVars.varL= L(i)*1e-3 → L의 파라미터 변수varL의 값지정

12. plecs('simulate',Waveform) → Waveform 시뮬레이션 스타트

13. plecs('scope',scope,'HoldTrace',['L='num2str(L(i))'mH']) → Trace시작, 'L= mH'형태로

for문을 이용하여 구문이 반복될 때마다 구조체 멤버에 varL에 1 mH, 10 mH, 100 mH, 1000 mH의 값이 순서대로 입력되도록 하고 Trace의 명칭은 'L=□ mH'의 형태가 되도록 한다.

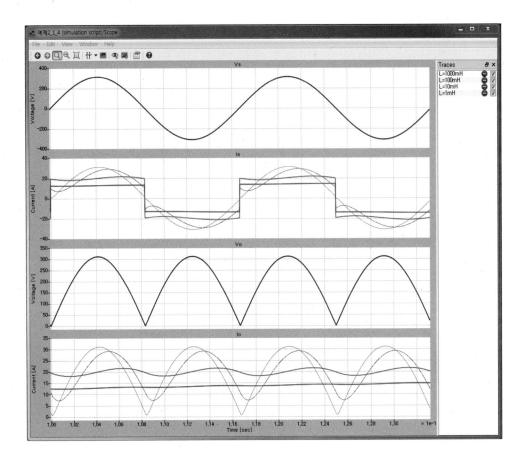

프로그램 구문의 에러를 확인하거나 output 값을 확인하고 싶은 경우 Octave Console을 통해서 확인할 수 있다. schematic 창의 Window ⇨ Show Console을 클릭하면 다음과 같이 Octave Console이 나타나며, Simulation Script를 Run하면 Octave Console 창에 실행결과가 나타난다.

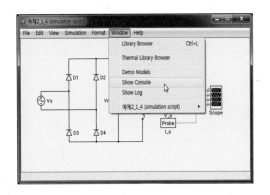
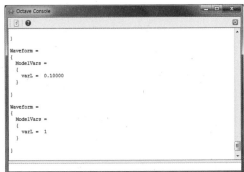

연습문제

2.1 단상 다이오드 전파정류회로를 이용하여 전자석을 구동하고자 한다. 교류전원의 전압은 220 V, 60 Hz이고 전자석은 $R-L$ 직렬회로로 모델링되며 저항 성분은 20 Ω, 인덕터 성분은 100 mH이다. 다음을 구하라.

(a) 정상상태에서 전자석에 인가되는 전압파형

(b) 정상상태에서 전자석에 흐르는 전류의 평균값

(c) 정상상태에서 다이오드에 흐르는 전류의 평균값

2.2 문제 2.1에 대하여 PLECS를 사용하여 다음을 구하라.

(a) 전자석에 전원을 인가한 이후로 흐르기 시작하는 전류의 모양을 정상상태에 도달할 때까지 관찰하라.

(b) 전자석 전류가 정상상태에 도달하기까지의 시간을 측정하고 $R-L$ 시정수와 어떠한 관계에 있는지 확인하라.

(c) 정상상태에서 전자석 전류의 평균값을 측정하여 문제 2.1-(b)의 결과와 비교하라.

2.3 500 W급 데스크탑 컴퓨터의 파워 서플라이(power supply)가 있다. 입력단이 단상 다이오드 전파 정류기로 구성되어 있다고 가정하고 다음을 구하라. 단, 교류 입력전압은 220 V, 60 Hz이고 다이오드 정류기 출력단 커패시터는 2200 μF이다.

(a) 커패시터에 걸리는 최대전압

(b) 커패시터 방전전류의 최대값

(c) 다이오드에 걸리는 역전압의 최대값

2.4 문제 2.3을 PLECS를 사용하여 구하려고 시뮬레이션을 하면 두 가지 문제가 발생한다. 하나는 돌입전류를 제한해야 한다는 것이며, 또 하나는 교류전원과 커패시터 사이에 어느 정도의 임피던스가 있어야 한다는 것이다. 교류전원 내부에 임피던스를 1 mΩ 추가하여 다음을 구하라.

(a) 돌입전류를 3 A 이하로 제한하기 위한 초기 충전회로를 구성하라.

(b) 정상상태에서 커패시터에 걸리는 최대전압

(c) 정상상태에서 커패시터 방전전류의 최대값

(d) 정상상태에서 교류 입력단 전류파형

2.5 5 kW급 엘리베이터용 전동기를 구동하기 위한 전력변환장치의 입력단에 3상 다이오드 전파정류기를 사용하고자 한다. 다음을 구하라. 단, 3상교류 입력선간전압의 실효값은 220 V이고 주파수는 60 Hz이며 다이오드 정류기 출력단에는 5 kW에 해당하는 등가저항이 연결되어 있다고 가정한다.

(a) 다이오드 정류기 출력전압의 최대값

(b) 다이오드 정류기 출력전압의 평균값

(c) 다이오드 정류기 출력전류의 평균값

(d) 각 다이오드에 흐르는 전류의 평균값

2.6 문제 2.5를 PLECS를 사용하여 시뮬레이션한 결과와 비교해 보아라.

아리랑위성 3호(출처:한국항공우주연구원)

Power Electronics

3 직류를 왜 또 직류로 바꾸나?

3.0 DC-DC 컨버터와의 만남

자동차의 전기시스템은 배터리에 충전된 전기에너지를 사용한다. 일반적으로 자동차 배터리의 충전은 엔진에 연결된 3상 교류발전기의 출력인 3상 출력전압을 정류하여 이루어진다.

자동차의 전기부하는 자동차의 엔진을 제어하는 ECU(Electronic Control Unit), 전조등, 계기판, 에어컨, 오디오, 네비게이션, 블랙박스 등이 있다. 그림 3.0.1은 얼터네이터[1], 배터리 및 전기부하들로 구성되는 자동차 전기시스템의 구성도를 나타낸다.

자동차 배터리의 정격전압은 12 V이나 자동차의 운전상태 및 배터리의 충전상태에 따라 8~16 V의 넓은 범위로 변동된다. 즉, 자동차의 시동을 걸 때에는 8 V까지 하락할 수 있으며[2], 운행 중일 때에는 배터리의 충전상태에 따라 대략 12~16 V의 전압을 유지한다. 그림 3.0.1에서 배터리에 연결된 부하는 배터리의 전압을 입력으로 사용하지만, 각각의 부하는 필요로 하는 전압의 크기가 다르므로, 부하의 내부에 전력변환기를 내장하여 배터리의 전압을 변환하여 사용한다.

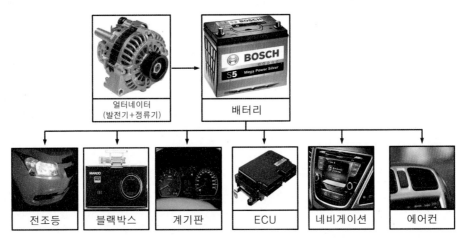

그림 3.0.1 자동차 전기시스템 구성도

그림 3.0.2는 블랙박스에서 필요로 하는 전원에 대한 블록도이다. 여기서 **DC-DC 컨버터는 직류인 입력전원을 사용하여, 출력을 부하가 요구하는 형태의 직류전원으로 변환시키는 전력변환기이다.** 그림 3.0.2에서 DC-DC 컨버터 #1은 배터리전압을 5 V로 변환한

---

1) 얼터네이터는 3상 발전기와 배터리를 충전하기 위한 정류기로 구성된다.
2) 엔진 시동 시 스타트 모터에 흐르는 전류가 매우 크며, 이로 인해 배터리전압은 크게 하락한다.

다. 이 5 V 전원이 블랙박스의 메인 전원이 되며, **슈퍼 커패시터** C_s(super capacitor)[3)는 메인 전원에 병렬로 연결된다. 슈퍼 커패시터는 블랙박스 안에 내장되어 있어서 자동차가 강한 충격을 받아 **블랙박스의 전원**인 배터리가 차단되는 비상 시에도 블랙박스에 일정기간 전원을 공급한다. 이는 충돌이 발생한 후 마지막 영상을 저장하기 위한 것이다.

그림 3.0.2에서 메인 전원은 블랙박스의 후방 카메라 및 GPS 모듈에 5 V의 전압을 공급한다. DC-DC 컨버터#2~#4는 메인전원의 5 V를 각각 3.3 V, 1.8 V, 1.2 V의 전압으로 변환하여, 블랙박스 내부의 다른 부하들에게 전력을 공급한다[4). 블랙박스의 영상을 처리하는 CPU 메인 코어(CPU main core)는 1.2 V의 전압[5)을 사용하고, 센서 등의 신호를 처리하는 신호처리용 CPU 코어, IC 등은 3.3 V의 전압을 사용하며, RAM은 1.8 V의 전원을 사용한다.

이 장에서는 실제 현장에서 많이 사용되는 다양한 종류의 DC-DC 컨버터에 대하여 전력변환의 개념 및 기본원리를 알아보고, 컨버터의 특성을 살펴보기로 한다. 또한 PLECS 소프트웨어 시뮬레이션을 통하여 컨버터를 해석한다.

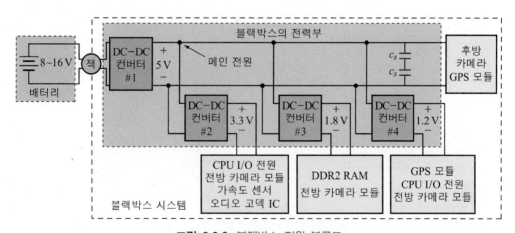

그림 3.0.2 블랙박스 전원 블록도

---

3) 슈퍼 커패시터는 매우 큰 용량(capacitance)을 갖는데 비상 시 15초 간 블랙박스에 전원을 공급한다. 슈퍼 커패시터의 용량은 3.5 F 정도로 매우 큼. (2.7 V, 7 F의 슈퍼 커패시터 2개를 직렬 연결)
4) 전방카메라는 3.3 V, 1.8 V, 1.2 V 전원이 모두 필요하다.
5) CPU 전원이 낮을수록 요구되는 전력소모량이 감소한다.

3.1 필요로 하는 직류전원을 어떻게 얻을 것인가?

3.1.1 제어저항을 이용하여 출력전압을 얻는 방법

  직류전원은 태양전지 출력전압, 연료전지 출력전압, 자동차 배터리전압 등이 있다. 이들 직류전압원에 부하를 연결하여 사용하려면, 직류전압은 부하가 요구하는 형태와 크기로 변환되어야 한다.

  여기에 20 V의 직류전압 v_i가 있다고 하자. 그런데 부하가 필요로 하는 전압 v_o의 크기는 일정한 직류전압 10 V이다. 이 전압을 어떻게 얻을 수 있을까? 만일 부하 R_L이 10 Ω의 일정한 저항값을 갖는 히터라면, 그림 3.1.1 (a)와 같이 제어저항 R_C의 값을 10 Ω으로 연결하여 손쉽게 10 V의 출력전압을 얻을 수 있을 것이다. 그림 3.1.1에서 붉은선[6]은 전류가 흐르는 경로를 나타내며, 붉은선 위의 화살표[7]는 전류의 방향을 나타낸다.

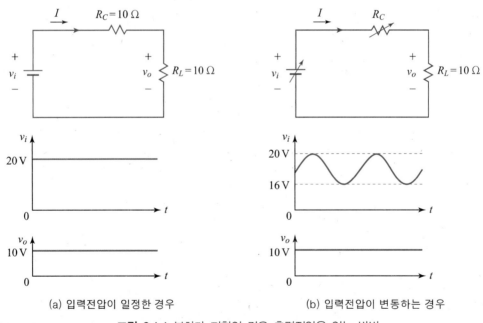

(a) 입력전압이 일정한 경우   (b) 입력전압이 변동하는 경우

그림 3.1.1 부하가 저항인 경우 출력전압을 얻는 방법

---

6) 3장의 회로에서 붉은선은 전류가 흐르는 경로를 나타낸다.

7) 3장의 회로에서 붉은선 위의 화살표는 전류의 방향을 나타냄. 화살표가 없는 경우 전류는 양쪽방향으로 흐를 수 있음을 나타낸다.

그러나 입력전압 v_i가 16~20 V의 범위 내에서 변동하는 경우, 그림 3.1.1 (a)의 일정한 제어저항 R_C로는 출력전압 v_o를 더 이상 10 V로 일정하게 제어할 수 없다. 이 경우 제어저항 R_C를 그림 3.1.1 (b)와 같이 자동으로 가변[8]시킬 수 있어야 한다.

그러나 그림 3.1.1과 같이 제어저항 R_C를 이용하여 부하전압을 제어하는 경우 제어저항에서 전력손실이 발생되어 출력으로 전달되는 효율이 감소한다. 그림 3.1.1에서 출력으로 전달되는 전력효율 η는 다음과 같다.

$$\eta = \frac{I^2 R_L}{I^2(R_C + R_L)} = \frac{R_L}{R_C + R_L} \tag{3.1.1}$$

그림 3.1.1 (a)에서 R_L과 R_C는 각각 10 Ω으로 같으므로 전력효율은 식 (3.1.1)에서 50 %로 매우 낮다. 이 정도의 효율은 전력변환장치가 갖는 효율 85~95 %[9]에 비해 현저히 낮은 값이다.

3.1.2 어떻게 하면 높은 효율로 출력전압을 제어할 수 있을까?

그림 3.1.1과 같이 제어저항으로 출력전압을 조절하면 제어저항에 손실이 발생하며 제어저항값이 클수록 효율은 낮아진다. 제어저항값이 0이라면 효율은 100 %가 되지만 출력전압의 제어는 불가능하다. 따라서 출력전압도 일정하게 제어하고 효율도 획기적으로 높일 수 있는 새로운 수단이 필요하다.

그림 3.1.2에서 (a)는 출력으로 전달되는 전력효율을 높이기 위한 컨버터의 기본회로를 나타내며, (b)는 출력전압 v_o의 파형을 나타낸다. 스위치 S의 주기는 20 μsec, 한 주기에서 온·오프기간은 각각 10 μsec로 동일하다. 그림 3.1.2의 (a)에서 스위치 S가 온(on)되면 입력과 출력이 연결되어 출력전압 v_o는 (b)와 같이 입력전압인 20 V가 된다. 스위치 S가 오프(off)되면 출력에 입력전압이 전달되지 않아서 출력전압은 그림 (b)와 같이 0이 된다. 이때 출력전압의 평균은 10 V로 일정하다.

스위치 S가 온되는 기간 동안 저항은 0이고, 오프되는 기간 동안 저항은 매우 큰 경우 컨버터의 효율은 100 %[10]가 된다. 그림 3.1.2 (a)의 스위치 S 대신 반도체 스위치를

---

8) $R_C = (v_i - 10)$ Ω으로 가변되어야 함. 제어저항 R_C 대신 트랜지스터를 연결하여 전류를 제어하면 R_C를 빠르게 조절할 수 있다.

9) 전력변환장치의 효율은 설계에 따라 위 범위를 벗어날 수 있다.

10) 실제의 경우 스위치 및 도선에 저항값이 존재하므로 효율은 100 %보다 작다.

사용하면, 높은 효율을 갖는 컨버터 전력회로를 구현할 수 있다.

한편 그림 3.1.2에서 출력전압 v_o는 사각파의 리플성분을 포함하고 있어서 이를 제거해 주는 것이 필요하다. 사각파의 리플성분을 제거하는 DC-DC 컨버터에 대하여는 다음 절부터 다룬다.

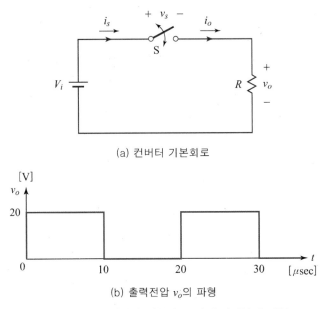

(a) 컨버터 기본회로

(b) 출력전압 v_o의 파형

그림 3.1.2 컨버터 기본회로 및 출력전압의 파형

3.2 Buck 컨버터

Buck 컨버터는 출력전압을 입력전압보다 낮게 인가해 주어야 할 때 사용한다. 따라서, Buck 컨버터는 자동차의 LED 점등, 태양전지에서 발전된 전기를 배터리에 충전하는 **배터리 충전기**[11] 등 입력전압보다 낮은 출력전압이 필요한 경우에 많이 활용되고 있다. 이 절에서는 Buck 컨버터에 대한 동작원리를 살펴보고 PLECS 시뮬레이션을 통하여 그 특성을 이해한다.

---

11) 예를들면, 위성의 전력시스템에서 배터리 충전기는 태양전지를 이용하여 발전된 전기에너지를 배터리에 저장한 후 사용한다. 이때 배터리 충전기는 Buck 컨버터로 구성된다.

3.2.1 전력변환기의 구성

그림 3.2.1은 출력전압을 일정하게 제어할 수 있는 Buck 컨버터이다. 그림 3.2.1에서 Buck **컨버터**는 전력용 MOSFET, 다이오드, 인덕터, 커패시터로 구성되어 있다. 여기서 입력전압은 V_i이고, 저항 R은 부하이다.

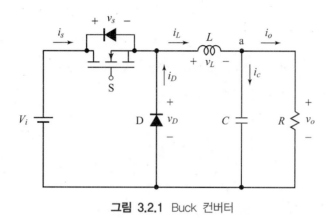

그림 3.2.1 Buck 컨버터

그림 3.2.2는 300 W급으로 제작된 Buck 컨버터이다. 이제부터 핵심적인 구성요소 중 전력용 MOSFET, 커패시터, 인덕터에 대하여 살펴보자.

그림 3.2.2 300 W급 Buck 컨버터

[1] 인덕터와 커패시터

DC-DC 컨버터의 주요 소자 중 **인덕터와 커패시터**는 **에너지 저장소자**(energy storage device)이다. DC-DC 컨버터에서 인덕터나 커패시터는 컨버터의 스위칭에 의해서 발생하는 **리플성분**[12]을 제거하는 필터의 역할을 하거나, 스위칭주기 중 일정기간 동안 입력으로부터 에너지를 전달받아 저장하였다가 출력으로 에너지를 전달하는 역할을 한다. 여기서는 인덕터와 커패시터의 중요한 특성을 살펴보기로 한다.

(1) 인덕터

그림 3.2.3은 인덕터의 전압-전류 기준방향을 나타낸다.

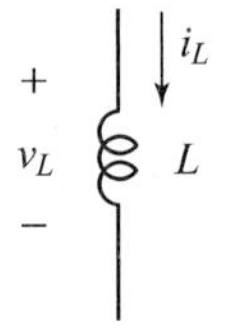

그림 3.2.3 인덕터의 전압-전류 기준방향

그림 3.2.3에서 전압과 전류의 관계식은 다음과 같다.

$$v_L = L \frac{di_L}{dt} \tag{3.2.1}$$

식 (3.2.1)에서 인덕터전류 i_L의 변동률 di_L/dt은 v_L/L이다. 즉, 인덕터전류 i_L은 인덕터전압 v_L이 양(+)이면 증가하고, 음(-)이면 감소한다.

또한 일정한 주파수와 일정한 온·오프의 비율로 스위칭되는 DC-DC 컨버터에서, 정상상태에 도달한 인덕터전류 i_L은 한 주기 동안에는 상승 혹은 하강할 수 있다. 그러나 한 주기 동안의 평균전류는 일정한 값을 유지해야 한다. 즉, **컨버터가 정상상태에 도달했을 때, 인덕터전압 v_L의 한 주기 평균값은 0**이다.

(2) 커패시터

그림 3.2.4는 커패시터에 대한 전압-전류 기준방향을 나타낸다.

---

12) 직류에 포함되어 있는 교류성분으로 잡음의 원인이 된다.

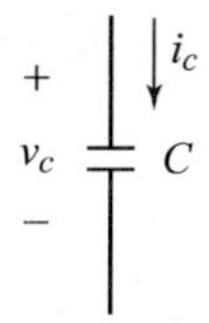

그림 3.2.4 커패시터의 전압-전류 기준방향

그림 3.2.4에서 전압과 전류의 관계식은 다음과 같다.

$$i_c = C \frac{dv_c}{dt} \tag{3.2.2}$$

식 (3.2.2)에서 커패시터전압 v_c의 변동률은 dv_c/dt는 i_c/C이다. 따라서 커패시터전압 v_C는 커패시터에 흐르는 전류 i_c가 양(+)이면 증가하고, 음(-)이면 감소한다.

또한 일정한 주파수와 일정한 온·오프의 비율로 스위칭되는 DC-DC 컨버터에서, 정상상태에 도달한 커패시터전압 v_c는 한 주기 동안에는 상승 혹은 하강할 수 있다. 그러나 한 주기 동안의 평균전류는 일정한 값을 유지해야 한다. 즉, **컨버터가 정상상태에 도달했을 때, 커패시터전류 i_c의 한 주기 평균값은 0이다.**

[2] 전력용 MOSFET

DC-DC 컨버터를 구성하는 주요 소자 중에서 반도체 스위치인 **전력용 MOSFET**에 대하여 살펴보자.

그림 3.2.5에서 (a)는 IR Rectifier사의 전력용 **MOSFET**로 **정격전압** 1,200 V, **정격전류** 45 A, **온저항**(R_{DS})이 0.080 Ω인 IRFP250N(TO-247)의 외형을 나타내며, (b)는 전력용 MOSFET와 내부 다이오드로 구성된 등가회로[13]를 나타낸다. 전력용 MOSFET는 **드레인**(D : drain), **소스**(S : source), **게이트**(G : gate)의 3단자로 이루어진 반도체 스위칭소자로 게이트와 소스 사이의 전압 v_{GS}을 조절하여 드레인과 소스 사이의 **드레인 전류** i_D의 흐름을 온·오프 제어할 수 있다.

---

13) 내부 다이오드는 전력용 MOSFET의 제조 공정 시 추가되므로 MOSFET 등가회로에는 항상 다이오드가 포함된다.

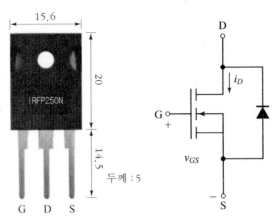

(a) 1200 V, 45 A R_{DS} : 0.080 Ω (단위 mm)　　(b) 내부 등가회로

그림 3.2.5 IR Rectifier사의 전력용 MOSFET, IRFP250N (TO-247AC Type)

스위칭동작을 중심으로 전력용 MOSFET의 주요한 특징을 정리하면 다음과 같다.

(1) 전압제어 스위칭소자(voltage controlled switching device)
전력용 MOSFET는 게이트와 소스 사이의 전압 v_{GS}에 의하여 온 또는 오프된다.

(2) 전력용 MOSFET 온 동작

v_{GS}에 **문턱전압**(threshold voltage) v_{th}[14] 보다 큰 양(+)의 전압 v_{GS}를 인가하면 드레인과 소스 사이는 단락되어 온상태가 된다. 이때, 전력용 MOSFET의 드레인-소스 간의 저항[15]은 최소인 R_{DS}가 된다. 따라서 전력용 MOSFET가 온되면 전류는 양쪽방향으로 흐를 수 있다.

(3) 전력용 MOSFET 오프 동작

v_{GS}에 v_{th}보다 작은 전압[16]을 인가하면 오프된다. 전력용 MOSFET가 오프되어도 내부에 다이오드가 있으므로 소스에서 드레인으로 전류가 흘러 전류 i_D가 음(-)이 될 수 있다.

(4) 정격전압(voltage rating)
드레인-소스 간 견딜 수 있는 최대 전압

---

14) MOSFET가 켜질 수 있는 최소전압(v_{th})으로 MOSFET을 온시키기 위해서는 이보다 큰 전압을 인가한다. 대개의 경우 게이트-소스 간의 전압 v_{GS}가 12 V 이상이 되면 드레인-소스 간의 저항은 최소인 R_{DS}가 된다.

15) 전력용 MOSFET가 온상태일 때 드레인-소스 간의 저항

16) v_{th} 보다 충분히 작아야 하므로 0이나 음(-)의 전압을 인가한다.

(5) 정격전류(current rating)

25℃에서 드레인-소스 간 흐를 수 있는 최대연속전류

(6) 온저항(R_{DS} : on resistance)

MOSFET가 온상태일 때 드레인-소스 간의 저항

3장의 DC-DC 컨버터에서 사용되는 전력용 MOSFET의 내부 다이오드는 항상 역전압이 걸리도록 회로가 구성된다. 따라서 전력용 MOSFET가 온상태인 경우 드레인-소스 간의 저항 R_{DS}는 0이 되며 오프상태인 경우 R_{DS}는 무한대(∞)의 값을 갖는다.

Size : 15 mm×10 mm×4.4 mm

(a) IRF2807ZSPbF : 75 V, 75 A, R_{DS} : 9.4 mΩ(International Rectifier, DIP 패키지)

Size : 38 mm×25 mm×12 mm

(b) VS-FA40SA50LC : 500 V, 40 A, R_{DS} : 0.106 Ω (VISHAY, SOT227 Type)

그림 3.2.6 각종 전력용 MOSFET

그림 3.2.6은 정격전압과 정격전류가 다른 2개의 전력용 MOSFET이다. 그림 3.2.6에서 (a)는 International Rectifier사의 75 V, 75 A급의 DIP 패키지 타입의 전력용 MOSFET이고, (b)는 VISHAY사의 500 V, 40 A급의 SOT227 타입의 전력용 MOSFET이다. 또한 그림 3.2.7은 듀얼타입 및 모듈형 MOSFET 소자를 나타낸다. 그림 3.2.7에서 (a)는 등가회로와 같이 두 개의 MOSFET가 내장된 듀얼타입의 20 V, 5.2 A급 소자이며, (b)는 2개의 MOSFET가 등가회로와 같이 연결된 모듈형 1,200 V, 100 A급 소자이다.

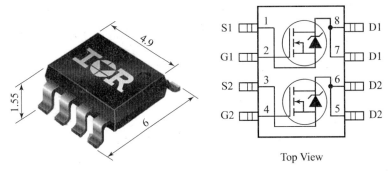

(a) 모델명 : IRF7313PbF (30 V, 6.5 A, R_{DS}−0.043 Ω : International Rectifier)

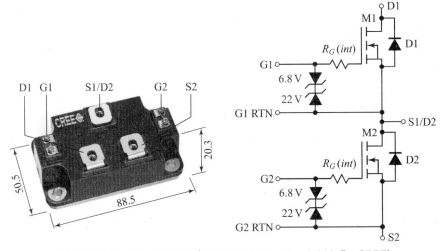

(b) 모델명 : CAS100H12AM1(1200 V, 100 A, R_{DS}−0.016 Ω : CREE)

그림 3.2.7 듀얼타입 및 모듈형 전력용 MOSFET 및 등가회로 (길이 mm)

일반적으로, MOSFET의 **스위칭 속도**는 극히 빨라서 수십 nsec에서 수백 nsec 정도이며, **스위칭주파수**도 수백 kHz에서 수 MHz에 이른다. 반면에 전력용량은 다이오드, SCR, IGBT 소자에 비해 그다지 큰 편은 아니며, 전압용량은 최대 3,000 V 내외, 전류용량은 최대 400 A 내외[17]가 된다.

---

17) 일반적으로 전류용량이 커지면 전압용량이 작아지고 전압용량이 커지면 전류용량이 작아진다.

3.2.2 일정한 듀티비로 Buck 컨버터를 동작시켜 보자

컨버터의 **스타팅 동작**(starting operation)을 살펴보기 위하여, 컨버터의 회로소자 값을 포함한 Buck 컨버터를 그리면 그림 3.2.8과 같다. 그림 3.2.8 (a)에서 MOSFET S의 스위칭주파수는 50 kHz로 일정하고, 한 주기 동안 MOSFET S의 온 기간과 오프 기간 은 10 μsec로 동일하다. 이때 다이오드 D와 전력용 MOSFET S는 이상적[18]이라고 가정한다.

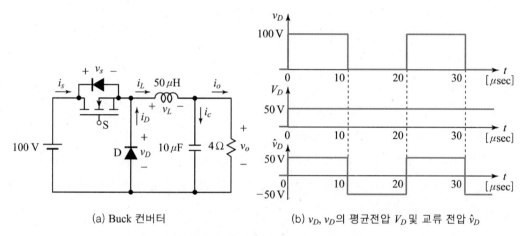

| (a) Buck 컨버터 | (b) v_D, v_D의 평균전압 V_D 및 교류 전압 $\hat{v}_D$ |

그림 3.2.8 Buck 컨버터 및 v_D의 파형

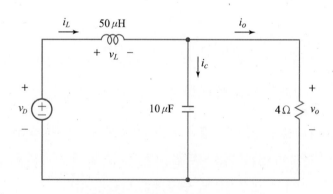

그림 3.2.9 컨버터 등가회로 ($t \geq 0$)

---

18) 온과 오프의 스위칭 시간이 스위칭주기에 비해 매우 짧고, 온 시 전압강하는 0 V, 오프 시 흐르는 전류는 0인 상태를 의미한다.

그림 3.2.8 (a)에서 Buck 컨버터가 시간 $t = 0$에서 스위칭동작을 시작할 때 컨버터의 동작을 살펴보자. 인덕터전류 i_L이 항상 0보다 큰 경우[19], 다이오드전압 v_D와 v_D의 평균전압 V_D, 전압 v_D의 교류성분 $\hat{v}_D$는 그림 3.2.8 (b)와 같다. 그림 3.2.8 (b)에서 MOSFET S가 온되면 전압 v_D는 100 V이며, S가 오프되면 인덕터전류 i_L이 다이오드를 통하여 흐르므로 전압 v_D는 0 V이다. 또한 전압 v_D의 직류성분은 v_D의 평균값 50 V가 된다. 여기서 교류전압 $\hat{v}_D$는 v_D의 교류성분으로 주기가 20 μsec이고 전압이 ±50 V인 사각파 전압이다.

그림 3.2.9는 Buck 컨버터의 스위칭동작으로 인한 다이오드 전압 v_D를 입력전원으로 대체하여 **컨버터의 등가회로**를 그린 것이다. 따라서 그림 3.2.9의 회로에서 Buck 컨버터의 동작을 이해해 보기로 한다.

그림 3.2.9의 회로는 **저역통과필터(low pass filter)**이다. 따라서 그림 3.2.8 (b)의 전압 v_D를 인가하면, 정상상태에서 v_D 중 낮은 주파수성분인 직류전압 50 V는 통과되고, 높은 주파수인 50 kHz 사각파형은 **필터링(filtering)**되어 출력전압의 평균은 50 V가 될 것이다. 이때 필터가 이상적이지 않으므로 출력전압 v_o에는 리플성분이 포함된다.

이제 그림 3.2.9의 컨버터 등가회로를 좀 더 자세히 살펴보기 위하여 다음의 두 경우에 대하여 해석해 보자.

- $v_D = V_D = 50$ V $(t \geq 0)$

- $v_D = 50 + \hat{v}_D$

[1] $v_D = 50 \ (t \geq 0)$인 경우 필터회로의 동작

v_D의 전압이 평균전압 50 V인 경우를 생각해 보자. 이때 입력전압 v_D, 출력전압 $v_o = v_o{}^*$, 인덕터전압 $v_L = v_L{}^*$, 인덕터전류 $i_L = i_L{}^*$의 파형은 그림 3.2.10과 같다.

출력전압 $v_o{}^*$의 파형을 개략적으로 설명하면 다음과 같다.

커패시터의 초기전압 $v_o{}^*$는 0 V이고, 정상상태에서 인덕터 평균 전압은 0 V가 되어야 하므로 최종 출력전압은 입력전압과 같은 50 V가 된다. 즉, 출력전압은 그림 3.2.10의 $v_o{}^*$에서 보는 바와 같이 0 V부터 서서히 증가한 후 **정상상태[20]**가 되면 50 V를 유지한

---

19) 많은 경우 전류가 항상 0보다 크게 설계되며, MOSFET S가 오프인 기간 동안 전류가 0보다 작은 경우 다이오드가 오프되어 v_D는 출력전압 v_o와 같다.

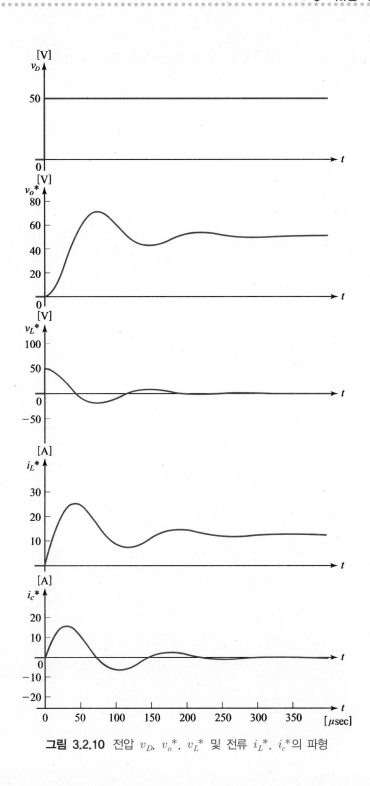

그림 3.2.10 전압 v_D, $v_o{}^*$, $v_L{}^*$ 및 전류 $i_L{}^*$, $i_c{}^*$의 파형

---

20) L과 C를 포함한 전기회로에서 전원전압의 크기나 소자의 변동이 일어났을 때, 회로 내의 전류와 전압은
변화과정을 거쳐 안정된 상태에 이르게 되는데, 이 안정된 상태를 정상상태라고 한다.

다. 이때 인덕터 L과 커패시터 C의 **공진현상**[21]으로 인하여 출력전압은 그림 3.2.10의 $v_o{}^*$와 같이 공진주기에 맞추어 상승과 하강을 반복한다. 출력전압 $v_o{}^*$의 진폭[22]은 출력 저항값 4 Ω으로 인하여 서서히 줄어들어 출력의 최종전압은 입력전압인 50 V가 된다.

인덕터전압 $v_L{}^*$는 $50-v_o{}^*$이므로, 초기전압은 50 V이다. 따라서 $v_L{}^*$는 그림 3.2.10의 $v_L{}^*$와 같이 $v_o{}^*$가 상승하면 낮아지고, 하강하면 높아진다.

또한 인덕터전류 $i_L{}^*$의 변동률 $di_L{}^*/dt$는 $v_L{}^*/L$에 비례하므로, $i_L{}^*$는 인덕터전압이 높을수록 상승률이 커지며, 낮을수록 상승률은 낮아진다. 따라서 인덕터전류는 초기에는 큰 기울기로 증가하며, 출력전압에 따라 상승률이 변동하여 그림 3.2.10의 $i_L{}^*$와 같은 변동을 보인다.

커패시터전류 $i_c{}^*$는 인덕터전류 $i_L{}^*$과 출력전류 $i_o{}^*(=v_o{}^*/4)$의 차이(difference)이다. 스타팅 동작 초기에는 인덕터전류의 변동과 출력전압의 변동으로 전류 $i_c{}^*$가 그림 3.2.10과 같이 크게 상승하지만 시간이 지나면 $i_L{}^*$의 전류가 출력전류와 같아지면서 커패시터전류 $i_c{}^*$는 0이 된다.

---

21) 회로에서 인덕터와 커패시터가 직렬 연결된 경우 인덕터와 커패시터는 각각 자장에너지와 전장에너지를 주고 받는다. 따라서 일반적으로 인덕터전류가 상승하면 커패시터전압이 하락하고 인덕터전류가 하락하면 커패시터전압이 상승하는 과정을 커쳐 평형상태에 이르게 된다.

22) 저항값이 작을수록 상승 및 하강폭이 작고, 진폭이 급격히 줄어든다.

[2] $v_D = 50 + \hat{v}_D$인 경우 필터회로의 동작 : Buck 컨버터의 스타팅 동작

그림 3.2.9의 필터회로에서 입력전압이 v_D인 경우에 대하여 필터회로의 동작을 살펴보자. 그림 3.2.8에서 전압 v_D는 직류성분 50 V에 교류성분 전압 $\hat{v}_D$이 추가된 사각파 전압이 된다. 이 경우 필터회로의 출력전압 v_o, 인덕터전압 v_L, 인덕터전류 i_L, 커패시터전류 i_c의 파형은 그림 3.2.11과 같다[23]. 그림 3.2.11에서 $v_L{}^*$, $i_L{}^*$, $v_o{}^*$, $i_c{}^*$의 파형은 각각 그림 3.2.10의 전압과 전류를 나타낸다.

그림 3.2.11에서 출력전압 v_o의 이동평균값은 $v_o{}^*$와 유사하다. v_o의 리플성분은 입력전압의 리플성분 $\hat{v}_D$으로 인한 것이다. 그림 3.2.11에서 보는바와 같이 리플성분인 $\hat{v}_D$는 저역통과필터를 통과하면 출력전압에서 대부분 제거된다.

인덕터전압 v_L은 $v_D - v_o$로 MOSFET의 스위칭으로 인하여 대략 $v_L{}^*$의 전압에 사각파 전압 $\hat{v}_D$이 합해진 값이 된다. 사각파 전압 $\hat{v}_D$이 더해지므로 인덕터전류 i_L은 전반적으로 $i_L{}^*$를 추종한다. 그러나 MOSFET가 온되는 10 μsec 동안은 전류가 상승하며, MOSFET가 오프되는 10 μsec 동안은 하강하는 특성을 보인다.

커패시터전류 i_c는 인덕터전류 i_L과 부하전류 $i_o(= v_o/4)$의 차이(difference)로서 $i_c{}^*$의 파형을 추종하지만 인덕터전류 i_L의 리플전류로 인해서 전류 i_c에도 삼각파의 리플성분이 포함된다. 따라서 출력전압 v_o는 $v_o{}^*$의 파형에 리플성분이 그림 3.2.11과 같이 추가 된다.

그림 3.2.10과 3.2.11의 파형을 전반적으로 살펴보면 컨버터의 스위칭으로 인한 필터 전단의 전압 v_D는 인덕터 L에서 일차적으로 필터링되어 인덕터전류 i_L은 삼각파가 포함된 전류가 된다. 출력전압 v_o의 파형을 살펴보면, v_D의 교류성분 $\hat{v}_D$으로 인하여 리플전압이 포함되어 있지만, v_D가 저역필터를 통과하여 매우 작은 리플성분만 포함되어 있음을 알 수 있다.

---

23) 각각의 파형은 Buck 컨버터의 파형과 동일하다.

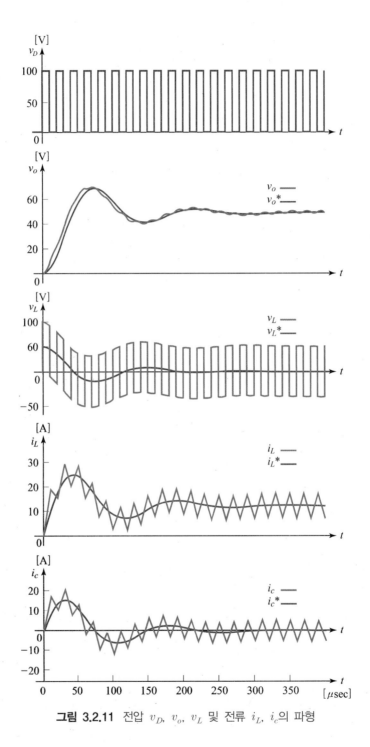

그림 3.2.11 전압 v_D, v_o, v_L 및 전류 i_L, i_c의 파형

3.2.3 Buck 컨버터의 출력전압과 듀티비의 관계는?

그림 3.2.1의 Buck 컨버터회로에서 MOSFET S를 **스위칭주기** T로 일정하게 제어할 때[24], 한 주기 동안 MOSFET S가 온되는 기간을 DT[25]라 하면, 오프되는 기간은 $(1-D)T$[26]가 된다. 여기서 D는 **듀티비**[27](duty ratio)이다. 따라서, 한 주기 중 입력에너지가 MOSFET S를 통하여 출력측에 전달되는 기간은 DT가 되며, 나머지 기간 동안에는 입력에너지가 MOSFET S를 통하여 출력측에 전달되지 않는다. 그림 3.2.1의 Buck 컨버터가 위의 조건으로 스위칭되고, 인덕터전류 i_L이 항상 0보다 큰 경우[28], 다이오드전압 v_D는 그림 3.2.12와 같다.

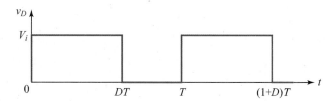

그림 3.2.12 Buck 컨버터가 주기 T, 듀티비 D로 제어될 때 v_D의 파형

정상상태에서 Buck 컨버터의 인덕터 평균전압 V_L은 0이 된다. 따라서 그림 3.2.12에서 출력전압 v_o의 평균값은 다이오드전압 v_D의 평균값과 동일하다. 즉, 출력전압 v_o의 평균 V_o는

$$V_o = \frac{1}{T} \cdot (DT \cdot V_i) = DV_i \qquad (3.2.3)$$

가 된다.

식 (3.2.3)에서 Buck 컨버터 출력의 평균전압 V_o는 듀티비 D를 0에서 1까지 변화시켜 0부터 V_i까지 제어가 가능함을 보여준다.

식 (3.2.3)에서 입력전압이 출력측에 전달되는 **전압전달비** G_V는 다음과 같다.

---

24) DC-DC 컨버터의 스위칭주파수는 대부분 일정한 주기로 제어한다.

25) 3장에서 $[(n-1)T \le t \le (n-1)T + DT$, n은 자연수]의 기간은 DT 기간으로 표기한다.

26) 3장에서 $[(n-1)T + DT \le t \le nT$, n은 자연수]의 기간은 $(1-D)T$ 기간으로 표기한다.

27) 통류율 또는 시비율이라고도 한다

28) 전류가 0보다 작은 경우 다이오드가 오프되어 v_D는 출력전압 v_o와 같다.

$$G_V \equiv \frac{V_o}{V_i} = \frac{DV_i}{V_i} = D \qquad\qquad (3.2.4)$$

식 (3.2.4)에서 듀티비 D와 전압전달비 G_V의 관계를 그래프로 나타내면 그림 3.2.13과 같다. 그림 3.2.13에서 Buck 컨버터의 전압전달비 G_V의 범위는 0에서 1까지이며 듀티비 D에 비례함을 알 수 있다.

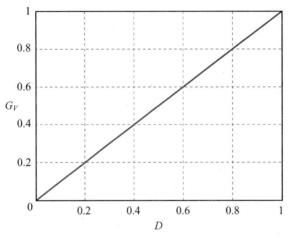

그림 3.2.13 전압전달비 G_V와 듀티비 D의 관계

3.2.4 Buck 컨버터 동작에 대한 정리

그림 3.2.1의 Buck 컨버터회로에서 인덕터 L과 커패시터 C는 출력전압 v_o의 리플성분을 줄이기 위한 목적으로 사용된다. 따라서 L과 C의 값은 출력전압 v_o의 리플성분이 매우 적게 나오도록 설계된다. 그러나 인덕터전류 i_L의 전류 리플성분은 어느 정도 허용된다.[29] 이 절에서는 출력전압 v_o의 리플성분이 매우 작아서 출력전압의 평균이 V_o로 일정한 경우에 대한 컨버터의 동작을 살펴본다.

그림 3.2.1의 Buck 컨버터에 대하여 MOSFET S의 온·오프에 따른 **컨버터의 동작모드**를 그리면 그림 3.2.14와 같다.

---

29) 출력전압의 리플을 저감하는 것이 최종 목적이므로 전류리플은 허용되며, 전류리플을 매우 적게 설계하는 경우 인덕턴스 L이 매우 커진다.

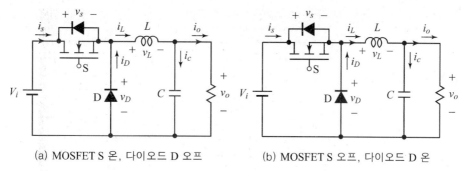

(a) MOSFET S 온, 다이오드 D 오프   (b) MOSFET S 오프, 다이오드 D 온

그림 3.2.14 Buck 컨버터의 동작모드

　　Buck 컨버터는 MOSFET S가 온, 다이오드 D가 오프되면 그림 3.2.14 (a)와 같이 동작하고, MOSFET S가 오프, 다이오드 D가 온 되면 그림 3.2.14 (b)와 같이 동작한다. MOSFET S의 온·오프 동작에 따른 컨버터 각부의 파형은 그림 3.2.15와 같다.

　　그림 3.2.15에서 MOSFET S는 일정한 주파수[30] f_s와 듀티비 D로 동작한다. 컨버터의 스위칭주파수는 일정하므로 MOSFET S의 **스위칭주기** $T(=1/f_s)$는 일정하다.

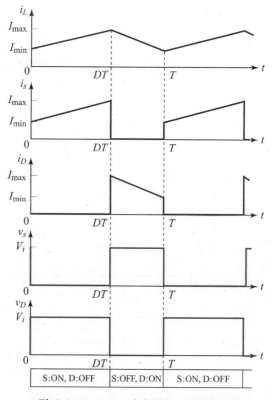

그림 3.2.15 Buck 컨버터회로 각부의 파형

---

30) 스위칭주파수라 한다.

MOSFET S가 온되고 다이오드 D가 오프되는 DT 기간 동안 전압 v_s는 0이 되며, 전류 i_s는 인덕터전류 i_L과 같다. 다이오드 D의 전류 i_D는 0이 되며, 전압 v_D는 V_i가 된다. 또한 인덕터전압 v_L은 $V_i - V_o$가 되어, 인덕터 L에 양(+)의 전압이 걸리므로 전류 i_L은 그림 3.2.15와 같이 상승한다. MOSFET S가 오프되고 다이오드 D가 온되는 $(1-D)T$ 기간 동안 MOSFET S의 전압 v_s는 V_i가 되며, 전류 i_s는 0이 된다. 다이오드 D는 온이 되므로, 전압 v_D는 0이 되며, 전류 i_D는 인덕터전류 i_L과 같다. 이 기간 동안 인덕터전압 v_L은 $-V_o$가 되어 인덕터에 음(-)의 전압이 걸리므로 전류 i_L은 그림 3.2.15와 같이 하강한다.

3.2.5 정상상태 해석

Buck 컨버터에서 인덕터 L과 커패시터 C가 이상적으로 매우 크면 **정상상태(steady state)**에서 인덕터 L에는 일정한 전류가 흐르고 커패시터 C 양단에는 일정한 전압이 걸리게 된다. 그러나 실제의 경우 인덕터와 커패시터는 매우 크지 않으므로 인덕터전류 i_L이나 커패시터전압 v_o에는 리플성분이 포함된다. 여기서는 이러한 경우에 대한 해석을 한다.

[1] 인덕터전류 i_L

Buck 컨버터에서 MOSFET S의 온·오프 동작에 따른 인덕터전압 v_L과 전류 i_L의 파형은 그림 3.2.16과 같다. 인덕터전류 i_L의 평균전류는 I_L이다. MOSFET S가 온되는 DT 기간 동안 전압 v_L은 $V_i - V_o$이므로 전류 i_L은 상승하고, S가 오프되는 $(1-D)T$ 기간 동안 전압 v_L은 $-V_o$이므로 전류 i_L은 하강한다.

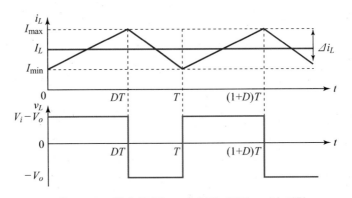

그림 3.2.16 인덕터전류 i_L과 인덕터전압 v_L의 파형

(1) 인덕터 평균전류 I_L

그림 3.2.1의 Buck 컨버터회로의 노드 a에 KCL을 적용시키면

$$i_L = i_c + i_o \tag{3.2.5}$$

가 된다. 식 (3.2.5)의 양변에 대한 평균값을 구하면

$$I_L = I_c + I_o \tag{3.2.6}$$

그런데 정상상태에서 커패시터전류 i_c의 평균값 I_c는 0이므로 인덕터전류의 평균값 I_L은 I_o와 같다. 즉,

$$I_L = I_o = \frac{V_o}{R} \tag{3.2.7}$$

(2) 전류 변동폭 Δi_L

그림 3.2.16에서 인덕터전류 i_L의 변동폭 Δi_L을 구하려면 전류가 상승할 때 혹은 전류가 하강할 때 전류 변동폭을 구하면 된다. 그런데 식 (3.2.1)의 인덕터 관계식에서 인덕터전류의 기울기는 다음과 같다.

$$\frac{di_L}{dt} = \frac{v_L}{L} \tag{3.2.8}$$

그림 3.2.16에서 MOSFET가 오프되는 $(1-D)T$ 기간 동안 인덕터전압은 $-V_o$로 일정하므로, 인덕터전류의 기울기는 $-\frac{V_o}{L}$가 된다. 따라서 인덕터전류의 변동값은 다음과 같다.

$$\Delta i_L = \frac{V_o}{L}(1-D)T \tag{3.2.9}$$

또한, 식 (3.2.3)에서

$$\Delta i_L = \frac{V_i}{L}D(1-D)T \tag{3.2.10}$$

따라서, 인덕터전류의 최대값 $I_{\max}$와 최소값 $I_{\min}$은 다음과 같다.

$$
\begin{aligned}
I_{\max} &= I_L + \frac{1}{2}\Delta i_L \\
&= I_L + \frac{V_o}{2L}(1-D)T \\
&= I_L + \frac{V_i}{2L}D(1-D)T
\end{aligned}
\tag{3.2.11}
$$

$$
\begin{aligned}
I_{\min} &= I_L - \frac{1}{2}\Delta i_L \\
&= I_L - \frac{V_o}{2L}(1-D)T \\
&= I_L - \frac{V_i}{2L}D(1-D)T
\end{aligned}
\tag{3.2.12}
$$

[2] 출력전압 v_o

출력전압[31] v_o는 출력전압의 평균값 V_o와 리플전압 $v_o - V_o$의 합이다. 그런데 출력전압의 평균값 V_o는 식 (3.2.3)에서 DV_i가 된다. Buck 컨버터회로에서 커패시터전류 i_c 및 출력전압 v_o의 리플성분 $v_o - V_o$의 파형은 그림 3.2.17과 같다. 한 주기 중 커패시터전류가 0보다 큰 기간은 $T/2$이며, 0보다 작은 기간도 $T/2$이다. 그러므로, 출력전압 v_o는 전류 i_c가 0보다 큰 기간 동안 상승하고, 0보다 작은 기간 동안 하강한다.

그림 3.2.17에서 출력전압 v_o의 변동폭 Δv_o를 구하려면 전류가 0보다 큰 기간이나 전류가 0보다 작은 기간 동안 전압의 상승 혹은 하강값을 구하면 된다. 식 (3.2.2)의 커패시터 관계식에서 커패시터전압의 기울기는 다음과 같다.

$$
\frac{dv_o}{dt} = \frac{i_c}{C}
\tag{3.2.13}
$$

---

31) 출력전압은 커패시터 C의 전압과 동일하다.

그림 3.2.17에서 커패시터전류가 0보다 큰 기간은 $T/2$이고, 이 기간 동안 커패시터 전류의 평균값은 $(I_{\max} - I_{\min})/4$이 되므로, 전압의 평균 기울기는 $(I_{\max} - I_{\min})/(4C)$이 된다. 따라서 출력전압의 변동값 Δv_o는 다음과 같다.

$$\Delta v_o = \frac{I_{\max} - I_{\min}}{4C} \frac{T}{2} = \frac{\Delta i_L}{8C} T \tag{3.2.14}$$

식 (3.2.11), (3.2.12)에서 Δv_o는 다음과 같이 정리된다.

$$\Delta v_o = \frac{1}{LC} \frac{V_i (1-D) D T^2}{8} \tag{3.2.15}$$

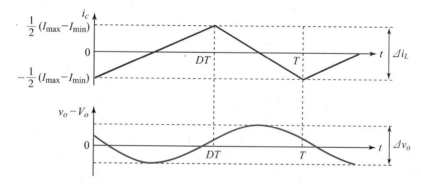

그림 3.2.17 커패시터전류 i_c와 출력전압 v_o의 리플전압 $v_o - V_o$의 파형

예제 3.2.1

위성의 전력시스템에서 DC 버스의 전원전압이 100 V로 제어되고 있다. Buck 컨버터의 입력은 DC 버스전원인 100 V이고, 컨버터의 스위칭주파수는 50 kHz, 듀티비 D는 0.6 으로 동작된다. 부하의 등가저항 R은 5 Ω, 필터 인덕터 L은 50 μH, 커패시터 C는 200 μF일 때 다음을 구하라.

(a) 출력 평균전압 V_o와 부하 평균전류 I_o

(b) 인덕터에 흐르는 전류의 평균값 I_L, 최대값 $I_{\max}$, 최소값 $I_{\min}$

(c) 출력전압 변동값 Δv_o

(d) 인덕터전류 i_L, MOSFET의 전류 i_s와 전압 v_s, 다이오드의 전류 i_D와 전압 v_D의 파형을 그려라.

[풀이]

(a) 식 (3.2.3)에서 출력 평균전압 V_o는

$$V_o = DV_i = 0.6 \times 100 = 60 \text{ V}$$

$$I_o = \frac{V_o}{R} = \frac{60}{5} = 12 \text{ A}$$

(b) 식 (3.2.7)에서 인덕터전류의 평균값 I_L을 구하면

$$I_L = I_o = 12 \text{ A}$$

식 (3.2.9)에서 Δi_L을 구하면

$$\Delta i_L = \frac{V_o}{L}(1-D)T = \frac{60}{50\mu} \times (1-0.6) \times 20\mu = 9.6 \text{ A}$$

따라서 식 (3.11)과 (3.12)에서

$$I_{\max} = I_L + \frac{1}{2}\Delta i_L = 12 + \frac{9.6}{2} = 16.8 \text{ A}$$

$$I_{\min} = I_L - \frac{1}{2}\Delta i_L = 12 - \frac{9.6}{2} = 7.2 \text{ A}$$

(c) 출력전압 변동값 Δv_o는 식 (3.2.14)에서

$$\Delta v_o = \frac{1}{C}\frac{T}{8}\Delta i_L = \frac{1}{200\mu} \times 9.6 \times \frac{20\mu}{8} = 120 \text{ mV}$$

(d) Buck 컨버터회로에서 컨버터의 파형은 그림 3.2.15와 유사하다. 그런데 스위칭주파수가 50 kHz이므로, 주기 $T = 20\,\mu\text{sec}$이고 $D = 0.6$이므로 $DT = 12\,\mu\text{sec}$이다. 또한, (b)번의 해석에서 인덕터의 최대전류 $I_{\max} = 16.8$ A이고, 최소전류 $I_{\min} = 7.2$ A가 된다. 따라서, 인덕터 전류 i_L, MOSFET의 전류 i_s와 전압 v_s, 다이오드의 전류 i_D와 전압 v_D의 파형은 그림 3.2.18과 같다.

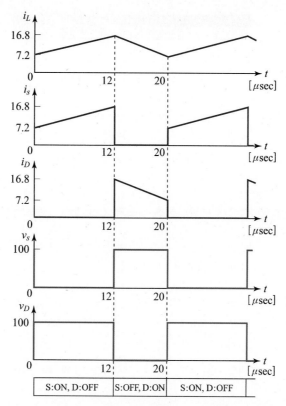

그림 3.2.18 인덕터전류 i_L, MOSFET의 전류 i_s와 전압 v_s, 다이오드의 전류 i_D와 전압 v_D의 파형

예제 **3.2.2**

위성 전력시스템에서 Buck 컨버터가 예제 3.2.1과 동일한 조건으로 동작될 때 PLECS 소프트웨어로 시뮬레이션하여 예제 3.2.1의 결과를 확인해 보라.

[풀이]

◯ **step 1**

예제 3.2.1의 특성을 갖는 위성 시스템은 Buck 컨버터로 구성된다. 이를 PLECS 소프트웨어를 이용하여 그리면 그림 P3.2.1과 같다.

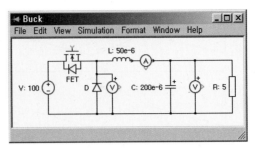

그림 P3.2.1 Buck 컨버터 기본회로

◯ step 2-1 : 그림 P3.2.1에서 PWM 신호 그리기 : Constant, Sawtooth PWM 그리기

(1) Library Browser 창에서 [Control] ⇨ [Sources] 탭을 차례로 선택한다. 나열된 소자 가운데 그림 P3.2.2 (a)와 같이 [Constant]로 표시된 심볼을 선택한 후 Schematic 창으로 드래그&드롭한다.

(2) 유사한 방법으로 Library Browser 창에서 [Control] ⇨ [Modulators] 탭을 차례로 선택한다. 나열된 소자 가운데 그림 P3.2.2 (b)와 같이 [Sawtooth PWM]로 표시된 심볼을 선택한 후 Schematic 창으로 드래그&드롭한다. 이후 그림 P3.2.1에 추가하여 연결하면 그림 P3.2.3과 같다.

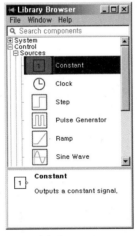

(a) Constant

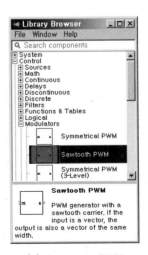

(b) Sawtooth PWM

그림 P3.2.2 Constant, Sawtooth의 선택

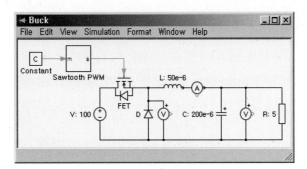

그림 P3.2.3 Constant, Sawtooth 그리기

◎ step 2-2 : 스위칭 주파수와 Sawtooth PWM의 듀티비 변경

(1) Sawtooth PWM의 심볼을 더블 클릭하여 소자의 파라미터를 나타내는 Block Parameters 창이 열리면 그림 P3.2.4와 같이 입력한다. 여기서 Carrier frequency는 예제 3.2.1의 컨버터 스위칭주파수가 50 kHz이며, 듀티비가 0에서 1까지 변하므로 Input limits는 [0 1]로 설정한다. 또한, MOSFET는 0에서 오프, 1에서 온이 되므로 Output values를 [0 1]로 설정한다.

(2) Constant의 심볼을 더블 클릭하면 소자의 파라미터를 나타내는 Block Parameters 창이 그림 P3.2.5와 같이 열린다. Value를 0.6으로 변경하고, 　OK　 버튼을 누른다. 여기서 0.6은 예제 3.2.1에서 컨버터가 동작하는 듀티비 D이다.

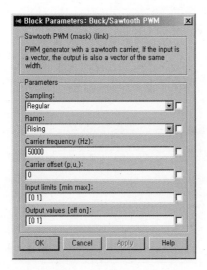

그림 P3.2.4 컨버터 스위칭주파수 입력하기

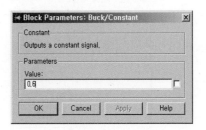

그림 P3.2.5 듀티비 설정

step 3 : 컨버터의 각부 파형을 관찰하기 위한 Scope 그리기

(1) Library Browser 창에서 [System] 탭을 선택한 후, 나열된 소자 가운데 [Scope]로 표시된 심볼을 선택한다. 그리고 Schematic 창으로 드래그&드롭한다.

(2) Scope 창의 [File] ⇨ [Scope Parameters]를 선택하면 창이 열린다.

(3) Scope Parameters 창에서 인덕터전류 i_L, 출력전압 v_o를 선택해야 하므로 그림 P3.2.6과 같이 Number of plots의 수를 2로 조정한다.

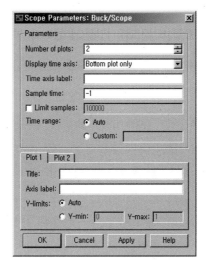

그림 P3.2.6 Scope Parameters 창

(4) 전체 결과 회로도를 그리면 그림 P3.2.7과 같다.

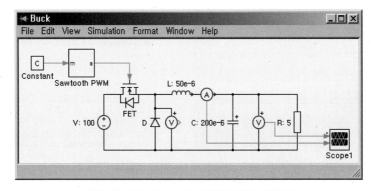

그림 P3.2.7 Scope를 포함한 결과 회로도

⊙ step 4-1 : 컨버터의 각부 파형을 관찰하기 위한 Probe 그리기

(1) Library Browser 창에서 [System] 탭을 선택한 후, 나열된 소자 가운데 그림 P3.2.8과 같이 [Probe]로 표시된 심볼을 Schematic 창으로 드래그&드롭한다.

(2) Library Browser 창에서 [System] 탭을 선택한 후, 나열된 소자 가운데 그림 P3.2.9와 같이 [Signal Demultiplexer]로 표시된 심볼을 Schematic 창으로 드래그&드롭한다.

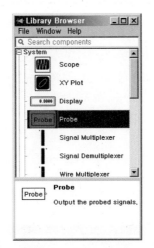
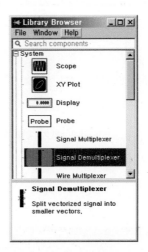

그림 P3.2.8 Probe 선택   **그림 P3.2.9** Signal Demultiplexer 선택

(3) Schematic 창에서 [Signal Demultiplexer] 심볼을 더블 클릭하면 소자의 파라미터를 나타내는 Block Parameters 창이 열린다.

(4) 6개의 파형을 보기 위하여 그림 P3.2.10의 Number of outputs을 6으로 변경하고, OK 버튼을 누른다.

(5) Probe의 심볼을 더블 클릭하면 Probe를 설정하는 Probe Editor 창이 그림 P3.2.11과 같이 열린다.

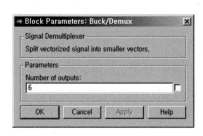

그림 P3.2.10 Number of outputs 선택

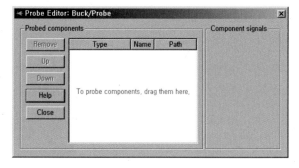

그림 P3.2.11 Probe Editor 창

(6) 인덕터전류 i_L의 파형을 보기 위하여 Schematic 창의 Inductor를 Probe Editor 창으로 드래그&드롭하고, Inductor current를 체크하면 그림 P3.2.12와 같다.

(7) MOSFET 전류 i_s 파형을 보기 위하여 (6)과 같은 방법으로 Schematic 창의 MOSFET with Diode를 Probe Editor 창으로 드래그&드롭하고, Device current를 체크하면 그림 P3.2.13과 같다.

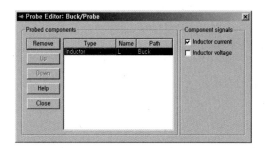

그림 P3.2.12 Inductor L의 전류 체크

그림 P3.2.13 FET의 전류 체크

(8) MOSFET 전압 v_s 파형을 보기 위하여 (6)과 같은 방법으로 Schematic 창의 MOSFET with Diode를 Probe Editor 창으로 드래그&드롭하고, Device voltage를 체크하면 그림 P3.2.14와 같다.

(9) 다이오드전류 i_D를 보기 위하여 (6)과 같은 방법으로 Schematic 창에서 Probe Editor 창으로 Diode를 드래그&드롭하고, Diode current를 체크하면 그림 P3.2.15와 같다.

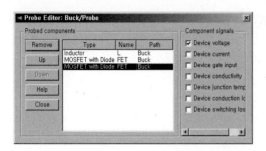

그림 P3.2.14 FET의 전압 체크

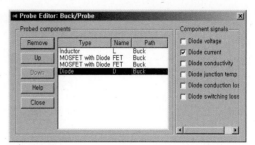

그림 P3.2.15 다이오드 D의 전류 체크

⑽ 출력전압 v_o의 파형을 보기 위하여 Schematic 창에서 Probe Editor 창으로 Voltmeter를 드래그&드롭하고, Measured voltage를 체크하면 그림 P3.2.16과 같다.

⑾ MOSFET 게이트 입력을 보기 위하여 Schematic 창에서 Probe Editor 창으로 MOSFET with Diode를 드래그&드롭하고, Device gate input을 체크하면 그림 P3.2.17과 같다.

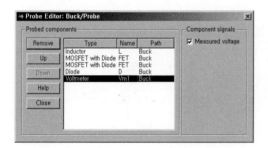

그림 P3.2.16 출력전압 v_o의 측정전압 체크

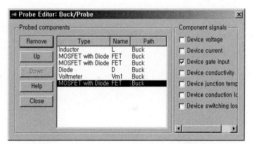

그림 P3.2.17 FET의 게이트 전압 체크

○ step 4-2 : Scope 세팅하기

⑴ Library Browser 창에서 [System] 탭을 선택한 후, 나열된 소자 가운데 [Scope]로 표시된 심볼을 Schematic 창으로 드래그&드롭한다.

⑵ Scope의 심볼을 더블 클릭하여, Scope 창의 [File] ⇨ [Scope Parameters]를 선택한다.

⑶ Scope 입력이 6개이므로 Number of plots의 값을 6으로 그림 P3.2.18과 같이 변경한다.

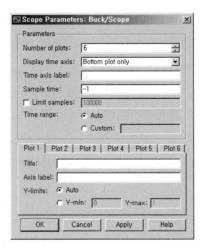

그림 P3.2.18 Scope parameter의 Number of plots 수 세팅

(4) Probe, Signal Demultiplexer, Scope를 그린 결과는 그림 P3.2.19와 같다.

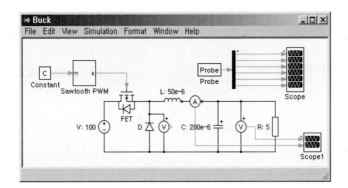

그림 P3.2.19 Probe, Signal Demultiplexer, Scope를 포함한 결과 회로도

◯ step 5-1 : Simulation 세팅하기

(1) Schematic 창의 [Simulation] ⇨ [Simulation Parameters]를 선택(또는 단축키 Ctrl+E)한 후 Simulation Parameters를 그림 P3.2.20과 같이 세팅한다.

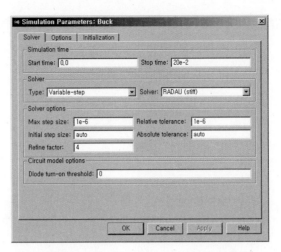

그림 P3.2.20 Simulation Parameter 세팅

그림 P3.2.20에서 시뮬레이션 Start time은 0.0초로 Stop time은 Buck 컨버터의 파형이 안정화될 수 있는 시간을 설정한다. Stop time은 처음 설정할 때 시간을 대략 설정한 후 시뮬레이션된 파형을 보면서 시간값을 재설정하면 편리하다. Solver의 Type은 Variable-step과 Fixed-step으로 설정할 수 있다. Variable-step을 설정하면 프로그램이 자동으로 시뮬레이션 step을 조절하므로 편리하다. Solver의 Solver는 Dopri(non-stiff)와 RADAU(stiff)로 구별된다. 회로에서 MOSFET, 다이오드와 같은 반도체 스위치가 있는 경우에는 시뮬레이션 파형의 변동이 심하므로 RADAU(stiff)로 설정하는 것이 일반적이다. Max step size는 시뮬레이션 스텝의 최대 시간간격을 제한한다. Relative tolerance는 시뮬레이션 step에서 error의 최대값을 나타내며, 작은 값일수록 정밀하게 시뮬레이션된다. 그러나 error값이 너무 작으면 시뮬레이션 시간이 오래 걸리므로 적절히 설정해 주어야 한다. Initial step size 및 Absolute tolerance를 auto로 설정하면 시스템이 자동으로 조절하여 시뮬레이션하므로 무난히 시뮬레이션할 수 있다. Refine factor는 숫자가 클수록 정밀한 시뮬레이션이 가능하다.

(2) Schematic 창의 [Simulation] ⇨ [Start]를 선택(또는 단축키 Ctrl + T)한 후, 시뮬레이션이 종료되면 그림 3.2.19에서 Scope 심볼을 더블 클릭한 후 [File]-[Scope Parameters]에서 그림 P3.2.21과 같이 세팅한 후 OK 버튼을 누른다. 이후 Scope1 하단의 시간축 부분을 더블 클릭하면 X Axis Zoom이 나타나며, 그림 P3.2.22와 같이 설정한다.

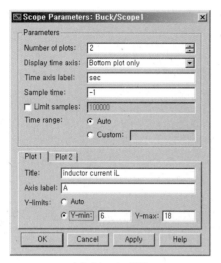

(a) Plot 1 설정

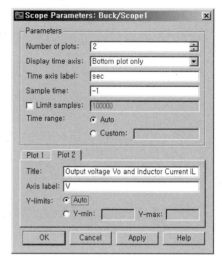

(b) Plot 2 설정

그림 P3.2.21 Scope Parameter 설정

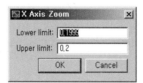

그림 P3.2.22 X Axis Zoom 설정

(3) 이후 OK 버튼을 누르고 Probe 파형을 적절히 세팅하면 그림 P3.2.23과 같이 시뮬레이션 결과 파형을 볼 수 있다.

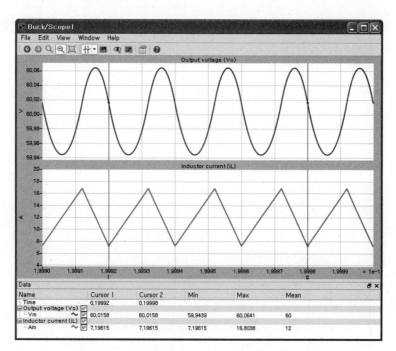

그림 P3.2.23 출력전압 v_o와 인덕터전류 i_L의 파형

그림 P3.2.23에서 출력전압 v_o의 파형을 살펴보면[32], 출력전압의 평균값은 60 V, 인덕터전류의 평균값은 12 A가 되어 예제 3.2.1의 결과와 동일하다. 출력전압 리플 변동값 Δv_o는 120 mV가 된다. 출력전류 i_L의 리플 변동폭도 9.6 A가 되어 예제 3.2.1의 결과와 동일하다.

---

32) Scope Paramters의 세팅은 2장에서 언급되었으므로 생략한다.

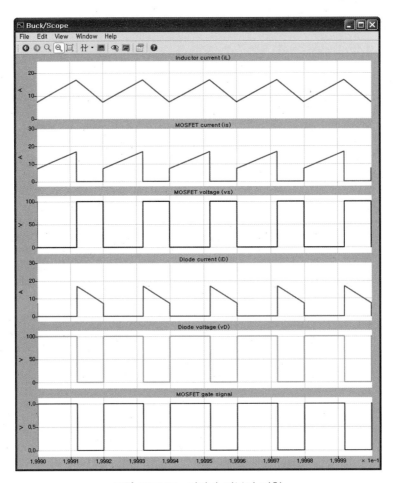

그림 P3.2.24 컨버터 각부의 파형

그림 P3.2.24의 컨버터 각부의 파형에서 컨버터의 듀티비는 0.6이다. 또한 스위칭주기가 20 μsec이므로 컨버터의 스위칭주파수는 50 kHz임을 알 수 있다. 각부의 파형은 예제 3.2.1의 그림 3.2.18과 동일하다.

3.3 Boost 컨버터

Boost 컨버터는 출력전압이 입력전압보다 높은 특성을 갖는다. Boost 컨버터는 배터리 전압으로부터 더 높은 전압으로 승압하는 배터리 방전기, AC 전원의 역률 개선을 위한 역률 제어기 등에 활용되고 있다. 이 절에서는 Boost 컨버터에 대하여 동작원리를 살펴 보고 PLECS 시뮬레이션을 통하여 그 특성을 이해한다.

3.3.1 컨버터 구성 및 동작원리

그림 3.3.1은 전력용 MOSFET S와 다이오드 D, 인덕터 L과 커패시터 C로 구성된 Boost 컨버터를 나타낸다. 여기서 입력전압은 V_i, 부하는 저항 R이다. 그림 3.3.1의 Boost 컨버터는 MOSFET S의 온·오프 동작에 따라 그림 3.3.2와 같이 2개의 동작모 드를 갖는다.

Boost 컨버터는 MOSFET S가 온, 다이오드 D가 오프되면 그림 3.3.2 (a)와 같이 동 작하고, MOSFET S가 오프되고, 다이오드 D가 온되면 그림 3.3.2 (b)와 같이 동작한 다. MOSFET S가 주기 T, 듀티비 D로 동작될 때 인덕터전류 i_L과 인덕터전압 v_L은 그림 3.3.3과 같다. 그림 3.3.3의 파형에서 출력전압 v_o는 리플성분이 없는 V_o로 가정 한다.

MOSFET S가 온되고 다이오드 D가 오프되는 DT 기간동안 MOSFET 전압 v_s는 0 이 되며, 인덕터전압 v_L은 V_i가 된다. 따라서 인덕터전류 i_L은 그림 3.3.3과 같이 상승 한다.

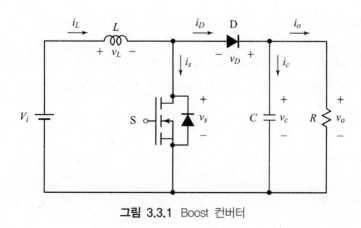

그림 3.3.1 Boost 컨버터

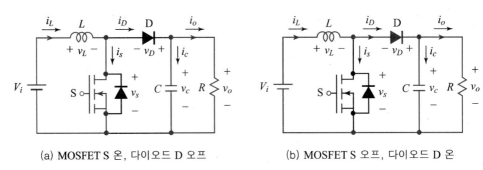

(a) MOSFET S 온, 다이오드 D 오프   (b) MOSFET S 오프, 다이오드 D 온

그림 3.3.2 Boost 컨버터의 동작모드

또한 MOSFET S가 오프되고 다이오드 D가 온되는 $(1 - D)T$ 기간 동안 MOSFET 전압 v_s는 출력전압 V_o가 되며, 인덕터전압 v_L은 그림 3.3.3과 같이 $V_i - V_o$가 된다. 그런데 출력전압 V_o는 입력전압 V_i보다 크므로 인덕터전압 $V_i - V_o$는 음($-$)이 되어, 인덕터전류 i_L은 그림 3.3.3과 같이 하강한다.

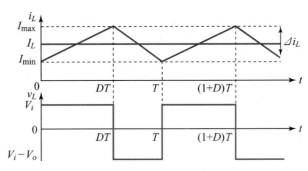

그림 3.3.3 인덕터전류 i_L과 전압 v_L 파형

3.3.2 Boost 컨버터의 출력전압과 듀티비의 관계

출력전압의 평균값 V_o는 정상상태에서 인덕터의 평균전압 V_L이 0이 되는 인덕터의 성질을 이용하여 구할 수 있다. 그림 3.3.3에서 한 주기 동안 인덕터 평균전압 V_L을 구하면 다음과 같다.

$$V_L = V_i D + (V_i - V_o)(1 - D) = 0 \tag{3.3.1}$$

식 (3.3.1)에서 출력전압 V_o를 구하면 다음과 같다.

$$V_o = \frac{V_i}{1-D} \qquad\qquad (3.3.2)$$

따라서 입력전압이 출력측에 전달되는 전압전달비 G_V는 다음과 같다.

$$G_V \equiv \frac{V_o}{V_i} = \frac{1}{1-D} \qquad\qquad (3.3.3)$$

식 (3.3.3)에서 Boost 컨버터의 듀티비 D와 **전압전달비** G_V의 관계는 $(1-D)$에 반비례하며, 이를 그래프로 나타내면 그림 3.3.4와 같다. 그림 3.3.4에서 전압전달비 G_V는 D가 0일 때 최소인 1이 되며, D가 1일 때 최대인 무한대의 값이 된다. 따라서, Boost 컨버터는 듀티비 D를 0에서 1까지 변경시킴으로써 출력전압을 입력전압 이상의 값으로 제어할 수 있다.

Boost 컨버터에서 각부의 파형을 그리면 그림 3.3.5와 같다. 그림 3.3.5에서 인덕터 전류 i_L은 그림 3.3.3과 동일하다.

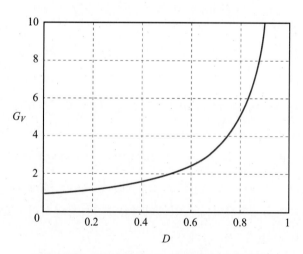

그림 3.3.4 전압전달비 G_V와 듀티비 D의 관계

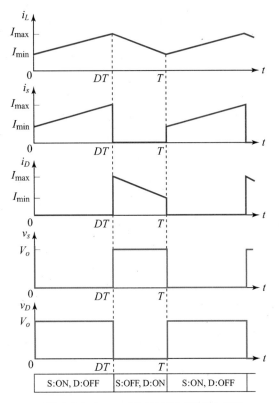

그림 3.3.5 Boost 컨버터회로 각부의 파형

그림 3.3.2 (a)와 같이 MOSFET S가 온되는 DT 기간 동안, 인덕터전류 i_L은 S를 통하여 흐른다. 따라서 이 기간 동안 MOSFET 전류 i_s는 인덕터전류 i_L과 동일하다. 이때 다이오드 D는 오프되므로 다이오드전류 i_D는 0이 된다. 또한, 다이오드전압 v_D는 그림 3.3.5와 같이 출력전압 V_o가 된다.

그림 3.3.2에서 MOSFET S가 오프되면 그림 3.3.2 (b)와 같이 다이오드 D가 온되어, 다이오드전압 v_D는 0이 된다. 또한 인덕터전류 i_L은 다이오드 D를 통하여 흐르므로 이 기간 동안 다이오드전류 i_D는 인덕터전류 i_L과 동일하다. 또한 전류 i_s는 0이 되며, 전압 v_s은 출력전압 V_o가 된다.

3.3.3 정상상태 해석

그림 3.3.1에서 인덕터 L과 커패시터 C가 이상적으로 매우 크면, 정상상태에서 인덕터 L에는 일정한 전류가 흐르고 커패시터 C에는 일정한 전압이 걸리게 된다. 그러나 실제의 경우 인덕터와 커패시터는 매우 크지 않으므로, 인덕터전류 i_L이나 출력전압 v_o에는 **리플성분**이 포함된다. 이 절에서는 L과 C가 이상적이지 않은 경우에 대하여 전류 i_L과 전압 v_o에 대한 **정상상태 해석**을 한다.

[1] 인덕터전류 i_L

(1) 인덕터 평균전류 I_L

그림 3.3.1에서 컨버터의 평균 입력전력을 P_{in}이라 하면, P_{in}은 입력전압 V_i와 **인덕터 평균전류** I_L의 곱이 된다. 즉,

$$P_{in} = V_i I_L \tag{3.3.4}$$

또한 출력평균전력을 P_o라 하면 P_o는 평균 출력전압 V_o와 평균 출력전류 I_o의 곱이 된다. 즉,

$$P_o = V_o I_o \tag{3.3.5}$$

그런데 효율이 100%라면 평균 입력전력 P_{in}과 평균 출력전력 P_o는 동일하므로, 식 (3.3.1), (3.3.4)와 (3.3.5)에서 다음과 같이 구해진다.

$$I_L = \frac{V_o I_o}{V_i} = \frac{I_o}{1-D} \tag{3.3.6}$$

(2) 전류 변동폭 Δi_L

그림 3.3.6에서 인덕터전류 i_L의 변동폭 Δi_L를 구하려면 전류가 상승할 때 혹은 전류가 하강할 때 구할 수 있다. 인덕터전류 i_L의 기울기는

$$\frac{di_L}{dt} = \frac{V_L}{L} \tag{3.3.7}$$

그런데 MOSFET S가 온되는 DT 기간 동안, 인덕터전압 v_L은 그림 3.3.3과 같이 V_i가 되므로, 인덕터전류 변동폭 Δi_L은 식 (3.3.7)에서 다음과 같이 구해진다.

$$\Delta i_L = \frac{V_i}{L} DT \tag{3.3.8}$$

따라서 그림 3.3.3에서 인덕터전류의 최대값 $I_{\max}$과 최소값 $I_{\min}$은 다음과 같다.

$$I_{\max} = I_L + \frac{1}{2}\Delta i_L = I_L + \frac{V_i}{2L} DT \tag{3.3.9}$$

$$I_{\min} = I_L - \frac{1}{2}\Delta i_L = I_L - \frac{V_i}{2L} DT \tag{3.3.10}$$

[2] 출력전압 v_o

출력전압 v_o는 출력전압의 평균값 V_o와 리플전압 $v_o - V_o$의 합이다. 그런데 출력전압 평균값 V_o는 식 (3.3.2)에서 $V_i/(1-D)$가 된다. 또한 Boost 컨버터회로에서 커패시터 전류 i_c 및 출력전압 v_o의 리플성분 $v_o - V_o$의 파형은 그림 3.3.6과 같다. 그림 3.3.6 에서 커패시터전류 i_c는 DT 기간 동안 $-I_o$이며, $(1-D)T$ 기간 동안 인덕터전류 I_L과 출력전류 I_o의 차(difference)가 된다. 따라서 DT 기간 동안, 출력전압은 하강하고, $(1-D)T$ 기간 동안 출력전압은 상승한다.

그림 3.2.6에서 DT 기간 동안 커패시터전류 i_c는 $-I_o$가 되므로, 출력전압 변동폭 Δv_o를 구하면 다음과 같다.

$$\Delta v_o = \frac{I_o}{C} DT \tag{3.3.11}$$

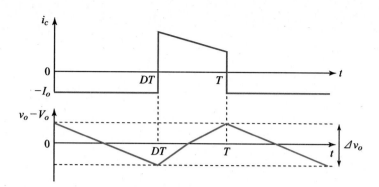

그림 3.3.6 커패시터전류 i_c와 출력전압 v_o의 리플전압 $v_o - V_o$의 파형

예제 3.3.1

태양전지로부터 발생된 전기를 Li-Ion 배터리에 충전하는 에너지 저장시스템에서 Li-Ion 배터리의 전압은 충전상태에 따라 165~230 V가 된다. 이 전압을 입력으로 하여 출력이 직류 400 V인 전압을 얻고자 한다. 에너지 변환장치로 그림 3.3.1의 Boost 컨버터를 사용할 경우에 대하여 다음을 구하라. 이때 컨버터의 스위칭주파수는 50 kHz, 듀티비는 0.55로 동작한다. 또한, 부하의 등가저항 R은 10 Ω, 인덕터 L은 50 μH, 커패시터 C는 2,000 μF이다.

(a) 배터리전압 v_i

(b) 출력평균전류 I_o

(c) 인덕터의 평균전류 I_L

(d) 인덕터의 최대전류 $I_{\max}$와 최소전류 $I_{\min}$

(e) MOSFET S와 다이오드 D의 평균전류 I_S와 I_D

(f) 출력전압의 변동값 Δv_o

[풀이]

(a) 식 (3.3.2)에서 출력 평균전압 $V_o = 400$V이므로

$$V_o = \frac{V_i}{1-D} = 400 \text{ V에서}$$

$$V_i = V_o(1-D) = 400 \times (1-0.55) = 180 \text{ V}$$

(b) $I_o = \dfrac{V_o}{R} = \dfrac{400}{10} = 40 \text{ A}$

(c) 식 (3.3.6)에서 인덕터전류의 평균값 I_L을 구하면

$$I_L = \frac{I_o}{1-D} = \frac{40}{1-0.55} \doteq 88.89 \text{ A}$$

(d) 식 (3.3.8)에서 Δi_L을 구하면

$$\Delta i_L = \frac{V_i}{L} DT = \frac{180}{50\mu} \times 0.55 \times 20\mu = 39.6 \text{ A}$$

에서 식 (3.3.9), (3.3.10)을 대입하면

$$I_{\max} = I_L + \frac{1}{2}\Delta i_L = 88.89 + 19.8 = 108.69 \text{ A}$$

$$I_{\min} = I_L - \frac{1}{2}\Delta i_L = 88.89 - 19.8 = 69.09 \text{ A}$$

(e) MOSFET S의 평균전류 I_s는 인덕터의 평균전류 I_L의 D배이므로

$$I_s = DI_L \doteq 0.55 \times 88.89 \doteq 48.89 \text{ A}$$

또한, 다이오드의 평균전류 I_D는 인덕터의 평균전류 I_L의 $1-D$배이므로

$$I_D = (1-D)\,I_L = 0.45 \times 88.89 = 40 \text{ A}$$

(f) 식 (3.3.11)에서 출력전압의 변동값 Δv_o는

$$\Delta v_o = \frac{I_o}{C} DT = \frac{40}{2000\mu} \times 0.55 \times 20\mu = 0.22 \text{ V}$$

예제 3.3.2

예제 3.3.1에서 배터리전압이 180 V일 때 PLECS 소프트웨어로 시뮬레이션하여 컨버터 각부의 파형을 관찰해 보라. 특히 출력전압 v_o와 인덕터전류 i_L을 자세히 관찰하여 예제 3.3.1의 결과와 비교해 보라.

[풀이]
예제 3.2.2와 같은 방법으로 PLECS를 이용하여 예제에 대한 회로도를 그리면 그림 P3.3.1과 같다. 이때 배터리전압은 일정하여 180 V이므로 전압원으로 가정하여 그린다. 또한 듀티비 D 및 컨버터의 스위칭주파수 f는 0.55 및 50 kHz로 각각 설정한다.

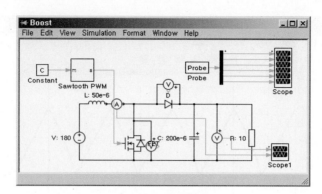

그림 P3.3.1 PLECS 회로도

그림 P3.3.1에서 Simulation Parameters를 예제 3.2.2와 같은 방법으로 설정한 후 시뮬레이션을
수행한다. 이후 Scope Parameters을 설정하면 그림 P3.3.2의 Scope를 볼 수 있다.

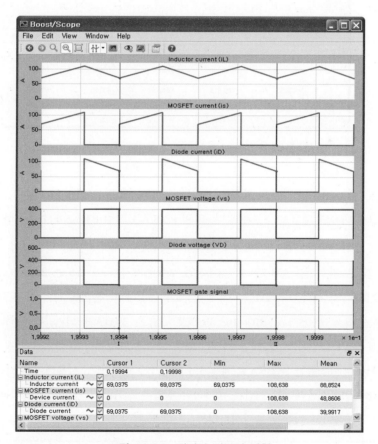

그림 P3.3.2 컨버터 각부의 파형

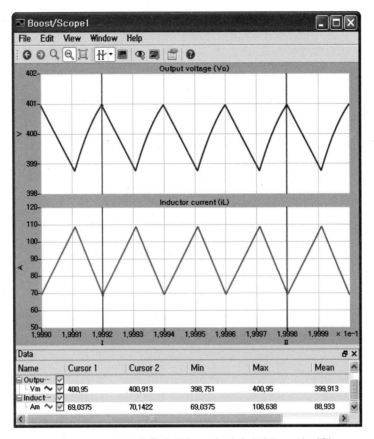

그림 P3.3.3 컨버터 출력전압 v_o 와 인덕터전류 i_L 의 파형

그림 P3.3.2에서 컨버터 각부의 파형을 확인할 수 있다. 또한 그림 P3.3.2에서 출력전압과 인버터 전류를 확대하면 그림 P3.3.3과 같다. 그림 P3.3.2와 그림 P3.3.3에서 출력전압 v_o 와 인덕터 전류 i_L 의 평균은 각각 400 V, 88 A가 된다. 그림 P3.3.2에서, ⌖를 클릭하여 3주기를 설정하면 출력전압은 최소전압 398.751 V, 최대전압 400.95 V가 되어 Δv_o 는 220 mV가 되며, 평균전압은 399.913 V가 된다. 즉, Δv_o 는 예제 3.3.1과 동일하며, 전압도 거의 같은 값을 갖는다. 인덕터전류는 최소 69.0375 A, 최대 108.638 A로 Δi_L 은 39.6 A가 되며, 평균전류는 88.933 A가 되어 예제 3.3.1의 결과와 거의 일치한다. 또한 그림 P3.3.2에서 다이오드의 평균전류는 39.99 A, MOSFET 평균전류는 88.85 A로 예제 3.3.1과 거의 일치한다. 시뮬레이션 시간을 100 ms 정도로 증가시키면 시뮬레이션 시간은 증가하나 전압과 전류값이 안정화되어 이론값과 동일해진다. 각자 시뮬레이션 시간을 증가시키면서 그 값을 관찰해 보자.

3.4 Buck-Boost 컨버터

배터리전압은 배터리의 **충전률**(SOC : State of Charge)에 따라 넓은 변동범위를 갖는다. 그런데 부하에서 필요한 전압이 배터리전압의 변동범위 내에 있고[33], 배터리전압을 컨버터의 입력으로 사용해야 하는 경우, Buck 컨버터나 Boost 컨버터로는 원하는 출력전압을 얻을 수 없다. 그러나 Buck-Boost 컨버터는 출력전압을 입력전압보다 높거나 낮게 **제어할 수 있은 특성**을 가지므로, Buck-Boost 컨버터를 사용하면 원하는 출력전압을 얻을 수 있다. 이 절에서는 Buck-Boost 컨버터에 대하여 동작원리를 살펴보고 PLECS 시뮬레이션을 통하여 그 특성을 이해한다.

3.4.1 컨버터 구성 및 동작원리

그림 3.4.1은 MOSFET S와 다이오드 D, 인덕터 L과 커패시터 C로 구성된 Buck-Boost 컨버터이다. 여기서 V_i는 입력전압이고, 저항 R은 부하이다. Buck-Boost 컨버터는 MOSFET S의 온·오프 동작에 따라 그림 3.4.2와 같이 2개의 동작모드를 갖는다.

Buck-Boost 컨버터는 MOSFET S가 온, 다이오드 D가 오프되면 그림 3.4.2 (a)와 같이 동작하고, MOSFET S가 오프되고, 다이오드 D가 온되면 그림 3.4.2 (b)와 같이 동작한다.

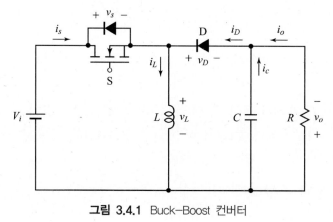

그림 3.4.1 Buck-Boost 컨버터

---

33) 예로써 배터리전압이 22~32 V인데 출력전압을 28 V로 제어해야 하는 경우

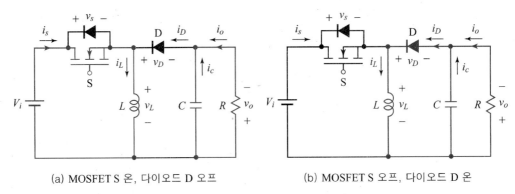

(a) MOSFET S 온, 다이오드 D 오프　　(b) MOSFET S 오프, 다이오드 D 온

그림 3.4.2 Buck–Boost 컨버터의 동작모드

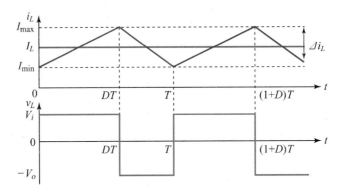

그림 3.4.3 인덕터전류 i_L과 전압 v_L의 파형

　MOSFET S가 주기 T, 듀티비 D로 스위칭될 때 인덕터전류 i_L, 인덕터전압 v_L의 파형은 그림 3.4.3과 같다. 그림 3.4.3의 파형에서 출력전압 v_o는 리플성분이 없는 평균전압 V_o로 가정한다.[34]

　MOSFET S가 온되는 DT 기간 동안, 컨버터는 그림 3.4.2 (a)와 같이 동작한다. 이때 인덕터전압 v_L은 V_i가 되어 인덕터전류 i_L은 그림 3.4.3과 같이 상승한다. 또한, S가 오프되는 $(1-D)T$ 기간 동안, 컨버터는 그림 3.4.2 (b)와 같이 동작한다. 따라서 인덕터전압 v_L은 $-V_o$가 된다. 따라서 이 기간 동안 인덕터전류 i_L은 그림 3.4.3과 같이 감소한다.

　출력전압의 평균값 V_o는 정상상태에서 인덕터의 평균전압 V_L이 0이 되는 인덕터의 성질을 이용하여 구할 수 있다. 인덕터전압 v_L의 파형으로부터 한 주기 동안 인덕터의 평균 전압 V_L을 구하면 다음과 같다.

---

34) 이 절에서는 v_o는 V_o로 일정하다고 가정한다.

$$V_L = V_i D - V_o(1-D) = 0 \qquad\qquad (3.4.1)$$

식 (3.4.1)에서 출력전압 V_o를 구하면

$$V_o = \frac{D}{1-D} V_i \qquad\qquad (3.4.2)$$

가 된다. 따라서, 입력전압이 출력측에 전달되는 **전압전달비** G_V는 다음과 같다.

$$G_V \equiv \frac{V_o}{V_i} = \frac{D}{1-D} \qquad\qquad (3.4.3)$$

식 (3.4.3)에서 D와 전압전달비 G_V의 관계를 그래프로 나타내면 그림 3.4.4와 같다. 그림 3.4.4에서 전압전달비 G_V는 D가 0일 때 최소인 0이 되며, D가 1일 때 최대인 무한대가 된다. 또한, D가 0.5일 때 G_V가 1이 되므로 D가 0.5 이하인 기간에서는 출력전압이 입력전압보다 작고 D가 0.5 이상인 기간에서는 출력전압이 입력전압보다 크게 된다.

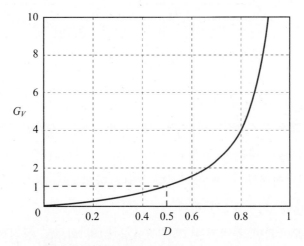

그림 3.4.4 전압전달비 G_V와 듀티비 D의 관계

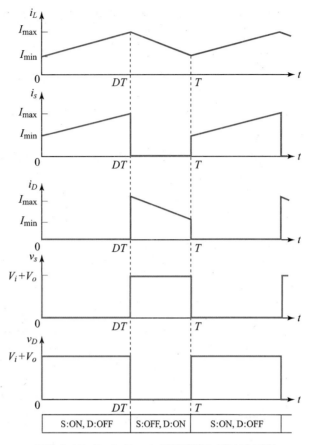

그림 3.4.5 Buck-Boost 컨버터회로 각부의 파형

Buck-Boost 컨버터에서 컨버터 각부의 파형은 그림 3.4.5와 같다. 그림 3.4.5에서 인덕터전류 i_L은 그림 3.4.3과 동일하다. MOSFET S가 온되면, 컨버터는 그림 3.4.2 (a)의 회로로 동작한다. 따라서 전압 v_s는 0이 되며, 인덕터전류 i_L은 S를 통하여 흐르므로 전류 i_s는 인덕터전류 i_L과 동일하다. 이때 다이오드 D는 오프되므로 전류 i_D는 0이 되며, 전압 v_D는 $V_i + V_o$가 된다.

MOSFET S가 오프되면 컨버터는 그림 3.4.2 (b)의 회로로 동작한다. 따라서 다이오드 D가 온되므로, 전압 v_D는 0이 되며, 인덕터전류 i_L은 다이오드 D를 통하여 흐르므로 전류 i_D는 인덕터전류 i_L과 동일하다. S는 오프되므로 전류 i_s는 0이 되며, 전압 v_s는 $V_i + V_o$가 된다.

3.4.2 정상상태 해석

이 절에서는 인덕터전류 i_L과 출력전압 v_o에 대한 정상상태 특성을 자세히 살펴보기로 한다.

[1] 인덕터전류 i_L

(1) 인덕터 평균전류 I_L

그림 3.4.1에서 컨버터의 평균 입력전력을 P_{in}이라 하면, P_{in}은 입력전압 V_i와 i_s의 평균 I_s의 곱이 된다. 즉,

$$P_{in} = V_i I_s \tag{3.4.4}$$

그림 3.4.5에서 i_s와 i_L의 파형을 비교해 보면, MOSFET S에 흐르는 평균전류 I_s는 인덕터 평균전류 I_L의 D배가 된다. 즉,

$$I_s = D I_L \tag{3.4.5}$$

따라서, 식 (3.4.4)와 (3.4.5)에서

$$P_{in} = V_i I_s = D V_i I_L \tag{3.4.6}$$

또한 출력전력의 평균을 P_o라 하면, P_o은 평균 출력전압 V_o와 부하전류 I_o의 곱이 된다. 즉,

$$P_o = V_o I_o \tag{3.4.7}$$

그런데 효율이 100 %라면 평균 입력전력 P_{in}과 평균 출력전력 P_o는 동일하므로, 식 (3.4.6)과 (3.4.7)에서

$$I_L = \frac{V_o I_o}{D V_i} = \frac{I_o}{1 - D} \tag{3.4.8}$$

(2) 인덕터전류 변동폭 Δi_L

그림 3.4.3에서 인덕터전류 i_L의 변동폭을 구하려면 전류가 상승할 때 혹은 하강할 때의 전류 변동폭을 구하면 된다. 그런데 인덕터의 전류 기울기는

$$\frac{di_L}{dt} = \frac{v_L}{L} \tag{3.4.9}$$

따라서 MOSFET S가 온되는 DT구간 동안 인덕터전류 i_L은 식 (3.4.9)의 기울기로 증가되므로 전류의 상승분 Δi_L은 식 (3.4.9)와 그림 3.4.3에서

$$\Delta i_L = \frac{V_i}{L} DT \tag{3.4.10}$$

따라서, 인덕터전류의 최대값 $I_{\max}$와 최소값 $I_{\min}$은 다음과 같다.

$$I_{\max} = I_L + \frac{1}{2} \Delta i_L = I_L + \frac{V_i}{2L} DT \tag{3.4.11}$$

$$I_{\min} = I_L - \frac{1}{2} \Delta i_L = I_L - \frac{V_i}{2L} DT \tag{3.4.12}$$

[2] 출력전압 v_o

출력전압 v_o는 평균값 V_o와 리플전압($v_o - V_o$)의 합이다. 그런데 출력전압의 평균값 V_o는 식 (3.4.2)에서 $DV_i/(1-D)$이다. 또한 커패시터전류 i_c 및 출력리플전압 ($v_o - V_o$)의 파형은 그림 3.4.6과 같다. 커패시터전류 i_c는 DT 기간 동안 $-I_o$이며, $(1-D)T$ 기간 동안은 인덕터전류 i_L과 출력전류 I_o와의 차(difference)인 $i_L - I_o$가 된다. 따라서 DT 기간 동안은 출력전압은 하강하고, $(1-D)T$ 기간 동안은 상승한다.

그림 3.4.6에서 DT 기간 동안 출력전압의 변동값 Δv_o를 구하면 다음과 같다.

$$\Delta v_o = \frac{I_o}{C} DT \tag{3.4.13}$$

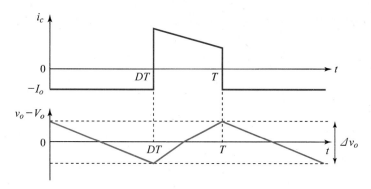

그림 3.4.6 커패시터전류 i_c와 리플출력전압 $v_o - V_o$의 파형

예제 3.4.1

에너지 저장시스템의 배터리에 저장된 에너지를 이용하여 출력전압이 28 V인 전원을 만들려고 한다. 이때 배터리전압은 에너지의 저장상태에 따라 22~34 V의 범위에서 변동한다. 컨버터는 Buck-Boost 컨버터로 설계하였다. 설계된 컨버터의 스위칭주파수는 100 kHz, 듀티비는 0.5로 동작된다. 부하에 흐르는 전류가 40 A일 때 다음을 구하라. 단, 인덕터 L은 25 μH, 커패시터 C는 5,000 μF이다.

(a) 입력 배터리전압 V_i

(b) 인덕터의 평균전류 I_L

(c) 인덕터의 최대전류 $I_{\max}$와 최소전류 $I_{\min}$

(d) MOSFET S와 다이오드 D의 평균전류 I_S와 I_D

(e) 출력전압의 변동값 Δv_o

[풀이]

(a) 식 (3.4.2)에서 출력 평균전압 $V_o = 28$ V이므로

$$V_o = \frac{DV_i}{1-D} \text{에서 } 28 = \frac{0.5\,V_i}{1-0.5}$$

그러므로

$$V_i = 28 \text{ V}$$

(b) 식 (3.4.8)에서 인덕터전류의 평균값 I_L을 구하면

$$I_L = \frac{I_o}{1-D} = \frac{40}{1-0.5} = 80 \text{ A}$$

(c) 식 (3.4.10)에서 Δi_L를 구하면

$$\Delta i_L = \frac{V_i}{L} DT = \frac{28}{25\,\mu} \times 0.5 \times 10\,\mu = 5.6\text{ A}$$

식 (3.4.11)와 (3.4.12)에 위 Δi_L을 대입하면

$$I_{\max} = I_L + \frac{1}{2}\Delta i_L = 80 + \frac{5.6}{2} = 82.8\text{ A}$$

$$I_{\min} = I_L - \frac{1}{2}\Delta i_L = 80 - \frac{5.6}{2} = 77.2\text{ A}$$

(d) 식 (3.4.5)에서

$$I_s = D I_L = 0.5 \times 80 = 40\text{ A}$$

또한 다이오드의 평균전류는 출력전류와 동일하므로

$$I_D = I_o = 40\text{ A}$$

(e) 식 (3.4.13)에서 출력전압의 변동값 Δv_o는

$$\Delta v_o = \frac{I_o}{C} DT = \frac{40}{5{,}000\,\mu} \times 0.5 \times 10\,\mu = 0.04\text{ V}$$

예제 3.4.2

예제 3.4.1의 컨버터를 PLECS 소프트웨어로 시뮬레이션하여 컨버터 각부의 파형을 관찰해 보라. 특히 출력전압 v_o와 인덕터전류 i_L을 자세히 관찰해 보아 예제 3.4.1의 결과와 비교해 보라. 단, MOSFET의 온저항 R_{DS}는 5 mΩ로 설정하고 다이오드의 턴온 시 전압강하는 1 V로 설정하라. 이때 배터리전압은 다이오드 및 MOSFET의 턴온 손실을 고려하여 29.5 V로 변경한 후 시뮬레이션하라.

[풀이]

예제 3.4.1에 대하여 예제 3.2.2와 같은 방법으로 회로도를 그리면 그림 P3.4.1과 같다. 이때 배터리전압은 일정하여 29.5 V이므로 전압원으로 가정하여 그리며, 부하는 40 A 전류원으로 그린다. 또한 듀티비 D 및 컨버터의 스위칭주파수는 예제 3.2.2와 같은 방법으로 각각 0.5 및 100 kHz로 설정한다. 또한 MOSFET를 더블 클릭한 후 On resistance R_{DS}를 0.005로 설정하고, 다이오드를 더블 클릭한 Forward Voltage V_f를 1로 설정한다.

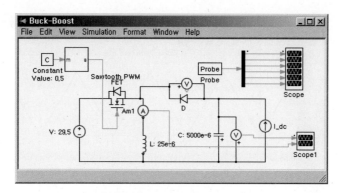

그림 P3.4.1 PLECS 회로도

그림 P3.4.1에서 Simulation Parameters는 예제 3.2.2, 예제 3.3.2를 참조하여 설정한 후 시뮬레이션을 수행한다. 이후 Scope Parameters 등도 같은 방법으로 설정하면 그림 P3.4.2와 그림 P3.4.3의 결과 파형을 얻을 수 있다.

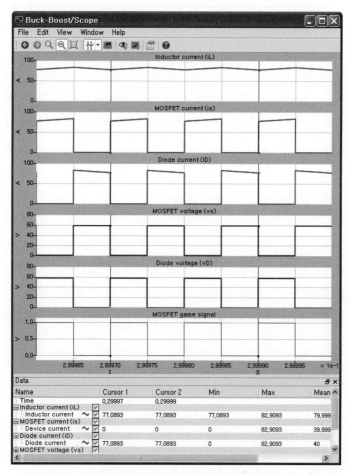

그림 P3.4.2 컨버터 각부의 파형

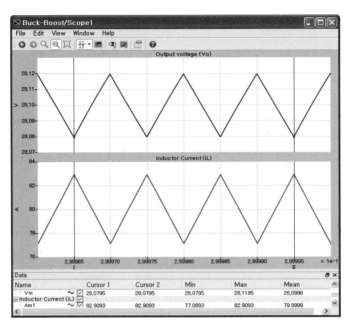

그림 P3.4.3 컨버터 출력전압 v_o와 인덕터전류 i_L의 파형

그림 P3.4.2는 컨버터 각부의 파형에 대한 시뮬레이션 결과이다. 또한 Scope1을 통하여 출력전압과 인덕터전류를 자세히 살펴보면 그림 P3.4.3과 같다. 그림 P3.4.2와 그림 P3.4.3에서 출력전압과 출력전류의 평균은 대략 28 V, 80 A가 된다. 그림 P3.4.2에서 MOSFET의 평균전류는 40 A, 다이오드 평균전류도 40 A로 예제 3.4.1과 동일하다. 그림 P3.4.3에서 🔍를 클릭하여 3주기를 설정하면 출력전압과 인덕터전류에 대하여 최소전압 28.0795 V, 최대전압 28.1195 V가 되어 Δv_o는 40 mV가 되며, 평균전압은 그림에서 보는 바와 같이 28.0998 V가 된다. 즉, Δv_o는 예제 3.4.1과 동일하다. 인덕터전류도 최소 77.0893 A, 최대 82.9093 A, Δi_L은 5.82 A가 되며, 평균전류는 79.9999 A가 되어 예제 3.4.1과 거의 일치한다. 여기서, 전압과 전류의 파형이 이론과 약간 다른 것은 MOSFET에 R_{DS}이 5 mΩ이 되어 0.4 V[35])의 전압강하가 발생하고, 다이오드의 순방향 전압강하 1 V로 인한 것이다.

---

35) 평균전류가 80 A로 계산

3.5 Forward 컨버터

Forward 컨버터는 **절연변압기**를 가지며, 이를 통해 입력과 출력이 전기적으로 **절연** (isolation)된다. Forward 컨버터는 절연변압기의 **권선비를 조절**할 수 있어서 입력과 출력의 **전압비를 조절**할 수 있다. 따라서 입력전압에 비해 출력전압이 매우 크거나 매우 작은 경우에도 권선비를 조절하여 출력전압을 얻을 수 있다. Forward 컨버터는 다목적 실용위성 2호에서 CPU 보드전원을 얻기 위한 목적으로 사용되었고, PC의 전원장치에도 사용되는 등 그 적용범위가 매우 크다. 이 절에서는 Forward 컨버터에 대하여 동작원리를 살펴보고 PLECS 시뮬레이션을 통하여 그 특성을 이해한다.

3.5.1 컨버터 구성 및 동작원리

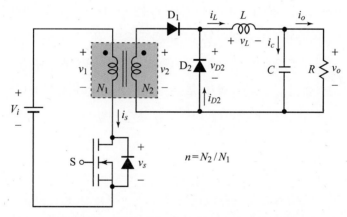

그림 3.5.1 이상적인 변압기를 갖는 Forward 컨버터

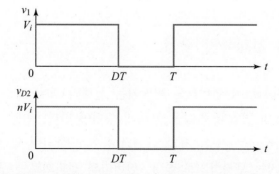

그림 3.5.2 변압기 1차측 전압 v_1과 필터 전단의 전압 v_{D2}

그림 3.5.1은 이상적인 변압기를 갖는 Forward 컨버터의 전력회로를 나타낸다. 그림 3.5.1에서 변압기는 1차측과 2차측을 전기적으로 절연하며, 1차측과 2차측 간에 권선비가 $n(=N_2/N_1)$인 이상적 특성을 갖는다. 출력전압 v_o는 MOSFET S의 스위칭주기 T를 일정하게 하고, 듀티비 D를 조절함으로써 제어된다. 듀티비가 D일 때 MOSFET S가 온되는 기간은 DT이고 오프되는 기간은 $(1-D)T$이다.

MOSFET S가 온되는 DT 기간 동안 전압 v_s는 0이 되므로 변압기의 1차측 전압 v_1은 입력전압 V_i와 같으며, 2차측 전압 v_2는 nV_i가 된다. 이때 변압기의 2차측 전압 v_2는 0보다 크므로 다이오드 D_1은 온되고 다이오드 D_2는 오프되어 전압 v_{D2}는 다음과 같이 된다.

$$v_{D2} = n V_i \tag{3.5.1}$$

MOSFET S가 오프되면 변압기를 통하여 전압이 전달되지 않으므로 다이오드 D_1은 오프되고 다이오드 D_2는 온되어 인덕터전류 i_L은 다이오드 D_2를 통해서 흐른다. 이 기간 동안 전압 v_{D2}는 0이 된다. 따라서 MOSFET S의 온·오프에 따른 전압 v_{D2}는 그림 3.5.2와 같다. 그림 3.5.2에서 전압 v_{D2}는 Buck 컨버터의 필터 전단의 전압 v_D에 n배를 한 값이다. 그런데 v_{D2} 오른쪽의 회로는 Buck 컨버터와 동일하므로, 변압기의 권선비 n을 고려하여 입력전압이 출력에 전달되는 **전압전달비** G_V를 구할 수 있다. 즉,

$$G_V \equiv \frac{V_o}{V_i} = nD \tag{3.5.2}$$

인덕터전류 i_L이나 출력전압 v_o의 해석도 변압기에 의해서 V_i 대신 nV_i로 입력전압이 바뀌는 효과만 다를 뿐 그 동작원리는 Buck 컨버터의 동작과 유사하다.

3.5.2 컨버터의 실제적인 구성

그림 3.5.1에서 Forward 컨버터의 변압기는 실제의 경우 이상적이지 않으므로 컨버터를 설계할 때 실제의 변압기 특성을 고려해 주어야 한다. 변압기에는 권선저항, 누설 인덕턴스, 철손을 나타내는 저항, 자화 인덕터 등이 포함되어 있는데 여기서는 자화 인덕터를 제외한 나머지는 무시하기로 한다. 컨버터의 전력회로를 구성할 때 반드시 고려해 주어야 하는 변압기의 특성은 **자화 인덕터**(magnetizing inductor)이다. 그림 3.5.3은

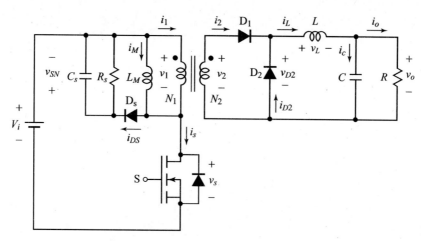

그림 3.5.3 Forward 컨버터의 실제적인 구성

자화 인덕터의 특성을 고려하여 구성한 실제적인 Forward 컨버터를 나타낸다. 그림 3.5.3에서 변압기는 이상적인 변압기와 자화 인덕터 L_M을 나누어 표기하였다.

그림 3.5.3은 다목적 실용위성 2호의 Forward 컨버터 중 주요 부분만을 그린 것이다[36]. 그림 3.5.3에서 R_S, C_S, D_S를 포함한 회로는 스너버 회로로서 MOSFET S의 스위칭으로 인한 **전압스파이크**(voltage spike)[37]를 완화시키고 MOSFET S가 오프될 때 변압기의 자화 인덕터전류 i_M이 흐를 수 있는 경로를 제공한다.

Forward 컨버터에서 MOSFET S의 온·오프 동작에 따른 동작모드를 그리면 그림 3.5.4와 같다. Forward 컨버터는 MOSFET S가 온, 다이오드 D_1이 온되면 그림 3.5.4 (a)와 같이 동작하고, MOSFET S가 오프, 다이오드 D_2, D_S가 온되면 그림 3.5.4 (b)와 같이 동작하고, MOSFET S가 오프, 다이오드 D_2가 온되면 그림 3.5.4 (c)와 같이 동작한다.

그림 3.5.3의 Forward 컨버터에서 MOSFET S가 주기 T, 듀티비 D로 스위칭될 때 컨버터 각부의 전류와 전압파형은 그림 3.5.5와 같다.

---

36) 실제의 회로는 출력이 3개인 다중출력으로 구성되어 있다.

37) MOSFET S가 온에서 오프될 때 도선의 인덕턴스로 인해 MOSFET에 매우 큰 전압(voltage spike)이 인가될 수 있다.

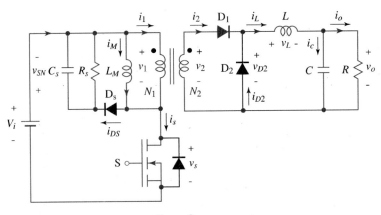

(a) S 온, D1온 ($0 \leq t < DT$)

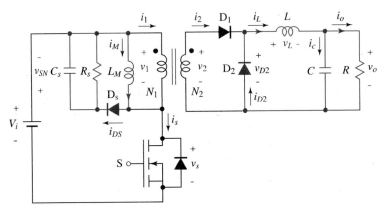

(b) S 오프, D2온, D_s온 ($DT \leq t < DT_M$)

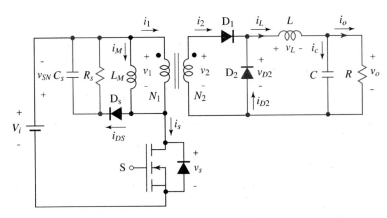

(c) S 오프, D2온, D_s오프 ($DT_M \leq t < T$)

그림 3.5.4 Forward 컨버터의 동작모드

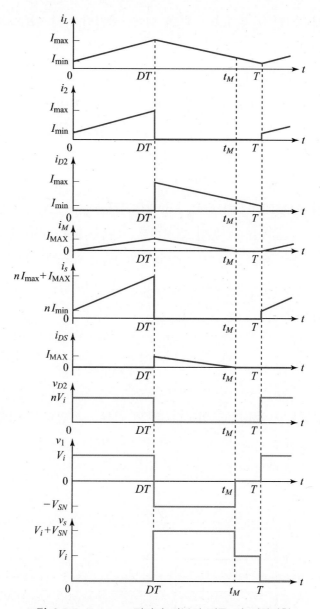

그림 3.5.5 Forward 컨버터 각부의 전류 및 전압파형

그림 3.5.5에서 출력전압 v_o는 리플성분이 없는 일정한 전압 V_o로 가정하였고 스너버전압 v_{SN}도 일정하여 V_{SN}이라고 가정한다.

Forward 컨버터에서 MOSFET S가 온되는 DT 기간 동안 MOSFET S의 전압 v_s는 0이 되며, 전류 i_s는 자화 인덕터전류 i_M과 인덕터전류 i_L의 변압기 1차측 등가전류 $i_1(=ni_L)$의 합이 된다. 다이오드 D_2는 오프되므로, 전류 i_{D2}는 0이 되며, 전압 v_{D2}는

nV_i가 된다. 인덕터전압 v_L은 $nV_i - V_o$가 되어, 인덕터 i_L에 양(+)의 전압이 걸리므로 전류 i_L은 상승한다.

그림 3.5.3에서 MOSFET S가 오프, 다이오드 D_2가 온, 다이오드 D_S가 온되는 $t_M - DT$ 기간 ($DT \leq t < t_M$) 동안 컨버터는 그림 3.5.4 (b)와 같이 동작한다. 이 기간 동안 MOSFET S에 걸리는 전압 v_s는 $V_i + V_{SN}$이 되며, 전류 i_s는 0이 된다. 다이오드 D_2는 온되므로, 전압 v_{D2}는 0이 되며, 전류 i_{D2}는 인덕터전류 i_L이 된다. 인덕터전압 v_L은 $-V_o$가 되어, 전류 i_L은 하강한다.

그림 3.5.3에서 MOSFET S가 오프되고 다이오드 D_2가 온되고, 다이오드 D_S가 오프되는 $T - t_M$ 기간($t_M \leq t \leq T$) 동안 컨버터는 그림 3.5.4 (c)와 같이 동작한다. 이 기간 동안 MOSFET S의 전압 v_s는 V_i가 되며, 전류 i_s는 0이 된다. 다이오드 D_2의 전압 v_{D2}는 0이 되며, 전류 i_{D2}는 인덕터전류 i_L이 된다. 인덕터전압 v_L은 $-V_o$가 되어, 인덕터전류 i_L은 하강한다.

3.5.3 정상상태 해석

이 절에서는 정상상태에서 자화 인덕터 L_M의 전류 i_M, 인덕터 L의 전류 i_L과 출력전압 v_o를 해석한다. 전류 i_M과 i_L의 해석에서 출력전압 v_o와 스너버전압 v_{SN}의 리플효과는 매우 적으므로 출력전압 v_o는 V_o, 스너버전압 v_{SN}은 V_{SN}으로 일정하다고 가정한다.

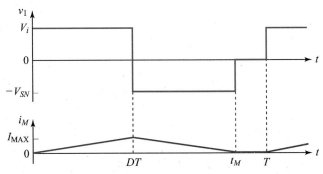

그림 3.5.6 자화 인덕터전압 v_1과 자화 인덕터전류 i_M

[1] 자화 인덕터전류 i_M

그림 3.5.3의 Forward 컨버터회로에서 MOSFET S의 온·오프에 따른 자화 인덕터 전압 v_1과 전류 i_M의 파형은 그림 3.5.6과 같다. 그림 3.5.6에서 MOSFET S가 온되는 DT 기간 동안 자화 인덕터전압 v_1은 V_i가 되어 자화 인덕터전류 i_M은 상승한다. 또한 MOSFET S가 오프되고, 자화 인덕터전류가 양(+)인 $t_M - DT$ 기간($DT \leq t < t_M$) 동안 자화 인덕터전압 v_1은 $-V_{SN}$이 되어 자화 인덕터전류 i_M은 0까지 하강한다.

(1) 전류 상승기간 : $0 \leq t < DT$

이 기간 동안 컨버터는 그림 3.5.4 (a)와 같이 동작하여 입력전압 V_i가 변압기 1차측에 연결된다. 이때 자화 인덕터 L_M의 전압 v_1은 입력전압 V_i와 같으므로 자화 인덕터전류 i_M은 다음과 같다.

$$i_M = \frac{V_i}{L_M} t \tag{3.5.3}$$

식 (3.5.3)에서 MOSFET S가 온되는 순간 ($t = 0$) 전류 i_M은 0이다. 식 (3.5.3)에서 S가 온되고 DT 시간 후인 $t = DT$에서 전류 i_M은 최대 I_{MAX}가 된다. 즉,

$$I_{\text{MAX}} = \frac{V_i}{L_M} DT \tag{3.5.4}$$

(2) 전류 하강기간 : $DT \leq t < t_M$

이 기간 동안 컨버터는 그림 3.5.4 (b)와 같이 동작한다. 그림 3.5.4 (b)에서 스너버의 전압은 V_{SN}이므로 자화 인덕터전류 i_M은 다음과 같이 감소한다.

$$i_M = I_{\text{MAX}} - \frac{V_{SN}}{L_M}(t - DT) \tag{3.5.5}$$

식 (3.5.5)에서 인덕터전류 i_M이 0이 되면, 다이오드 D_S의 전류가 0이 되어 다이오드 D_S는 오프된다.

(3) 영전류기간 : $t_M \leq t < T$

다이오드 D_S가 오프되면 컨버터는 그림 3.5.4 (c)와 같이 구성되어 변압기의 1차, 2

차측 전압 v_1과 v_2는 모두 0이 된다. 또한 변압기의 1차, 2차 전류도 모두 0이 된다.

(4) 자화 인덕터전류의 평형조건

식 (3.5.3)과 식 (3.5.5)에서 자화 인덕터전류 i_M은 S가 온되면 증가하고, 오프되면 감소한다. 따라서 자화 인덕터전류가 평형상태를 유지하려면 S가 오프되는 기간 동안 i_M의 전류값이 감소하여 반드시 0이 되어야 한다. 식 (3.5.5)에서 i_M 전류가 0이 되는 시간 t_M을 구하면 다음과 같다.

$$t_M = DT + L_M \frac{I_{\text{MAX}}}{V_{SN}} \tag{3.5.6}$$

DT 기간 동안 증가하였던 전류 i_M은 시간이 T가 되기 전에 0으로 감소하여야 하므로 t_M은 T보다 작아야 한다. 따라서 컨버터의 듀티비의 최대값 $D_{\max}$는 $t_M = T$, $D = D_{\max}$일 때, 식 (3.5.6)에 (3.5.4)를 대입하여 구할 수 있다. 즉,

$$D_{\max} = \frac{V_{SN}}{V_{SN} + V_i} \tag{3.5.7}$$

여기서, 정상상태에서 V_{SN}은 C_S가 매우 커서 v_{SN}의 리플전압을 무시할 수 있다고 가정한다.

스너버 회로에서 한 주기 동안 저항 R_S에서 소모되는 에너지 E_{SN}을 구하면

$$E_{SN} = \frac{V_{SN}^2}{R_S} T \tag{3.5.8}$$

한 주기 동안 스너버회로에 유입되는 에너지 E_{in}은 S가 오프되는 순간 자화 인덕터전류 i_M의 전류인 I_{MAX} 일 때의 인덕터 L_M의 에너지이므로

$$E_{in} = \frac{1}{2} L_M I_{\text{MAX}}^2 \tag{3.5.9}$$

$E_{in} = E_{SN}$이므로 식 (3.5.4), (3.5.8)과 (3.5.9)에서 V_{SN}을 구하면 다음과 같다.

$$V_{SN} = \sqrt{\frac{R_S T}{2 L_M}} \, V_i D \tag{3.5.10}$$

그러므로 **최대 듀티비** $D_{\max}$는 식 (3.5.10)에서 $D = D_{\max}$일 때, V_{SN}을 식 (3.5.7)에 대입하여 구한다.

$$D_{\max} = 1 - \sqrt{\frac{2L_M}{R_s T}} \tag{3.5.11}$$

따라서, 식 (3.5.11)에서 컨버터의 최대 듀티비가 정해지면, 식 (3.5.11)을 만족하도록 저항 R_S를 정해주면 된다.[38]

[2] 인덕터 L의 전류

Forward 컨버터에서 인덕터전압 v_L과 전류 i_L의 파형을 그리면 그림 3.5.7과 같다. 그림에서 인덕터전류 i_L은 평균전류 I_L과 컨버터의 스위칭에 따른 리플전류의 합으로 나타낼 수 있다.

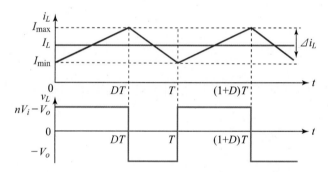

그림 3.5.7 인덕터 L의 전압 v_L과 전류 i_L의 파형

(1) 인덕터 평균전류

그림 3.5.3의 Forward 컨버터에서 인덕터의 평균전류 I_L은 Buck 컨버터와 동일하다. 즉,

$$I_L = I_o = \frac{V_o}{R} \tag{3.5.12}$$

---

38) 실제의 경우 R_s를 계산보다 크게 하여 설계해 주어야 최대 듀티비 $D_{\max}$보다 작은 범위에서 컨버터가 제어된다.

(2) 전류 변동폭 Δi_L

그림 3.5.7에서 인덕터전류 i_L의 변동폭을 구하려면, 전류가 상승할 때 혹은 하강할 때 전류의 변동폭 Δi_L을 구하면 된다.

i_L 전류가 하강하는 $(1-D)T$ 기간 동안 인덕터에 전압 v_L은 $-V_o$가 된다. 따라서, 인덕터전류 i_L의 기울기는

$$\frac{di_L}{dt} = -\frac{V_o}{L} \tag{3.5.13}$$

식 (3.5.13)에서 인덕터전류의 변동폭은 다음과 같다.

$$\Delta i_L = \frac{V_o}{L}(1-D)T \tag{3.5.14}$$

또한 식 (3.5.2)에서

$$\Delta i_L = \frac{nDV_i}{L}(1-D)T \tag{3.5.15}$$

따라서 그림 3.5.7에서 인덕터전류의 최대값 $I_{\max}$와 최소값 $I_{\min}$은 다음과 같다.

$$
\begin{aligned}
I_{\max} &= I_L + \frac{1}{2}\Delta i_L \\
&= I_L + \frac{V_o}{2L}(1-D)T \\
&= I_L + \frac{nDV_i}{2L}(1-D)T
\end{aligned}
\tag{3.5.16}
$$

$$
\begin{aligned}
I_{\min} &= I_L - \frac{1}{2}\Delta i_L \\
&= I_L - \frac{V_o}{2L}(1-D)T \\
&= I_L - \frac{nDV_i}{2L}(1-D)T
\end{aligned}
\tag{3.5.17}
$$

[3] 출력전압 v_o

식 (3.5.2)에서 출력 평균전압 V_o는 nDV_i가 되며 출력전압의 전압변동폭 Δv_o는 Buck 컨버터와 동일한 방법으로 다음과 같이 구해진다. 즉,

$$\Delta v_o = \frac{I_{\max} - I_{\min}}{4C} \frac{T}{2} = \frac{\Delta i_L}{8C} T \tag{3.5.18}$$

혹은

$$\Delta v_o = \frac{1}{C} \frac{T}{8} \Delta i_L = \frac{1}{LC} \frac{nDV_i(1-D)T^2}{8} \tag{3.5.19}$$

예제 3.5.1

다목적 실용위성 2호에서 DC-DC 컨버터는 Forward 컨버터방식을 이용하며, 배터리전압 V_i를 입력으로 하여, 출력 평균전압 5 V를 얻는다[39]. 배터리전압이 30 V일 때 출력전력 P_o는 100 W라면 다음을 설계하라. 이때 컨버터의 스위칭주파수는 100 kHz, 변압기의 턴비 n은 0.5이다. 단, 필터 인덕터 L은 10 μH, 커패시터 C는 1,000 μF이며, L_M은 500 μH이다. 또한 R_S는 800 Ω이고, C_S는 10 μF이다.

(a) 컨버터의 동작 듀티비
(b) 인덕터 L의 평균전류 I_L
(c) 인덕터의 L 최대전류 $I_{\max}$와 최소전류 $I_{\min}$
(d) 인덕터 L_M 최대전류
(e) 출력전압의 변동값 Δv_o

[풀이]

(a) 식 (3.5.2)에서 출력 평균전압 V_o는

$$V_o = nDV_i = \frac{1}{2} \times D \times 30 = 5 \text{ V}$$

그러므로 D는

$$D = \frac{1}{3}$$

---

39) 실제로는 ± 15 V, 5 V의 멀티 출력전압을 갖는다.

(b) 식 (3.5.12)에서 인덕터전류의 평균값 I_L을 구하면

$$I_L = I_o = \frac{P_o}{V_o} = \frac{100}{5} = 20 \text{ A}$$

(c) 식 (3.5.14)에서 Δi_L를 구하면

$$\Delta i_L = \frac{V_o}{L}(1 - D)\, T = \frac{5}{10\,\mu} \times \left(1 - \frac{1}{3}\right) \times 10\,\mu \cong 3.3 \text{ A}$$

따라서 식 (3.5.16)과 (3.5.17)에서

$$I_{\max} = I_L + \frac{1}{2}\Delta i_L = 20 + \frac{3.3}{2} \cong 21.65 \text{ A}$$

$$I_{\min} = I_L - \frac{1}{2}\Delta i_L = 20 - \frac{3.3}{2} = 18.35 \text{ A}$$

(d) 자화 인덕터 최대전류는 식 (3.5.4)에서

$$I_{\mathrm{MAX}} = \frac{V_i}{L_M}DT = \frac{30}{500\,\mu} \times \frac{1}{3} \times 10\,\mu = 0.2 \text{ A}$$

(e) 출력전압 변동값 Δv_o는 식 (3.5.18)에서

$$\Delta v_o = \frac{1}{C}\frac{T}{8}\Delta i_L = \frac{1}{1000\,\mu} \times \frac{10\,\mu}{8} \times 3.3 \cong 4.167 \text{ mV}$$

예제 3.5.2

예제 3.5.1을 시뮬레이션하여 그 결과를 확인해 보라. 이때 R_S은 $800\ \Omega$로, C_S은 $10\ \mu F$ 으로 설정하라.

[풀이]

예제 3.5.1에 대하여 회로도를 그리면 그림 P3.5.1과 같다. 이때 트랜스포머는 이상적인 것으로 하고 대신 자화 인덕턴스(Magnetizing inductance) $500\ \mu H$를 추가한다. 변압기를 더블 클릭하여 Number of windings [1 1], Number of turns를 [2 1]로 세팅한다.

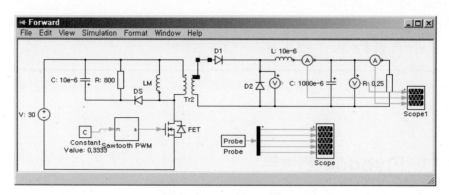

그림 P3.5.1 PLECS 회로도

그림 P3.5.1에서 예제 3.2.2와 같은 방식으로 시뮬레이션을 수행한 후 Scope Parameters 등도 같은 방법으로 설정하면 그림 P3.5.2의 Scope를 볼 수 있다.

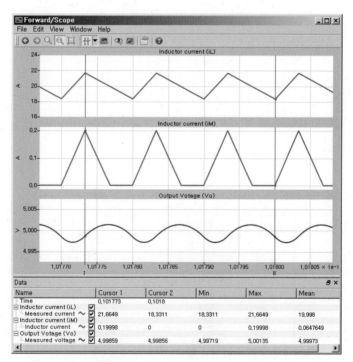

그림 P3.5.2 컨버터 각부의 파형

그림 P3.5.2에서 출력전압의 최대와 최소를 살펴보면 출력전압은 최소 4.99719 V, 최대 5.00135 V가 되어 Δv_o는 4.16 mV가 되며, 평균전압은 5 V가 된다. 즉, 출력전압과 Δv_o는 예제 3.5.1과 거의 동일하다. 같은 방법으로 인덕터전류 i_L도 최소 18.331 A, 최대 21.665 A,

Δi_L은 3.34 A가 되며, 평균 20 A가 되어 예제 3.5.1과 일치한다.
자화 인덕터 최대전류도 0.2 A로 예제 3.5.1과 일치한다.

3.6 Flyback 컨버터

Flyback 컨버터는 절연변압기를 갖는 컨버터 중 그 구조가 매우 간단하여 노트북 어댑터 등의 전원회로에 많이 사용되고 있다. 이 절에서는 Flyback 컨버터에 대한 동작원리를 살펴보고 시뮬레이션을 통하여 그 특성을 이해한다.

3.6.1 컨버터 구성 및 동작원리

그림 3.6.1은 Flyback 컨버터의 동작원리를 설명하기 위한 전력회로를 나타낸다. 그림 3.6.1에서 변압기는 Forward 컨버터와 같이 **자화 인덕터**만을 갖는 변압기를 가정한다. 즉, 변압기는 점선부분의 권선비 $n(=N_2/N_1)$을 갖는 이상적인 변압기와 자화 인덕터 L_M의 두 부분으로 나누어진다.

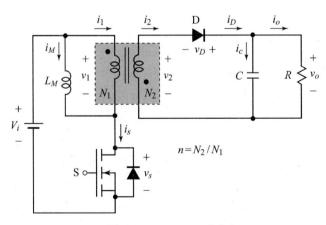

그림 3.6.1 Flyback 컨버터

그림 3.6.1의 Flyback 컨버터에 대해 MOSFET S의 온·오프 동작에 따른 동작모드를 그리면 그림 3.6.2와 같다. Flyback 컨버터는 MOSFET S가 온, 다이오드 D가 오프되면 그림 3.6.2 (a)와 같이 동작하고, MOSFET S가 오프되고, 다이오드 D가 온되면 그림 3.6.2 (b)와 같이 동작한다.

Flyback 컨버터에서 변압기 1차측 전압 v_1의 파형을 그리면 그림 3.6.3과 같다. Flyback 컨버터에서 MOSFET S가 온, 다이오드 D가 오프되면, 컨버터는 그림 3.6.2 (a)와 같이 동작하여 전압 v_1은 입력전압 V_i가 된다. MOSFET S가 오프, 다이오드 D가 온되면, 그림 3.6.2 (b)와 같이 동작하여 전압 v_1은 $-v_2/n$이 된다. 그런데 v_2는 V_o이므로 v_1은 $-\dfrac{V_o}{n}$이 된다. 그런데 정상상태에서 등가 인덕턴스 L_M의 평균전압 V_1은 0이 된다. 따라서 그림 3.6.3에서 V_1을 구하면 다음과 같다. 그림 3.6.3에서 출력전압 v_o는 일정한 평균전압 V_o로 가정한다.

$$V_1 = \frac{1}{T}\left[V_i DT - \frac{V_o}{n}(1-D)T\right] = 0 \tag{3.6.1}$$

따라서 평균 출력전압 V_o는 다음과 같다.

$$V_o = n\frac{D}{1-D}V_i \tag{3.6.2}$$

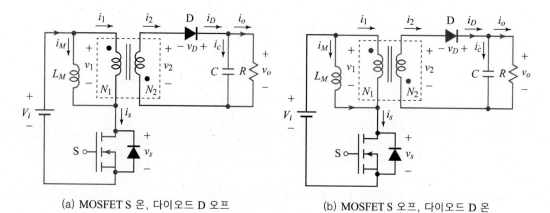

(a) MOSFET S 온, 다이오드 D 오프 (b) MOSFET S 오프, 다이오드 D 온

그림 3.6.2 Flyback 컨버터의 동작모드

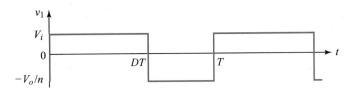

그림 3.6.3 등가 인덕터 L_M의 전압 v_1

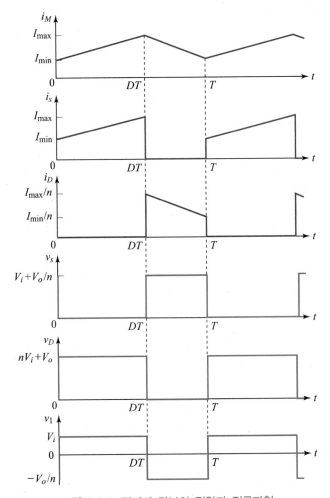

그림 3.6.4 컨버터 각부의 전압과 전류파형

Flyback 컨버터에서 각부의 전류와 전압에 대한 파형은 그림 3.6.4와 같다. 그림에서 출력전압 v_o는 일정한 평균전압 V_o로 가정한다.

그림 3.6.4에서 변압기 1차측 전압 v_1은 그림 3.6.3과 같다. 따라서 등가 인덕터 L_M의 전압 v_1은 그림 3.6.4와 같으므로, S가 온되는 DT 기간 동안 v_1은 V_i가 되어 인덕

터전류 i_M은 상승하고, S가 오프되는 $(1-D)T$ 기간 동안 v_1은 $-V_o/n$이 되어 인덕터 전류 i_M은 하강한다.

등가 인덕터전류 i_M은 DT 기간 동안 MOSFET를 통하여 흐르게 되며, S가 오프되는 $(1-D)T$ 기간 동안 변압기를 거쳐 다이오드 D를 통하여 흐른다. 그런데 변압기 2차측 전류는 1차측 전류의 $1/n$배가 되므로 다이오드 D에 흐르는 전류는 그림 3.6.4에서 보는 바와 같이 i_M/n이 된다.

한편 S가 오프되는 기간 동안 전압 v_1은 $-V_o/n$이므로 전압 v_s는 $V_i + V_o/n$가 된다. 또한 S가 온되는 기간 동안 변압기 2차측 전압 v_2는 nV_i이므로, 다이오드전압 v_D는 $nV_i + V_o$가 된다.

3.6.2 정상상태 해석

이 절에서는 정상상태에서 자화 인덕터 L_M의 전류 i_M과 출력전압 v_o를 해석한다. 전류 i_M의 해석에서 출력전압의 리플효과는 매우 적으므로 출력전압 v_o는 V_o로 일정하다고 가정한다.

[1] 1차측 등가 자화 인덕터 L_M의 전류 i_M

Flyback 컨버터에서 자화 인덕터전압 v_1과 전류 i_M의 파형을 도시하면 그림 3.6.5와 같다. 인덕터전류 i_M은 그림 3.6.5에서 보는 바와 같이 자화 인덕터의 평균전류 I_M과 컨버터의 스위칭으로 인한 삼각파 리플전류의 합으로 나타낼 수 있다.

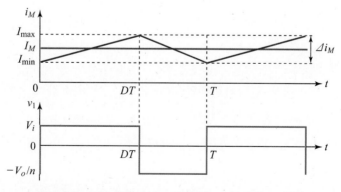

그림 3.6.5 자화 인덕터 L_M의 전압 v_1과 전류 i_M 파형

(1) 자화 인덕터 평균전류 I_M

그림 3.6.1의 회로에서 커패시터전류 i_c의 평균은 0이 되므로 다이오드 D의 평균전류 I_D는 출력전류 I_o와 같다. 그런데 그림 3.6.4에서 다이오드전류 i_D의 파형을 살펴보면 $(1-D)T$ 기간 동안 평균 I_M/n의 전류가 흐른다. 따라서 다이오드전류의 평균값은

$$I_D = (1-D)\frac{I_M}{n} \tag{3.6.3}$$

이 된다. 따라서 자화 인덕터전류의 평균값 I_M을 구하면 다음과 같다.

$$I_M = \frac{nI_D}{1-D} = \frac{nI_o}{1-D} \tag{3.6.4}$$

(2) 전류 변동폭 Δi_M

그림 3.6.5에서 인덕터전류 i_L의 변동폭을 구하려면, 전류가 상승할 때 혹은 전류가 하강할 때 전류 변동폭을 구하면 된다. 그런데 인덕터 L_M의 전류 i_M의 기울기는

$$\frac{di_M}{dt} = \frac{v_1}{L_M} \tag{3.6.5}$$

이다. 그림 3.6.3 (a)와 그림 3.6.4에서 MOSFET S가 온되는 전류가 상승하는 DT 기간 동안 자화 인덕터 L_M의 전압은 V_i로 일정하여 자화 인덕터전류의 기울기는 식 (3.6.5)에서 $\frac{V_i}{L_M}$가 된다. 따라서 인덕터전류의 변동폭 Δi_M은 다음과 같다.

$$\Delta i_M = \frac{V_i}{L_M}DT \tag{3.6.6}$$

따라서, 그림 3.6.5에서 인덕터전류의 최대값 $I_{\max}$와 최소값 $I_{\min}$은 다음과 같다.

$$I_{\max} = I_M + \frac{1}{2}\Delta i_M = I_M + \frac{V_i}{2L_M}DT \tag{3.6.7}$$

$$I_{\min} = I_M - \frac{1}{2}\Delta i_M = I_M - \frac{V_i}{2L_M}DT \tag{3.6.8}$$

[2] 출력전압 v_o

출력평균전압 V_o는 식 (3.6.2)에서 $nDV_i/(1-D)$가 되며 출력전압의 리플성분은 Buck-Boost 컨버터와 동일한 방법으로 다음과 같이 구해진다. 즉,

$$\Delta v_o = \frac{I_o}{C} DT \qquad (3.6.9)$$

예제 3.6.1

220 VAC 입력전원을 정류하여 얻은 400 V의 직류전원을 입력으로 하여 PC에 5 V, 20 A의 전압원을 공급하려고 한다. 설계된 컨버터는 Flyback 컨버터이다. 이때, 변압기의 권선비 n은 1/40, 자화 인덕터 L_M의 인덕턴스는 $2,000\,\mu$H, 출력 커패시터는 $2,000\,\mu$F 이다. 컨버터의 스위칭주파수가 100 kHz로 동작할 때 다음 물음에 답하라.
(a) 컨버터의 동작 듀티비 D
(b) 자화 인덕터의 평균전류 I_M
(c) MOSFET S의 평균전류 I_s
(d) 자화 인덕터의 최대전류 $I_{\max}$와 최소전류 $I_{\min}$
(e) 출력전압의 변동값 Δv_o

[풀이]

(a) 식 (3.6.2)에서 $V_o = n\dfrac{D}{1-D}V_i$

$5 = \dfrac{1}{40} \times \dfrac{D}{1-D} \times 400$에서 D를 구하면 $D = \dfrac{1}{3}$

(b) 자화 인덕터 평균전류는 식 (3.6.4)에서

$$I_M = \frac{nI_D}{1-D} = \frac{nI_o}{1-D} = \frac{1}{40} \times \frac{20}{1-\frac{1}{3}} = 0.75\,\text{A}$$

(c) MOSFET S에 흐르는 평균전류는 I_s는

$$I_s = DI_M = \frac{1}{3} \times 0.75 = 0.25\ \text{A}$$

(d) 식 (3.6.7), (3.6.8)에서

$$I_{max} = I_M + \frac{V_i}{2L_M}DT = 0.75 + \frac{400}{2 \times 2000\mu} \times \frac{1}{3} \times 10\mu = 1.08 \text{ A}$$

$$I_{min} = I_M - \frac{V_i}{2L_M}DT = 0.75 - \frac{400}{2 \times 2000\mu} \times \frac{1}{3} \times 10\mu = 0.417 \text{ A}$$

(e) 식 (3.6.9)에서

$$\Delta v_o = \frac{I_o}{C}DT = \frac{20}{2000\mu} \times \frac{1}{3} \times 10\mu \cong 33.3 \text{ mV}$$

예제 3.6.2

예제 3.6.1을 PLECS 소프트웨어를 이용하여 시뮬레이션한 후 그 결과와 비교해 보라.

[풀이]

예제 3.6.1의 회로도를 그리면 그림 P3.6.1과 같다. 그림 P3.6.1에서 듀티비는 예제 3.6.1 (a)에서 1/3이므로 그림 P3.6.1의 C를 더블 클릭하여 듀티비를 설정하였고, 출력저항 R은 출력전압 5 V에서 20 A이므로 0.25 Ω으로 설정하였다.

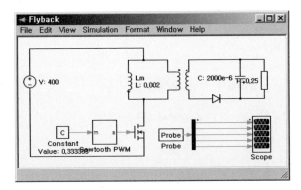

그림 P3.6.1 예제 3-9의 PLECS 회로도

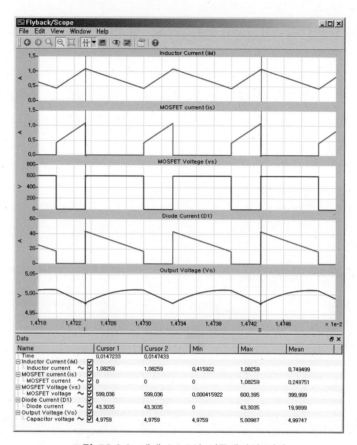

그림 P3.6.2 예제 3.6.2의 시뮬레이션 결과

그림 P3.6.2는 시뮬레이션 결과를 나타낸다. 그림 P3.6.2에서 인덕터전류 i_M은 평균전류가 0.75 A이고 최대전류와 최소전류가 각각 1.0826 A, 0.416 A이며, MOSFET S의 평균전류 I_s도 0.25 A로 예제 3.6.1의 이론값과 일치한다. 한편 평균 출력전압 V_o는 5 V, Δv_o는 34 mV로 이론값과 일치한다.

3.7 PLECS를 이용한 태양전지 모델 설계

그림 P3.7.1은 PLECS를 사용한 태양전지모듈의 설계 예로 (a)는 모델회로를 (b)는 단위모듈의 특성을 시뮬레이션 한 태양전지 V-I 커브 특성을 나타낸다. 이제부터 그림 P3.7.1의 모델회로를 설계하는 단계를 실습하기로 한다.

3.7.1 태양전지모듈 설계

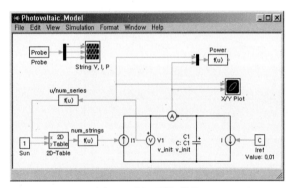

(a) PLECS 모델 회로

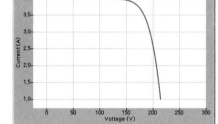

(b) 태양전지 V-I 커브 특성

그림 P3.7.1 PLECS를 사용한 태양전지 모델설계

□ step 1 : 그림 P3.7.1 중 그림 P3.7.2의 기본회로 그리기

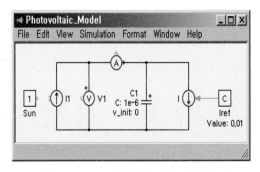

그림 P3.7.2 태양전지모듈 기본회로

❏ step 2-1 : 그림 P3.7.2에서 [Function] 그리기

(1) Library Browser 창에서 [Control] ⇨ [Functions & Tables] 탭을 차례로 선택한 후, 나열된 소자 가운데 [Function]으로 표시된 심볼을 Schematic 창으로 드래그&드롭하여 그리면 그림 P3.7.3과 같다.

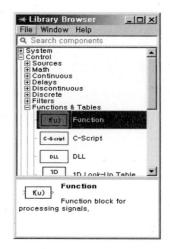
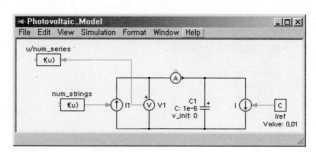

그림 P3.7.3 태양전지모듈 직병렬 연결함수 연결

❏ step 2-2 : [Function]의 파라미터 변경

(1) 그림 P3.7.3에서 u/num_series Function의 심볼을 더블 클릭하면 소자의 파라미터를 나타내는 Block Parameters 창이 열린다.

(2) 그림 P3.7.4와 같이 Expression을 u/1으로 변경하고, OK 버튼을 누른다. 여기서 숫자는 태양전지모듈의 직렬 수를 나타낸 것으로 직렬 모듈 수가 10일 경우 u/1 대신 u/10으로 변경할 수 있다.

(3) 그림 P3.7.3에서 num_strings Function의 심볼을 더블 클릭하면 소자의 파라미터를 나타내는 Block Parameters 창이 열린다.

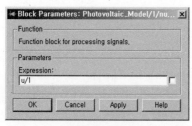
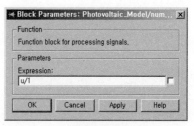

그림 P3.7.4　　　　　　　　**그림 P3.7.5**

그림 P3.7.5와 같이 Expression을 u/1으로 변경하고, OK 버튼을 누른다. 여기
서 숫자는 태양전지모듈의 병렬 수를 나타낸 것으로 병렬 모듈 수가 10일 경우 u/1 대
신 u/10으로 변경할 수 있다.

◘ step 3-1 : Lookup 테이블을 사용하여 태양광 전류 특성을 구현
([2D Look-Up Table] 가져오기)

(1) Library Browser 창에서 [Control] ⇨ [Functions & Tables] 탭을 차례로 선택
한 후, 나열된 소자 가운데 [2D Look-Up Table]로 표시된 심볼을 Schematic 창으로
드래그&드롭하여 그리면 그림 P3.7.6과 같다.

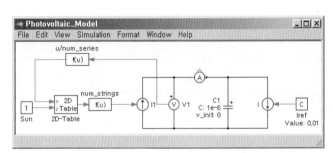

그림 P3.7.6 태양전지모듈 특성 [2D Table] 연결

2D Table은 태양전지 단위모듈에 대한 특성을 나타낼 예정으로 입력 y는 태양광의
세기(일사량 0~1)이며 입력 x는 태양전지 전압이 된다. 2D-Table의 출력은
num_strings를 지난 후 단위모듈에 대한 태양전지의 특성을 만족할 수 있는 전류 I1을
제어하게 된다. PLECS에는 이들을 입력으로 태양전지의 특성을 나타낼 수 있는 다음의
데이터 파일이 있다. 즉,

PVLookupData_BP365_single.mat

이 데이터 파일을 사용해야 하므로 다음과 같이 이 데이터 파일을 포함시킨다.

(2) 시뮬레이션 매개변수 창(단축키 [Ctrl]+[E])의 [Initialization] 탭에서 다음 초기화 명령을 입력하여 글로벌 매개변수로 전류 특성을 그림 P3.7.7과 같이 로드한다.

load('PVLookupData_BP365_single.mat')

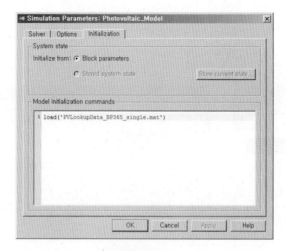

그림 P3.7.7

▢ step 3-2 : [2D-Table]의 파라미터 변경

(1) 그림 P3.7.6의 [2D-Table]의 심볼을 더블 클릭하면 소자의 파라미터를 나타내는 Block Parameters 창이 열리며 그림 P3.7.8과 같이 입력한다.

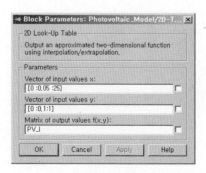

그림 P3.7.8

(2) 여기서 x축 벡터 $[0 : 0.05 : 25]$는 0 V에서 25 V까지 0.05 V의 간격으로 500개

의 데이터가 있음을 의미한다. y축 벡터 [0 : 0.1 : 1]는 태양광의 세기인 일사량 0에서 1까지 0.1의 간격인 데이터가 있음을 의미한다. 또한 함수 $f(x, y)$는 태양전지모듈을 나타내는 PV_I 함수를 의미한다.

☐ step 4 : XY Plot

(1) Library Browser 창에서 [System] 탭을 선택한 후, 나열된 소자 가운데 [XY Plot]로 표시된 심볼을 Schematic 창으로 그림 P3.7.9와 같이 드래그&드롭한다.

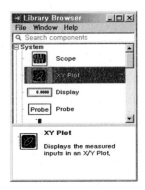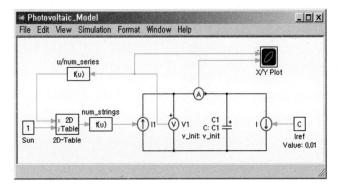

그림 P3.7.9 X/Y Plot 연결

(2) Current와 Voltage를 측정하기 위해 Voltage Source와 Current Source에 결선한다.

(3) Simulation 세팅

[Schematic] 창의 [Simulation] ⇨ [Simulation Parameters]을 선택(또는 단축키 Ctrl+E)한 후, 그림 P3.7.10과 같이 세팅한다.

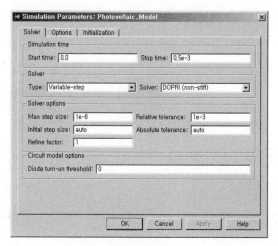

그림 P3.7.10

(4) Schematic 창의 [Simulation] ⇨ [Start]을 선택(또는 단축키 Ctrl+T)한 후, 시뮬레이션이 종료되면 X/Y Plot의 심볼을 더블 클릭하면 시뮬레이션 된 VI커브가 나타난다.

□ step 5 : 태양전지 전력계산

(1) Library Browser 창에서 [System] 탭을 선택한 후, 나열된 소자 가운데 [Signal Multiplexer]로 표시된 심볼을 Schematic 창으로 그림 P3.7.11과 같이 드래그&드롭한다.

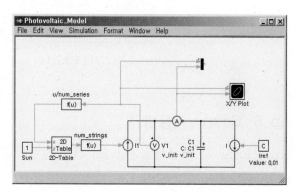

그림 P3.7.11

(2) [Signal Multiplexer] 심볼을 더블 클릭한 후 그림 P3.7.12와 같이 입력하고 [OK] 버튼을 누른다.

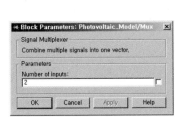

그림 P3.7.12

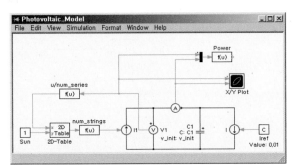

그림 P3.7.13

(3) Library Browser 창에서 [Control] ⇨ [Functions & Tables] 탭을 차례로 선택한 후, 나열된 소자 가운데 [Function]로 표시된 심볼을 Schematic 창으로 드래그&드롭하여 그리면 그림 P3.7.13과 같다. 이후 [Power Function]의 심볼을 더블 클릭하면 소자의 파라미터를 나타내는 Block Parameters 창이 열린다.

(4) 그림 P3.7.14와 같이 Expression을 u[1]*u[2]으로 변경하고, [OK] 버튼을 누른다.

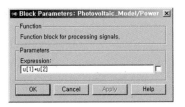

그림 P3.7.14

☐ step 6 : Scope 사용법

(1) Library Browser 창에서 [System] 탭을 선택한 후, 나열된 소자 가운데 [Scope]로 표시된 심볼을 Schematic 창으로 드래그&드롭하면 그림 P3.7.15와 같다.

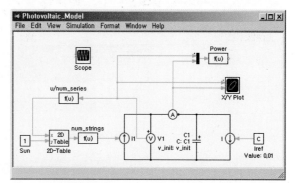

그림 P3.7.15

(2) Scope의 심볼을 더블 클릭하여 Scope 창이 그림 P3.7.16과 같이 열리면

(3) Scope 창의 [File] ⇨ [Scope Parameters]를 그림 P3.7.17과 같이 선택하여 Number of plots의 값을 3으로 변경한다.

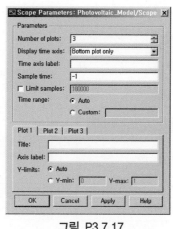

그림 P3.7.16   그림 P3.7.17

(4) 각각의 Polt에 맞는 Title과 Axis label을 그림 3.7.18과 같이 입력한다.

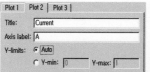
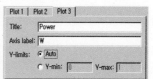

그림 P3.7.18

(5) Title, Axis label이 표시된 Scope 수가 그림 P3.7.19와 같이 3개로 증가한다.

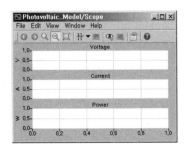

그림 P3.7.19

□ step 7 : Probe 사용법

(1) Library Browser 창에서 [System] 탭을 선택한 후, 나열된 소자 가운데 [Probe]로 표시된 그림 P3.7.20의 심볼을 Schematic 창으로 드래그&드롭하면 그림 P3.7.21과 같다.

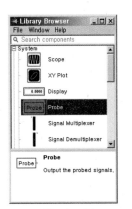

그림 P3.7.20

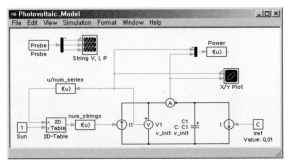

그림 P3.7.21

(2) Library Browser 창에서 [System] 탭을 선택한 후, 나열된 소자 가운데 그림 P3.7.22의 [Signal Demultiplexer]로 표시된 심볼을 Schematic 창으로 드래그&드롭한다.

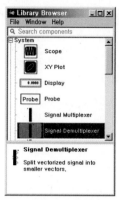

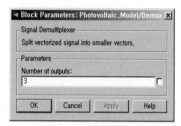

그림 P3.7.22   그림 P3.7.23

(3) 그림 P3.7.21에서 num_strings Function의 심볼을 더블 클릭하면 소자의 파라미터를 나타내는 Block Parameters 창이 열린다.

(4) Number of outputs을 그림 P3.7.23과 같이 변경하고, [OK] 버튼을 누른다.

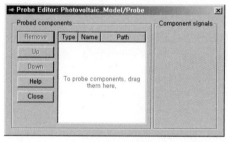

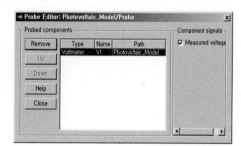

그림 P3.7.24   그림 P3.7.25

(5) 그림 P3.7.21에서 Probe의 심볼을 더블 클릭하면 Probe를 설정하는 그림 P3.7.24와 같은 Probe Editor 창이 열린다.

(6) Schematic 창에서 Probe Editor 창으로 V1을 드래그&드롭하고, Measured voltage를 체크하면 그림 P3.7.25와 같다.

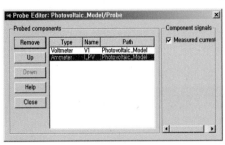

그림 P3.7.26

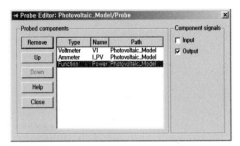

그림 P3.7.27

(7) Schematic 창에서 Probe Editor 창으로 ⒜를 드래그&드롭하고, Measured current를 체크하면 그림 P3.7.26과 같다.

(8) Schematic 창에서 Probe Editor 창으로 Power Function Block을 드래그&드롭하고, Output을 체크하면 그림 P3.7.27과 같다.

(9) Probe Editor 창을 종료 후, 그림 P3.7.28과 같이 Schematic 창의 [Simulation] ⇨ [Start]을 선택(또는 단축키 Ctrl+T)한 후, 시뮬레이션을 실행한다.

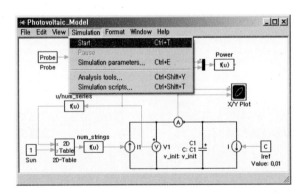

그림 P3.7.28

(10) 시뮬레이션 결과 string V, I, P를 더블 클릭하면 태양전지판의 전압 변동에 따른 전류와 전력을 그림 P3.7.29와 같이 볼 수 있으며, X/Y Plot를 더블 클릭하면 태양전지판의 VI 커브를 그림 P3.7.30과 같이 얻을 수 있다.

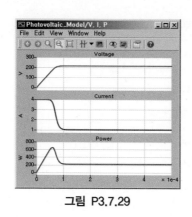
그림 P3.7.29

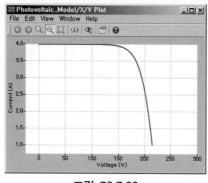
그림 P3.7.30

3.7.2 태양전지모듈의 서브시스템 마스킹 방법

그림 P3.7.31의 태양전지모듈을 서브시스템으로 하여 마스킹하는 방법은 다음과 같다.

◻ step 1

(1) 서브시스템의 Masking하려는 영역을 그림 P3.7.31과 같이 왼쪽 클릭 후 드래그
하여 선택한다.

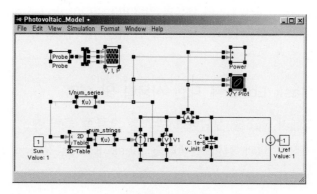
그림 P3.7.31

(2) 선택한 영역을 오른쪽 클릭하고, 그림 P3.7.32와 같이 [Create subsystem]을 선
택한다.

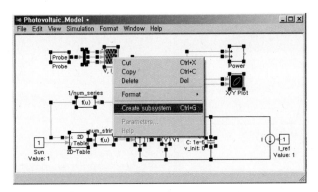

그림 P3.7.32

(3) 서브시스템을 Masking 완료되면 그림 P3.7.33과 같이 서브시스템 블록 Sub가 생성된다.

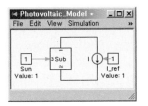

그림 P3.7.33

✓ Shift 를 누르고 서브시스템 블록과 입력이나 출력이 만나는 점을 왼쪽 마우스 로 클릭하고 드래그하면 만나는 점의 위치를 바꿀 수 있다.

🔲 step 2 : Mask Editor에 대한 사용법 및 설명

(1) 그림 P3.7.3에서 Sub를 선택하고 박스를 오른쪽 클릭 후, [Subsystem-Create mask…]을 그림 P3.7.34와 같이 선택하면 Mask Editor 창이 생성된다.

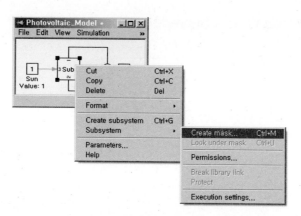

그림 P3.7.34

(2) 생성된 [Mask Editor] 창에서 [Icon] 탭을 그림 P3.7.35와 같이 선택한다.

그림 P3.7.35

(3) Drawing commands 창에 그림 P3.7.36과 같이 입력하여 OK 버튼을 누르면 그림 P3.7.37의 아이콘이 생성된다.

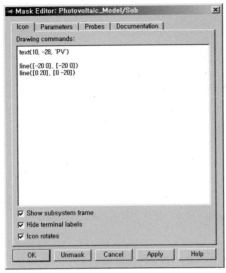

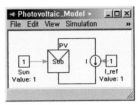

그림 P3.7.36   그림 P3.7.37

▢ step 3 : Parameter 설정

(1) [Mask Editor] 창에서 [Parameters] 탭을 선택하면 그림 P3.7.38과 같다.

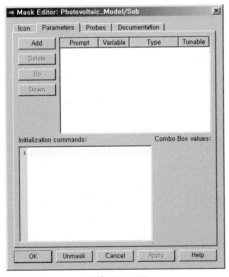

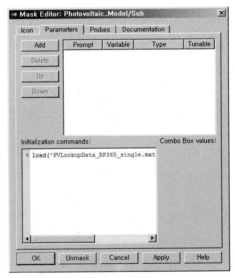

그림 P3.7.38   그림 P3.7.39

① Initialization commands에 'load('PVLookupData_BP365_single.mat'); %loads into variable PV_I'를 입력하면 그림 P3.7.39와 같다.

② 그림 P3.7.39의 Mask Editor 창에서 [Add]를 선택하고, Variable칸에 각각
n, m, C1, v_init를 그림 P3.7.40과 같이 입력한다.

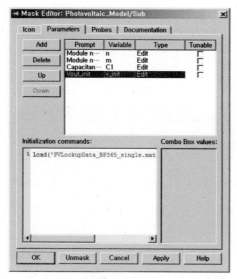

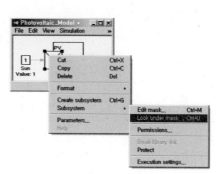

그림 P3.7.40   그림 P3.7.41

③ 서브시스템 블록 Sub를 선택하고 오른쪽 클릭 후, 그림 P3.7.41 같이
[Subsystem-Look under mask]를 선택하면 그림 P3.7.41의 서브시스템 블
록의 내부화면이 그림 P3.7.41과 같이 나타난다.

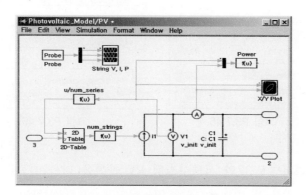

그림 P3.7.42

④ 변수설정
ⓐ 그림 P3.7.42에서 u/num_series Function을 더블 클릭하면 그림 P3.

7.43과 같은 창이 열리는데, Expression의 'u/10'을 'u/n'으로 변경하면 n에
대한 변수설정이 완료된다.

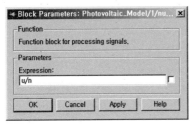

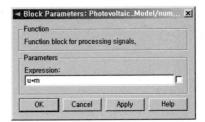

| 그림 P3.7.43 | 그림 P3.7.44 |

ⓑ 그림 P3.7.42에서 num_strings Function을 더블 클릭하여, 그림
P3.7.44와 같이 Expression의 'u*10'을 'u*m'으로 변경하면 m에 대한 변수
설정이 완료된다.

ⓒ 그림 P3.7.42에서 C1을 더블 클릭하여, 그림 P3.7.45와 같이
Parameters안에 Capacitance를 'C1'으로, Initial voltage의 값을 'v_init'로
변경한다.

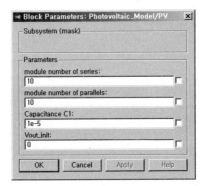

| 그림 P3.7.45 | 그림 P3.7.46 |

⑤ 이제 그림 P3.7.37의 서브시스템 PV 블록을 더블 클릭하면 정의한 파라미터
   변수들의 값을 변경할 수 있는 Block Parameters 창이 그림 P3.7.46과 같이
   열린다.
   위 변수에서 직렬연결하려고 하는 태양전지판 수(module number of series)
   와 병렬연결하려고 하는 수(module number of parallels)를 적고 커패시턴스
   C1과 커패시터전압의 초기값을 그림 P3.7.46과 같이 설정한다.

3.7.3 태양전지 시뮬레이터를 이용한 배터리전압 충전장치 시뮬레이션 적용예

그림 P3.7.47은 태양전지판 시뮬레이터를 활용하여 부하에 전력을 공급하는 장치의 시뮬레이션 응용 예이다.

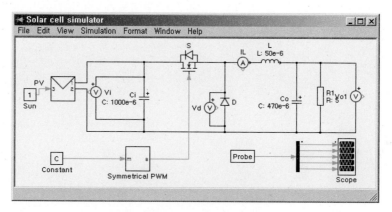

그림 P3.7.47 태양전지판 활용 예

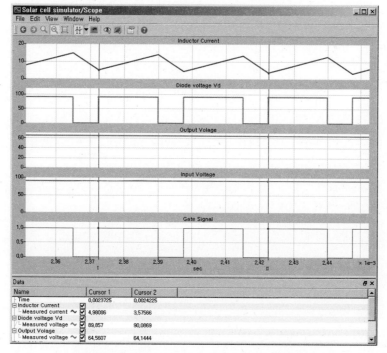

그림 P3.7.48 태양전지판 활용 시뮬레이션 결과

그림 P3.7.47은 Buck 컨버터로 구성된 전력회로를 나타낸다. 입력전원은 앞 절에서 설계한 태양전지판을 사용하였다. 이때 PV를 더블 클릭하여 직렬 모듈 수는 5로 병렬 모듈 수는 3으로 세팅한다. 또한 컨버터의 스위칭주파수는 40 kHz로 세팅하였고 듀티 비는 0.7로 세팅한다. 시뮬레이션 결과 출력파형은 그림 P3.7.48에 보인다. 그림 P3.7.48에서 컨버터의 입력전압은 94 V, 출력전압은 64 V이며, 인덕터전류는 10 A로 제어됨을 보여준다. 출력전압을 원하는 전압으로 일정하게 유지하려면 제어기를 이용하여 컨버터를 제어해야 한다.

3.A DC-DC 컨버터의 제어

입력전압이나 부하가 변화될 때, 컨버터를 일정한 듀티비로 동작시키면 출력전압을 일정하게 제어할 수 없다. 따라서 컨버터에 **제어기**를 추가하고, **제어기는 출력전압을 일정하게 유지하도록 스위치의 듀티비를 조절해야** 한다.

부록에서는 출력전압을 일정하게 제어하도록 설계된 제어기를 Buck 컨버터에 추가한 후 전체 회로를 시뮬레이션한다. 또한 일정한 듀티비로 동작하는 Buck 컨버터를 시뮬레이션한다. 이때 Buck 컨버터의 동작조건은 다음과 같다.

그림 3.2.1의 회로에서 입력전압 V_i는 28 V이며, 부하에서 필요한 출력전압 v_o는 15 V이다. 이때 부하저항 R은 시간에 따라 변동[40]한다. 부록에서는 Buck 컨버터 소자의 기호 L, C와 인덕터전류 i_L, 출력전압 v_o, 출력전류 i_o의 기호를 그림 3.2.1과 같이 그대로 사용한다.

3.A.1 Buck 컨버터의 일정한 듀티비 동작

먼저 Buck 컨버터를 다음의 순서에 의하여 그린 후 시뮬레이션하여 보자.

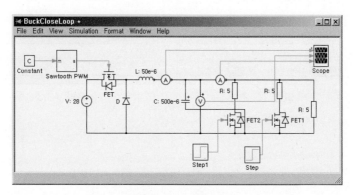

그림 A3.1 Buck 컨버터

---

40) 2.5 Ω (0 $\leq t <$ 12 msec, $t >$ 18 msec), 16.67 Ω (12 msec $\leq t <$ 18 msec)

(1) 그림 A3.1은 변화되는 부하에 대하여, 일정한 듀티비로 동작하는 컨버터의 특성을 보기 위하여 그린 회로도이다. 예제 3-2의 회로도 그리는 법을 참조하여 Buck 컨버터 부분을 그리고, Step, Step1에 해당하는 부분은 Library Browser 창에서 소자를 찾아 Schematic 창으로 드래그&드롭하여 그림 A3.1과 같은 회로를 그린다. 회로에서 인덕터 L의 초기전류 $i_L(0)$는 6 A, 커패시터전압의 초기전압 $v_o(0)$는 15 V로 설정한다.

(2) Constant 심볼을 더블 클릭하면 그림 A3.2와 같은 Block Parameters 창이 열리는데, Value의 값을 15/28[41])으로 변경하고, ▣OK▣ 버튼을 누른다.

(3) Sawtooth PWM 심볼을 더블 클릭하면 Block Parameters 창이 열리는데, Parameters값 중 Carrier frequency를 50000 Hz로 변경[42])하고, ▣OK▣ 버튼을 누른다.

(4) Step 심볼을 더블 클릭하면 Block Parameters 창이 열리는데, Parameters값들을 그림 A3.2와 같이 변경[43])하고, ▣OK▣ 버튼을 누른다.

(5) Step1 심볼을 더블 클릭하면 Block Parameters 창이 열리는데, Parameters값들을 그림 A3.3과 같이 변경[44])하고, ▣OK▣ 버튼을 누른다.

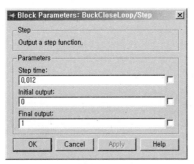

그림 A3.2

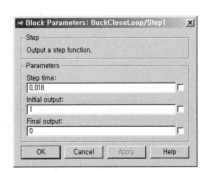

그림 A3.3

---

41) 입력전압이 28 V이고 출력전압을 15 V로 제어하기 위하여 듀티비를 15/28로 설정(예제 3-2 참조)

42) 스위칭주파수를 50 kHz로 설정(예제 3-2 참조)

43) 12 msec까지 FET1를 오프하여 5 Ω의 저항를 차단한 후 12 msec에서 FET1을 온하여 저항 5 Ω를 연결한다.

44) 18 msec까지 FET2을 온하여 저항 5 Ω를 연결한 후 18 msec에서 FET2를 오프하여 5 Ω 저항을 차단한다.

(6) Schematic 창의 Simulation Parameters에서 Simulation time을 20 msec로 설정한 후, [Simulation] ⇨ [Start]을 선택(또는 단축키 Ctrl+T)한 후, 시뮬레이션이 종료되면 그림 A3.1에서 Scope 심볼을 더블 클릭한다. 이후 Scope parameters을 설정하면 그림 A3.4의 Scope를 볼 수 있다.

그림 A3.4는 FET1, FET2를 온·오프하여 부하저항을 변화시킬 때 인덕터전류 i_L, 출력전압 v_o 및 출력전류 i_o의 파형이다. 부하전류의 급격한 변화[45]는 출력전압 변화의 원인이 되며, 변화된 전압은 인덕터와 커패시터의 공진현상을 일으켜 인덕터전류와 출력전압을 일정기간 변동시킨다.

그림 A3.4에서 출력전압 v_o는 정상상태에서 기준전압인 15 V가 된다. 그러나 부하저항이 변동하여 전류가 증가하는 12 msec에서는 출력전압이 14.2 V까지 낮아진 후 공진하면서 진폭이 줄어든다. 공진시간을 대략 6 msec 정도이다. 또한 전류가 감소하는 18 msec에서는 출력전압이 증가하여 15.8 V까지 높아진 후 공진하면서 진폭이 줄어든다.

그림 A3.4는 출력전류가 변화할 때, 입력전압이 일정해도 **일정한 듀티비로는 부하전압을 제어할 수 없음**을 보여준다.

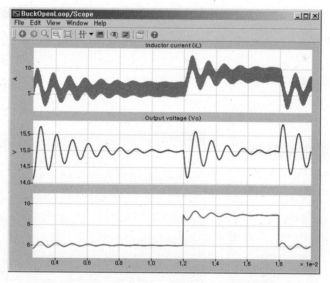

그림 A3.4 인덕터전류 i_L, 출력전압 v_o, 출력전류 i_o

---

45) 부하를 사용하기 위하여 온·오프할 때 부하전류는 급격히 변동될 수 있다.

이제 그림 A3.1의 회로에 제어기를 포함시킨 후 시뮬레이션하여 제어기가 없는 시스템과 있는 시스템의 차이점을 확인해 보자. 제어기의 자세한 설계는 이 책의 범위를 벗어나므로 생략한다.

3.A.2 제어기가 포함된 Buck 컨버터의 동작

그림 A3.1의 회로에 제어기를 추가한 후 컨버터를 시뮬레이션해 보자. 다음의 순서에 의하여 제어기를 추가한다.

(1) 그림 A3.1에서 Constant 심볼과 Sawtooth PWM 심볼의 연결을 끊고, Constant 심볼을 더블 클릭하여 Block Parameters 창이 열리면, Value값을 15[46]로 변경하고, OK 버튼을 누른다.

(2) Library Browser 창에서 [Control] ⇨ [Math] 탭을 선택한 후, 나열된 소자 가운데 [Sum(round)]로 표시된 심볼을 그림 A3.5와 같이 선택한다. 그리고 Schematic 창으로 드래그&드롭하고, Sum(roind)의 심볼을 더블 클릭하여 A3.5와 같이 List of signs or number of inputs를 '|+-'으로 변경하고 OK 버튼을 누른다.(| 는 Shift +W로 입력한다.)

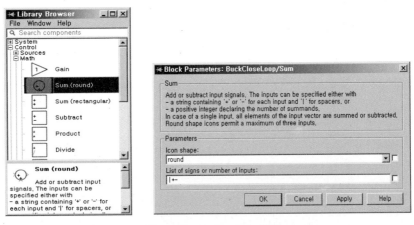

그림 A3.5 Sum(round) 입력

(3) 그림 A3.6과 같이 Sum의 +입력은 Constant와 연결하고, −입력은 Vm과 연결[47]한다.

---
46) 출력전압을 15 V로 제어하기 위하여 기준전압을 설정한다.

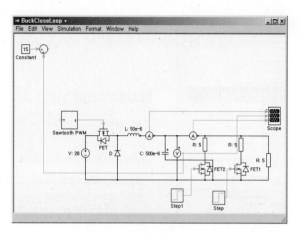

그림 A3.6

(4) Library Browser 창에서 [Control] ⇨ [Math] 탭을 선택한 후, 나열된 소자 가운데 [Gain]로 표시된 심볼을 그림 A3.7과 같이 선택한다. 그리고 Schematic 창으로 드래그&드롭하고, Gain의 심볼을 더블 클릭하여 그림 A3.7과 같이 Gain을 5로 변경[48]하고, Multiplication을 Element-wise (K. *u)를 선택하고 OK 버튼을 누른다.

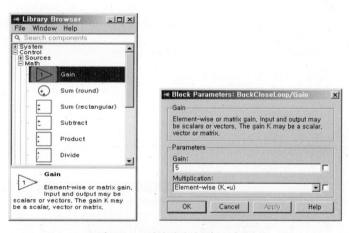

그림 A3.7 전압제어기 P(Gain) 설정

(5) Library Browser 창에서 [Control] ⇨ [Discontineous] 탭을 선택한 후, 나열된 소자 가운데 [Saturation]로 표시된 심볼을 그림 A.3.8과 같이 선택한다. 그리고 Schematic 창으로 드래그&드롭하고, Saturation의 심볼을 더블 클릭하여 그림 A3.8과 같이 Parameters를 변경[49]하고 OK 버튼을 누른다.

47) 기준전압과 제어하려는 출력전압의 차이(error)를 구하기 위함이다.
48) 전압제어기의 P(Propotional gain) 게인을 설정

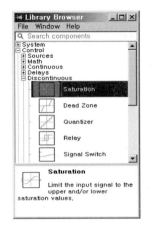
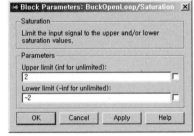

그림 A3.8 Saturation 설정

(6) 유사한 방법으로, Library Browser 창에서 [Control] ⇨ [Math] 탭을 선택한 후, 나열된 소자 가운데 [Sum(round)]를 선택한다. 그리고 Schematic 창으로 드래그&드롭하고, Sum(round)의 심볼을 더블 클릭하여 List of signs or number of inputs를 '|++'으로 변경하고 OK 버튼을 누른다. (|는 Shift+W로 입력한다.)

(7) Library Browser 창에서 [Control] ⇨ [Continuous] 탭을 선택한 후, 나열된 소자 가운데 [Integrator]를 선택한다. 그리고 Schematic 창으로 드래그&드롭하고, Integrator의 심볼을 더블 클릭하여 Parameters의 값을 그림 A3.9와 같이 변경하고 OK 버튼을 누른다.

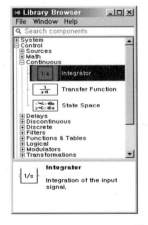
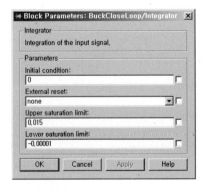

그림 A3.9 Integrator

49) P(Gain)으로 인한 error의 최대값과 최소값 제한

(8) 유사한 방법으로, Library Browser 창에서 [Control] ⇨ [Math] 탭을 선택한 후, 나열된 소자 가운데 [Gain]로 표시된 심볼을 선택한다. 그리고 Schematic 창으로 드래그&드롭하고, Gain의 심볼을 더블 클릭하여 Gain을 10000으로 변경[50]하고, Multiplication을 Element−wise (K. *u)를 선택하고 ▭OK▭ 버튼을 누른다.

(9) Library Browser 창에서 [Control] ⇨ [Discontineous] 탭을 선택한 후, 나열된 소자 가운데 [Saturation]로 표시된 심볼을 선택한다. 그리고 Schematic 창으로 드래그&드롭하고, Saturation의 심볼을 더블 클릭하여 그림 A3.10과 같이 Parameters를 변경하고 ▭OK▭ 버튼을 누른다.

(10) (4)~(9)까지 Schematic 창에 소자들을 추가하고 연결하면 그림 A3.11과 같다.

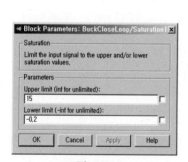

그림 A3.10

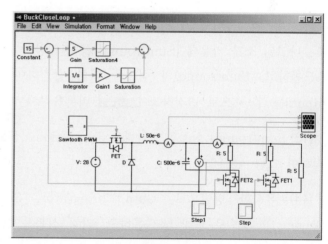

그림 A3.11

(11) 유사한 방법으로, Library Browser 창에서 [Control] ⇨ [Discontineous] 탭을 선택한 후, 나열된 소자 가운데 [Saturation]로 표시된 심볼을 선택한다. 그리고 Schematic 창으로 드래그&드롭하고, Saturation의 심볼을 더블 클릭하여 그림 A3.11과 같이 Parameters를 변경[51]하고 ▭OK▭ 버튼을 누른다.

---

50) 전압제어기의 I(integrator gain)을 설정
51) I(Integral) 적분값의 범위 제한

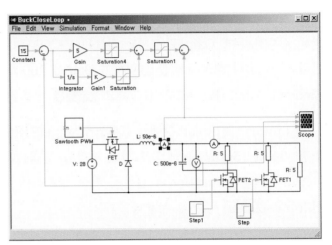

그림 A3.11   **그림 A3.12** 전압제어기 루프 완성

(12) 유사한 방법으로, Library Browser 창에서 [Control] ⇨ [Math] 탭을 선택한 후, 나열된 소자 가운데 [Sum(round)]를 선택한다. 그리고 Schematic 창으로 드래그 &드롭하고, Sum(round)의 심볼을 더블 클릭하여 List of signs or number of inputs를 '|+−'으로 변경하고 [OK] 버튼을 누른다. (|는 [Shift]+₩로 입력한다.)

(13) Sum(round) 심볼의 +입력은 Saturation1 심볼과 연결하고, −입력은 Am과 연결하면 그림 A3.12와 같다.

(14) 유사한 방법으로, Gain, Integrator, Saturation, Sum(round) 심볼을 Schematic 창으로 드래그&드롭하고, 각각 심볼을 그림 A3.13과 같이 더블 클릭하여 Parameters를 변경[52]하고, [OK] 버튼을 누른다.

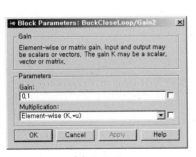

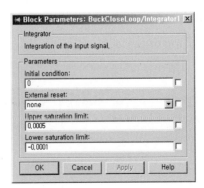

(a) Gain2   (b) Integrator1

---

52) 전압제어기와 같은 방법으로 PI 이득 등을 설정한다.

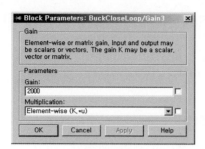

(c) Gain3

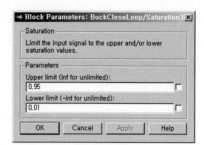

(b) Saturation3

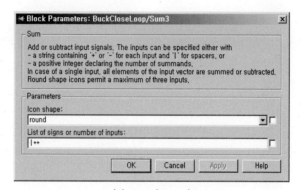

(e) Sum(round)

그림 A3.13 전류제어기를 위한 Parameters 변경

(15) 각각 심볼을 그림 A3.14와 같이 연결한다.

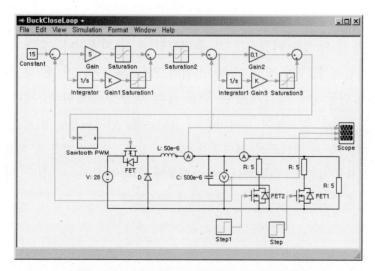

그림 A3.14 제어기를 포함한 Buck 컨버터 완성

(16) Schematic 창의 [Simulation] ➪ [Start]을 선택(또는 단축키 [Ctrl]+[T])한 후, 시뮬레이션이 종료되면 그림 A3.14에서 Scope 심볼을 더블 클릭한다. 이후 Scope parameters을 설정하면 그림 A3.15의 Scope를 볼 수 있다.

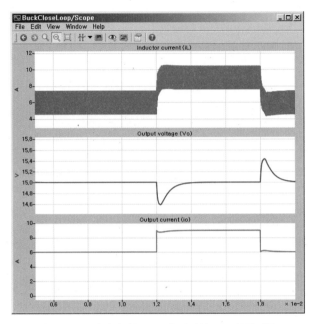

그림 A3.15 인덕터전류 i_L, 출력전압 v_o, 출력전류 i_o

그림 A3.15은 부하가 FET1, FET2를 온·오프하여 부하전류 i_o가 6 A → 9 A → 6 A 의 순으로 변동할 때 인덕터전류 i_L과 출력전압 v_o의 파형이다. 출력전압 v_o는 정상상태에서 기준전압인 15 V가 된다. 부하 스위치 FET1과 FET2가 온·오프하면, 출력전류 i_o가 급격하게 변동하며, i_o의 변동은 전압 v_o의 변동을 유발한다. 제어기는 변동된 출력전압과 기준전압을 비교하여 듀티비를 조절하는데, 인덕터전류의 평균은 공진현상 없이 대략 출력전류를 추종하도록 제어됨을 알 수 있다. 출력전압은 부하전류가 변화되는 순간에는 ±0.4 V 정도로 변동하나, 제어회로에 의하여 2 msec 정도 지나면 정상상태로 복귀한다. 또한 공진현상은 제어기에 의해 제거된다.

3.1 24 ~ 32 V의 범위로 변동하는 리튬이온(Li-Ion) 배터리를 입력(V_B)으로 하고 부하는 15 V의 일정한 전압이 필요한 90 W급의 LED 조명시스템을 Buck 컨버터로 설계하였다. 인덕턴스 L은 100 μH, 커패시턴스 C는 470 μF이다. 컨버터의 스위칭주파수 f_s가 100 kHz일 때 다음을 구하라.

   (a) V_B가 24 V일 때 듀티비 D, 인덕터전류의 평균전류 I_L, 인덕터전류의 변동폭 Δi_L, 출력전압 변동폭 Δv_o

   (b) V_B가 24 V일 때 MOSFET의 평균전류 I_s, 다이오드 평균전류 I_D

   (c) V_B가 28 V일 때 듀티비 D, 인덕터전류의 평균전류 I_L, 인덕터전류의 변동폭 Δi_L, 출력전압 변동폭 Δv_o

   (d) V_B가 28 V일 때 MOSFET의 평균전류 I_s, 다이오드 평균전류 I_D

3.2 문제 3.1를 시뮬레이션한 후 다음과 같이 결과를 확인하라.

   (a) 문제 1 (a)에서 구한 듀티비 D로 동작하는 컨버터에 대하여, 문제 3.1 (a), (b)의 결과를 확인하라.

   (b) 문제 1 (c)에서 구한 듀티비 D로 동작하는 컨버터에 대하여, 문제 3.1 (c), (d)의 결과를 확인하라.

3.3 220 V, 60 Hz의 상용전압을 다이오드 전파정류하여 얻은 전압이 260 ~ 310 V로 변동한다. Boost 컨버터는 이 전원을 입력으로 사용하여 출력전압을 400 V로 일정하게 제어한다. 출력전력이 4 kW일 때 다음을 구하라. Boost 컨버터의 인덕턴스 L은 200 μH, 커패시턴스 C는 4,000 μF이고 컨버터의 스위칭주파수는 50 kHz이다.

   (a) 듀티비의 범위 D

   (b) 최대 듀티비에서 인덕터의 평균전류 I_L

   (c) 최대 듀티비에서 인덕터전류의 변동값 Δi_L

   (d) 최대 듀티비에서 인덕터전류의 최대전류 I_{max}, 최소전류 I_{min}

   (e) 최대 듀티비에서 MOSFET S의 평균전류 I_s

   (f) 최대 듀티비에서 다이오드 D의 평균전류 I_D

   (g) 최대 듀티비에서 출력전압의 변동값 Δv_o

   (h) 최소 듀티비에서 인덕터의 평균전류 I_L

   (i) 최소 듀티비에서 인덕터전류의 변동값 Δi_L

(j) 최소 듀티비에서 인덕터전류의 최대전류 $I_{\max}$, 최소전류 $I_{\min}$

(k) 최소 듀티비에서 MOSFET S의 평균전류 I_s

(l) 최소 듀티비에서 다이오드 D의 평균전류 I_D

(m) 최소 듀티비에서 출력전압의 변동값 Δv_o

3.4 문제 3.3를 시뮬레이션한 후 다음의 결과를 확인하라.

(a) 문제 3.3에서 구한 최대 듀티비로 컨버터를 동작시켜 문제 3.3 (b)~(g)의 결과를 확인하라.

(b) 문제 3.3에서 구한 최소 듀티비로 컨버터를 동작시켜 문제 3.3(h)~(m)의 결과를 확인하라.

3.5 24 V의 직류전원을 입력으로 하여 15 V, 5 A의 제어전원을 설계하였다. 설계된 컨버터는 Flyback 컨버터이다. 이때, 변압기의 권선비 n은 1, 자화 인덕터 L_M의 인덕턴스는 200 μH, 출력 커패시터는 470 μF이다. 컨버터의 스위칭주파수가 100 kHz로 동작할 때 다음 물음에 답하라.

(a) 컨버터의 동작 듀티비 D

(b) 자화 인덕터의 평균전류 I_M

(c) MOSFET S의 평균전류 I_s

(d) 다이오드 D의 평균전류 I_D

(e) 자화 인덕터의 최대전류 $I_{\max}$ 와 최소전류 $I_{\min}$

(f) 출력전압의 변동값 Δv_o

3.6 문제 3.5 (a)에서 구한 듀티비로 문제 3.5의 컨버터를 시뮬레이션하여 (b)~(f)의 결과를 확인하라.

HVDC VALVE(출처:SIEMENS)

4 교류를 가변직류로 변환하기

 지하철 전차선 전원과 정류기와의 관계는?

2장에서 일정한 교류전압을 일정한 크기의 직류로 변환하기 위하여 다이오드 정류기를 사용하는 경우를 살펴본 바 있다. 그런데 실제로는 상용 교류전압의 크기는 일정하지 않고 시시각각 변하는데, 일반적으로 정격전압의 ±10 % 범위로 변한다. 그러면 다이오드 정류기 출력전압도 덩달아 변할 수밖에 없다. 이렇게 되면 일정한 크기의 직류를 원하는 부하의 경우는 문제가 된다. 전압이 너무 커지면 부하가 손상될 우려도 있고 반대로 너무 작아지면 성능이 제대로 안 나올 수 있기 때문이다. 이럴 때에는 교류전압의 크기가 변하더라도 직류전압의 크기는 일정하도록 해주는 장치가 필요한데 본 장에서는 이러한 장치에 대해 알아보고자 한다. 이 장의 제목에서 가변직류란 말 그대로 직류전압의 크기를 변하게 할 수 있는 것인데, 이를 뒤집어 생각하면 교류전압의 크기가 변하더라도 직류전압의 크기는 일정하게 할 수 있다는 것과 동일한 말이다. 그럼 우리 주위 곳곳에 사용되고 있는 전기장치들 중에서 가장 쉽게 볼 수 있는 **지하철 전동차용 전차선** 부터 살펴보기로 하자.

 지하철 전차선 전압은 몇 V일까?

우리나라에서 운행 중인 지하철 **전동차에 전기를 공급하기 위한 급전시스템은 교류 25 kV와 직류 1.5 kV로 나뉜다.** 표 4.1.1은 수도권 전철의 운행구간별 전차선 급전전압을 나타낸 것이다.

표 4.1.1의 1호선에서 알 수 있듯이 지하구간에는 직류 1.5 kV, 지상구간에는 교류 25 kV가 공급된다. 교류 25 kV의 경우 전압이 높아서 동일한 부하전력의 경우 직류 1.5 kV보다 전류가 상당히 작기 때문에 전차선 선로의 전압강하가 작아지므로 장거리 선로에 주로 채택된다. 이와 같은 교류시스템은 표 4.1.1과 같이 지하철 전동차용 선로에 일부 채택되어 있고 고속전철용 선로에는 100 % 적용되고 있다. 반면 직류 1.5 kV는 상대적으로 전압이 낮아서 전차선로의 절연이 쉽기 때문에, 특히 터널에서 절연거리를 짧게 할 수 있어서 건설비용을 절감할 수 있는 큰 장점이 있다. 아울러 통신선로에 유도장해가 작다는 이점도 있다.

표 4.1.1 수도권 전철의 운행구간별 급전전압

노 선	구 간	급전전압
1호선	서울역 ↔ 청량리	1.5 kVDC
	소요산 ↔ 회기, 남영 ↔ 천안, 인천	25 kVAC
2호선	전 구간	1.5 kVDC
3호선	전 구간	1.5 kVDC
4호선	당고개 ↔ 남태령	1.5 kVDC
	선바위 ↔ 오이도	25 kVAC
5호선	전 구간	1.5 kVDC
6호선	전 구간	1.5 kVDC
7호선	전 구간	1.5 kVDC
8호선	전 구간	1.5 kVDC
9호선	신논현↔개화	25 kVAC

통상 AC 25 kV 공급용 변전소는 30~40 km마다 설치되나 직류 1.5 kV용 변전소는 3~10 km마다 설치된다. 그림 4.1.1은 전동차를 위한 직류 급전시스템을 보이고 있다.

그림 4.1.1에서 알 수 있듯이 **직류 1.5 kV를 얻기 위하여 일차적으로 3상 22.9 kV를 3상 1.2 kV로 강압하는 변압기와 강압된 교류전압을 직류로 변환하기 위한 정류기가 사용된다.** 여기서 정류기는 다이오드를 사용한 12-펄스 정류기와 SCR 사이리스터를 사용한 12-펄스 위상제어 정류기의 두 가지가 사용되고 있다. 정류기 출력의 플러스(+)측은 전차선으로, 마이너스(−)측은 레일로 연결된다. 표 4.1.2는 우리나라 전철의 직류급전용 정류기방식을 나타낸다.

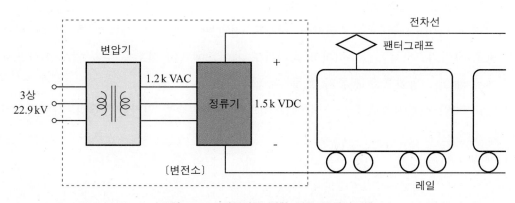

그림 4.1.1 전동차를 위한 직류 급전시스템

표 4.1.2 우리나라 전철의 직류급전용 정류기방식

지하철	정류기방식
수도권	12-펄스 다이오드 정류기
부 산	12-펄스 SCR 위상제어 정류기
대 구	12-펄스 다이오드 정류기
대 전	12-펄스 다이오드 정류기

그림 4.1.1에서 다이오드 정류기를 사용한 경우 교류 입력전압 22.9 kV의 크기는 통상 ±10 % 범위에서 변동하며, 직류 출력전압의 크기도 전동차의 운행상태(역행, 주행, 제동)에 따라 가변하여 1,000 V~1,900 V의 상당히 넓은 변동범위를 갖는다. 그러나 SCR 위상제어 정류기를 사용한 경우는 직류 출력전압을 1,500 V 정도로 일정하게 제어 가능하다.

SCR 위상제어 정류기는 어떻게 출력전압을 일정하게 할 수 있을까? 이것을 이해하려면 우선 SCR 사이리스터의 성질을 알아야 한다.

4.1.1 SCR 사이리스터 알아보기

SCR 사이리스터(Silicon-Controlled Rectifier thyristor)의 기호는 그림 4.1.2와 같으며, A, K, G는 각각 애노드(Anode), 캐소드(Cathode), 게이트(Gate)를 의미한다. SCR 사이리스터의 특징을 간단히 정리하면 다음과 같다.

(1) 다이오드의 전류가 애노드에서 캐소드 방향으로 흐르듯이 SCR 사이리스터도 전류가 흐르는 방향은 다이오드와 동일하다.

(2) 그러나 다이오드는 애노드전압이 캐소드 전압보다 높으면 전류가 흐르는데 반해 SCR 사이리스터는 $v_{AK} > 0$이라 하더라도 게이트에 턴온신호를 주지 않으면 애노드에서 캐소드 방향으로 전류가 흐를 수 없다.

(3) $v_{AK} > 0$인 조건에서 원하는 시점에 게이트에 전류펄스를 인가하면 SCR 사이리스터는 턴온된다.

(4) SCR 사이리스터는 일단 턴온되고 나면 다이오드와 유사하게 동작한다.

(5) SCR 사이리스터의 턴오프는 게이트신호로 할 수는 없고 다이오드와 마찬가지로 회로 상에서 $i_A < 0$이 되려 할 때 자동으로 턴오프된다. 이때 $v_{AK} < 0$이면 턴오프 상태를 유지한다.

(6) 제어기에서 발생된 게이트신호는 게이트 드라이버에서 SCR 사이리스터를 턴온하기에 적당한 전류펄스로 가공되어 SCR 사이리스터의 게이트로 들어가서 캐소드로 나온다.

(7) 게이트 드라이버는 일종의 전류증폭기라고 보면 된다.

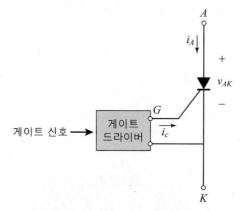

그림 4.1.2 SCR 사이리스터 기호와 게이트 드라이버

SCR 사이리스터의 종류를 용량별로 살펴보면 수십 V~수 A급부터 12,000 V~6,000 A급에 이르기까지 상당히 다양하다. 소용량은 주로 릴레이와 램프구동, 소형 전동기 제어, 전력회로의 검출회로 등에 사용되고 중용량은 산업용 직류전동기 제어, 전기도금설비, 배터리충전기, 유도가열로 등에 사용된다. 특히 대용량 사이리스터는 HVDC(High Voltage Direct Current)용 컨버터, 핵융합 발전시스템용 대형 전력변환기 등에 사용된다. 그림 4.1.3은 용량별로 SCR 사이리스터를 구분하여 대표적인 외형도를 나타낸 것이다.

MARKING DIAGRAM

TO-92
CASE 29
STYLE 10

1 2 3

2N
50xx
YWW

50xx	Specific Device Code
Y	= Year
WW	= Work Week

PIN ASSIGNMENT	
1	Cathode
2	Gate
3	Anode

정격전압 : 30 V, 정격전류 : 0.8 A

Case 직경 : 5.2 mm

(출처 : ON Semiconductor)

(a) 소용량 SCR 사이리스터

정격전압 : 1600 V, 정격전류 : 105 A

가로×세로×높이= 92×21×35 [mm]

(출처 : IR)

(b) 중용량 SCR 사이리스터

정격전압 : 12,000 V, 정격전류 : 1,500 A

직경 : 165 mm, 높이 : 35 mm

(출처 : ABB)

(c) 대용량 SCR 사이리스터

그림 4.1.3 용량별 SCR 사이리스터의 외형도

4.1.2 SCR 사이리스터 적용해 보기

그림 4.1.4를 통하여 SCR 사이리스터가 회로 상에서 어떻게 동작하는지 살펴보자. 교류 입력전압 v_s를

$$v_s = \sqrt{2}\, V \sin \omega t \tag{4.1.1}$$

라 두고 SCR 사이리스터 터미널 양단 전압을 v_T, 출력전압을 v_o 라 두자. 이때 v_T는 그림 4.1.2의 v_{AK}와 같다. 교류 입력전압이 양(+)이 되든 음(−)이 되든 SCR 사이리스터의 게이트에 턴온신호를 주지 않으면 SCR 사이리스터는 항상 오프상태를 유지하여 v_o와 i_o는 0이다. 게이트에 신호를 주더라도 그림 4.1.4 (b)에서 알 수 있듯이 교류 입력전압이 음(−)인 $\pi \leq \omega t < 2\pi$ 구간에서는 $v_T < 0$이므로 SCR 사이리스터는 도저히 켜질 수가 없다. 교류 입력전압이 양(+)인 $0 \leq \omega t < \pi$ 구간에서는 $v_T > 0$이므로 켜질 수가 있는데 게이트에 전류펄스를 $\omega t = \alpha$인 시점에서 인가했다고 가정하면 $0 \leq \omega t < \alpha$ 구간에서는 SCR 사이리스터가 오프상태를 유지하고 있다가 $\omega t = \alpha$인 시점에서 턴온되어 $\alpha \leq \omega t < \pi$ 구간에서 $v_T = 0$, $v_o = v_s$가 된다. ωt가 π를 지나면 $v_s < 0$이 되므로 v_T도 음(−)이 되어 SCR 사이리스터는 자연히 턴오프된다.

출력전압 v_o의 파형을 보면 음(−)의 값은 없고 양(+)의 값만 있으므로 직류임을 알 수 있다. 따라서 교류를 직류로 변환하므로 **정류기**라 부르며 v_s의 양(+)인 부분만 출력으로 나타나고 음(−)인 부분은 나타나지 않으므로 **반파정류기**라 한다. 여기서 α의 범위는 $0 \leq \omega t < \pi$이므로 α가 π에 접근할수록 출력전압이 조금밖에 나타나지 않고 반대로 0으로 접근할수록 출력전압이 많이 나타난다.

즉, α의 값을 가변하여 직류측 출력전압의 평균값을 제어할 수 있다. 이와 같이 SCR의 턴온 시점을 교류입력전원전압의 위상에 대하여 임의로 가변하여 교류전력을 가변직류전력으로 변환하는 전력변환기를 정류기 중에서도 **위상제어 정류기**(phase controlled rectifier)라 한다. 한편 그림 4.1.4 (b)에서 SCR은 $\omega t = 0$인 시점을 기준으로 α 만큼 지연되어 턴온되므로 α를 **지연각**(delay angle)[53]이라 한다.

---

[53] SCR을 턴온하는 것은 firing 이라 하므로 firing angle 또는 turn-on angle이라고도 하고 또는 점호각이라고도 함.

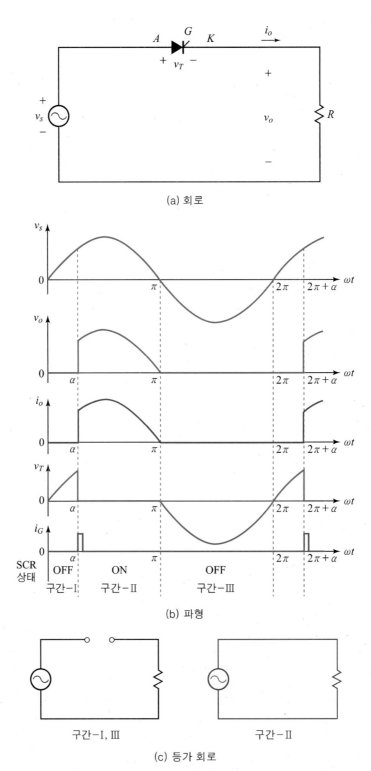

(a) 회로

(b) 파형

구간-I, Ⅲ   구간-Ⅱ

(c) 등가 회로

그림 4.1.4 단상 반파 위상제어 정류회로와 파형

α의 변화에 따른 출력전압의 평균값을 수식으로 나타내면 다음과 같다. 그림 4.1.4 (b)의 v_o 파형을 보면 $\alpha \leq \omega t < \pi$ 구간에서만 v_s와 동일하므로 v_o의 평균값 $\langle v_o \rangle$는

$$\langle v_o \rangle = \frac{1}{2\pi} \int_0^{2\pi} v_o \, d(\omega t)$$

$$= \frac{1}{2\pi} \int_\alpha^\pi \sqrt{2} \, V \sin \omega t \, d(\omega t) \qquad (4.1.2)$$

$$= \frac{\sqrt{2} \, V}{2\pi} (1 + \cos \alpha)$$

이다. 식 (4.1.2)에서 $\alpha = \pi$이면 $\langle v_o \rangle = 0$ 임을 알 수 있고 그림 4.1.4 (b)의 α를 π로 옮겨보면 v_o 파형이 항상 0이 되어 동일한 결과임을 알 수 있다.

부하저항 R에 흐르는 전류 i_o의 평균값 $\langle i_o \rangle$는 식 (4.1.2)로부터

$$\langle i_o \rangle = \frac{\langle v_o \rangle}{R} = \frac{\sqrt{2} \, V}{2\pi R} (1 + \cos \alpha) \qquad (4.1.3)$$

이며 출력전류의 실효값 I_o는 다음과 같다.

$$I_o = \sqrt{\frac{1}{2\pi} \int_0^{2\pi} i_o^2 \, d(\omega t)}$$

$$= \sqrt{\frac{1}{2\pi} \int_\alpha^\pi \left(\frac{\sqrt{2} \, V \sin \omega t}{R} \right)^2 d(\omega t)} \qquad (4.1.4)$$

$$= \frac{\sqrt{2} \, V}{2R} \sqrt{1 - \frac{\alpha}{\pi} + \frac{\sin 2\alpha}{2\pi}}$$

위상제어 정류기는 직류 출력전압의 평균값을 조절할 수 있으므로 가변직류전원을 필요로 하는 시스템에 널리 사용되며 **직류전동기의 속도제어장치, 전기도금장치, 배터리 충전장치, 고압직류 송전시스템** 등 그 적용범위가 매우 넓다.

4.2 단상교류를 가변직류로 변환하기

4.2.1 저항부하인 경우

단상전파 위상제어 정류회로를 그림 4.2.1 (a)에 나타내었는데 단상제어 위상제어 정류회로는 4개의 SCR 사이리스터($T_1 \sim T_4$)로 구성됨을 알 수 있다. 그림 4.2.1 (b)의 $i_{G1} \sim i_{G4}$는 각각 SCR $T_1 \sim T_4$의 게이트 펄스 전류를 나타낸다. 2장의 그림 2.1.1과 다른 점은 다이오드 ($D_1 \sim D_4$) 대신 SCR 사이리스터를 사용했다는 것과 출력이 특정구간($0 \leq \omega t < \alpha$, $\pi \leq \omega t < \pi + \alpha \cdots$)에서는 나타나지 않는다는 것이다. 왜 이렇게 동작하는지 원리를 살펴보자.

[1] 구간 – Ⅰ ($0 \leq \omega t < \alpha$)

v_s가 양(+)이므로 T_1과 T_4에는 순방향으로, T_2와 T_3에는 역방향으로 전압이 인가된다. 그러나 SCR 사이리스터에 게이트신호가 인가되지 않았기 때문에 4개의 $T_1 \sim T_4$는 모두 오프상태에 있다.

[2] 구간 – Ⅱ ($\alpha \leq \omega t < \pi$)

$\omega t = \alpha$인 시점에서 순방향으로 전압이 인가되고 있던 T_1과 T_4의 게이트에 각각 i_{G1}과 i_{G4}의 게이트신호를 주면 T_1과 T_4는 즉시 턴온되어 전류는 $v_s \rightarrow T_1 \rightarrow R \rightarrow T_4 \rightarrow v_s$의 경로를 따라 흐르게 되며 출력전압 v_o는 입력전압과 같아진다. 또한 입력측에서 공급하는 전력 P_i는 $v_s i_s$이고 출력전력 P_o는 $v_o i_o$인데 그 크기가 동일함을 알 수 있다.

[3] 구간 – Ⅲ ($\pi \leq \omega t < \pi + \alpha$)

$\omega t = \pi$인 시점에서 입력전압 v_s가 0이므로 출력전류도 0이다. 출력전류가 0이므로 T_1과 T_4의 전류도 0이 되는데, ωt가 π를 통과하자마자 v_s는 양(+)에서 음(−)으로 바뀌므로 T_1과 T_4에는 역방향으로 전압이 인가되기 시작하여 T_1과 T_4는 턴오프된다. 따라서 $T_1 \sim T_4$ 모두 턴오프상태가 되어 더 이상 전류흐름은 없다. 구간 – Ⅰ과는 달리 이제 v_s가 음(−)이므로 T_2와 T_3에 순방향으로 v_s의 전압이 인가된다.

[4] 구간 - Ⅳ ($\pi + \alpha \leq \omega t < 2\pi$)

$\omega t = \pi + \alpha$인 시점에서 T_2와 T_3에 각각 i_{G2}와 i_{G3}의 게이트신호를 주면 T_2와 T_3는 즉시 턴온되어 전류는 $v_s \rightarrow T_2 \rightarrow R \rightarrow T_3 \rightarrow v_s$의 경로를 따라 흐른다. 직류 출력전류 i_o는 화살표방향과 동일하여 양(+)이고 교류 입력전류 i_s는 화살표방향과 반대이므로 음(−)이다. 이 구간에서는 v_s가 음(−)이지만 출력전압 v_o는 양(+)이 된다는 점을 기억하기 바란다. 또한 v_s와 i_s가 모두 음(−)이므로 입력측에서 공급하는 전력 P_i는 양(+)이며 그 크기는 출력 전력 P_o와 동일하다. 따라서 그림 4.1.4의 반파정류회로와 달리 교류 전원전압이 음(−)인 경우에도 직류출력에 양(+)의 전압이 나타나므로 **전파 정류회로**라 한다.

출력전압파형이 v_s의 음(−)인 구간에서도 나타나므로 출력전압의 평균값 $\langle v_o \rangle$는 다음의 식과 같이 식 (4.1.2)의 단상 반파 위상제어 정류기 출력전압 평균값의 2배가 된다.

$$\langle v_o \rangle = \frac{\sqrt{2}\,V}{\pi}(1 + \cos \alpha) \tag{4.1.5}$$

예제 4.2.1

그림 4.2.1 (a)와 같은 단상전파 위상제어 정류회로에서 전원전압 v_s는 220 V, 60 Hz이고 부하저항 R은 10 Ω이다. SCR의 지연각 α가 30°일 때 다음을 구하라.
(a) 출력전압 최대값
(b) 출력전류 최대값
(c) 출력전압 평균값
(d) 출력전류 평균값
(e) 출력전류 실효값
(f) 부하저항에 공급되는 전력

[풀이]

(a) 출력전압 v_s의 최대값은 지연각 α가 90°보다 작으므로 전원전압 v_s의 최대값과 같다. 따라서,

$$\sqrt{2}\,V = 220\sqrt{2} = 311.13 \text{ V}$$

(b) 출력전류 i_o의 최대값은

$$\frac{\sqrt{2}\,V}{R} = \frac{220\sqrt{2}}{10} = 31.1 \text{ A}$$

(c) 출력전압 v_o의 평균값 $\langle v_o \rangle$는 식 (4.1.2)에 따라

$$\langle v_o \rangle = \frac{\sqrt{2}\,V}{\pi}(1 + \cos\alpha) = \frac{220\sqrt{2}}{\pi}(1 + \cos 30°) = 184.8\ \text{V}$$

(d) 출력전류 i_o의 평균값 $\langle i_o \rangle$는

$$\langle i_o \rangle = \frac{\langle v_o \rangle}{R} = \frac{184.8}{10} = 18.48\ \text{A}$$

(e) 출력전류의 실효값 I_o는 식 (4.1.4)의 단상반파 위상제어 정류기 출력전류 실효값의 $\sqrt{2}$ 배 이므로

$$I_o = \frac{V}{R}\sqrt{1 - \frac{\alpha}{\pi} + \frac{\sin 2\alpha}{2\pi}}$$

$$= \frac{220}{10}\sqrt{1 - \frac{\pi/6}{\pi} + \frac{\sin(\pi/3)}{2\pi}} = 21.68\ \text{A}$$

(f) 부하저항 R에 공급되는 전력 P_o는

$$P_o = I_o^2 \times R = 21.68^2 \times 10 = 4700\ \text{W}$$

이 값은 그림 4.2.1 (b)의 순시전력 p_o의 평균값과 동일하다.

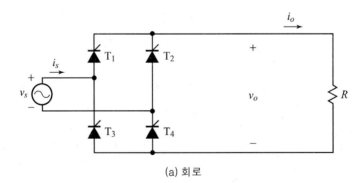

(a) 회로

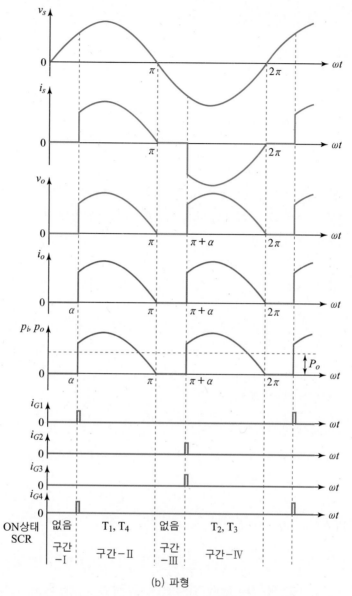

(b) 파형

그림 4.2.1 단상전파 위상제어 정류회로 (저항부하)

4.2.2 $R-L$ 유도성 부하인 경우

위상제어 정류기의 부하가 인덕턴스 성분을 포함하게 되면 동작이 조금 복잡해진다. 부하에 포함된 인덕턴스 L의 크기에 따라 출력전류가 연속이 되기도 하고 불연속이 되기도 한다. 인덕턴스 성분을 포함하는 직류부하로는 **직류릴레이, 전자석, 직류전동기** 등을 들 수 있다.

그림 4.2.2 (a)는 그림 4.2.1 (a)의 단상전파 위상제어 정류회로에서 순수저항부하 R을 $R-L$ 유도성 부하로 대체한 경우의 회로도를 나타낸다. 그림 4.2.2 (b)는 위상제어 정류기가 $t=0$부터 동작하기 시작한 이후의 각 부분의 전압과 전류파형을 나타낸다. 각 구간별 동작을 살펴보기로 하자.

[1] 구간 – Ⅰ ($0 \leq \omega t < \alpha$)

4개의 $T_1 \sim T_4$ 모두 오프되어 있는 상태이므로 출력전압과 전류는 0이다. v_s가 양(+)이므로 T_1과 T_4에 순방향 전압이 인가되고 있다.

[2] 구간 – Ⅱ ($\alpha \leq \omega t < \pi$)

ωt가 α인 지점에서 T_1과 T_4에 게이트신호 i_{G1}과 i_{G4}를 주면 T_1과 T_4는 바로 턴온되어 전류는 $v_s \to T_1 \to R \to L \to T_4 \to v_s$의 경로를 따라 흐르기 시작하는데 L성분 때문에 전류의 증가가 완만하게 이루어진다.

[3] 구간 – Ⅲ ($\pi \leq \omega t < \pi + \alpha$)

ωt가 π를 통과하면서 v_s의 극성이 양(+)에서 음(−)으로 바뀌면 T_1과 T_4에는 역방향으로, T_2와 T_3에는 순방향으로 v_s가 인가된다. 그러면 T_1과 T_4는 턴오프 되어야 할 것 같은데 오프되지 않고 계속 전류가 흐른다. 왜 그럴까? 이유는 부하에 L 성분이 포함되어 있기 때문이다. **L의 전류는 급격하게 변하지 않으므로** $\omega t = \pi$에서의 전류 $i_o(\pi)$가 시간이 지남에 따라 서서히 감소하는데, 감소하는 이유는 $R-L$ 부하에 인가되는 전압 v_o가 음(−)이기 때문이다. v_o가 음(−)인 이유는 T_1과 T_4가 계속 켜져 있으므로 음(−)의 전압 v_c가 그대로 출력되기 때문이다.

정류기 출력전압이 음(−)이라니? 그렇다. 부하에 L 성분이 있는 경우는 이와 같이 출력전압이 음(−)이 되는 구간이 발생한다. 그렇다면 구간 – Ⅱ에서는 양(+)이고 구간 – Ⅲ에서는 음(−)이니 정류기 출력은 직류가 아니고 교류 아닌가? 출력전압은 교류인데 출력전류 i_o 파형을 보면 직류임을 알 수 있다. 전압은 교류이고 전류는 직류다? 이제 그 의미를 자세히 살펴보기로 하자.

그림 4.2.2 (b)의 입출력 전력 P_i와 P_o를 보면 앞의 구간 − Ⅱ에서는 전압과 전류가 모두 양(+)이므로 전력 또한 양(+)이다. 그런데 구간 − Ⅲ에서는 전압은 음(−)이고 전류는 양(+)이므로 전력이 음(−)이 된다. 전력이 음(−)이라는 것은 도대체 무엇을 의미하는가? 음(−)의 전력을 따져보기 전에 먼저 구간 − Ⅱ에 나타나는 양(+)의 전력을 살펴보자.

구간 − Ⅱ에서 v_s와 i_s가 모두 양(+)이라는 것은 교류전압원 v_s의 (+)측에서 전류 i_s가 화살표방향으로 흘러 나가는 것을 의미한다. 즉, 전원측에서 부하측으로 전력을 공급한다는 것이다. 전력은 $v_s i_s$이고 이 값이 양(+)이므로 전력이 양(+)이라는 것은 전력을 공급한다는 것을 의미한다. 부하측에서 보면 어떤가? $R−L$ 부하에 걸리는 전압 v_o의 (+)측으로 전류 i_o가 흘러 들어가고 있으므로 전력을 공급받고 있는 것이다. 이때에도 전력은 $v_o i_o$이며 $v_s i_s$와 동일하고 양(+)의 값을 갖는다. 정리하면, 양(+)의 전력이란 전원측에서는 전력을 공급하는 것을, 부하측에서는 전력을 받아들이는 것을 의미한다.

이제 다시 돌아와서 음(−)의 전력의 의미를 알아보자. 구간 − Ⅲ에서 교류전원측을 보면 전원전류 i_s는 화살표방향으로 흐르는데 전원전압 v_s의 극성이 바뀌어 음(−)으로 되어 있으므로 전류 i_s가 전압원 방향으로 흘러 들어가는 꼴이 되어 전력을 공급받고 있는 상황이다. 부하측에서 보면 v_o의 (+)측에서[54] i_o가 흘러 나가는 꼴이 되어 전력을 공급하는 상황이 된다. 부하가 전력을 공급하다니! 당연히 있을 수 있다. L이 포함된 부하는 $\frac{1}{2}Li^2$의 에너지를 저장하고 있으니 이 에너지로 전력을 공급할 수 있는 것이다. 정리하면, 음(−)의 전력이라 함은 전원측에서는 전력을 공급 받는 것을, 부하측에서는 전력을 공급하는 것을 의미한다.

따라서 $R−L$ 부하인 경우는 순시적으로 볼 때 교류전원에서 전력을 공급하기도 하고 받아들이기도 하는 것을 반복하는 것이다. 부하에 L 성분이 작으면 L에 저장된 에너지가 작으므로 전원측이 받아들이는 전력 또한 작아진다. 극단적으로 L이 없이 R만 있으면 받아들이는 전력이 전혀 없어서 그림 4.2.1 (b)의 p_o와 같이 된다. 그림 4.2.1 (b)의 p_i, p_o나 그림 4.2.2 (b)의 p_i, p_o를 보면 순시적으로 전력이 변하고 있는데 우리가 흔히

---

54) 그림 4.2.2 (a)에 나타낸 v_o의 극성 (+, −)을 의미하는 것이 아니고 v_s가 음(−)이므로 v_o의 (−)로 나타낸 부분에 양(+)의 전압이 나타난다는 의미이다.

'전력이 얼마다'라고 하는 것은 이러한 순시전력의 평균값을 말하는 것이다.

[4] 구간 – Ⅳ ($\pi + \alpha \leq \omega t < 2\pi$)

ωt가 $\pi + \alpha$인 시점에서 T_2와 T_3에 게이트신호 i_{G2}와 i_{G3}를 각각 인가하면 T_2와 T_3는 순방향으로 전압이 걸리고 있었기 때문에 즉시 턴온된다. $T_2(T_3)$가 턴온되면 $T_1(T_4)$에는 v_s가 역방향으로 인가되어 바로 턴오프되고 전류의 흐름은 $v_s \rightarrow T_2 \rightarrow R \rightarrow L \rightarrow T_3 \rightarrow v_s$의 경로로 바뀌게 된다. 즉, 부하전류는 연속으로 흐르지만 교류전원 전류는 $\omega t = \pi + \alpha$ 시점에서 그 극성이 바뀌게 된다. $R - L$ 부하에 인가되는 전압 v_o는 양(+)이므로 부하전류 i_o는 다시 증가하기 시작한다.

[5] 구간 – Ⅴ ($2\pi \leq \omega t < 2\pi + \alpha$)

ωt가 2π를 통과하면서 v_s의 극성이 음(−)에서 양(+)으로 바뀌어도 부하전류가 연속이므로 전류는 T_2와 T_3을 통하여 계속 흐른다. 단, 출력전압 v_o가 음(−)이므로 전류는 서서히 감소한다.

[6] 구간 – Ⅵ ($2\pi + \alpha \leq \omega t < 3\pi$)

ωt가 $2\pi + \alpha$인 시점에서 T_1과 T_4에 게이트신호 i_{G1}과 i_{G4}를 주면 T_1과 T_4는 바로 턴온되고 T_2과 T_3는 턴오프되어 전류의 흐름은 $v_s \rightarrow T_1 \rightarrow R \rightarrow L \rightarrow T_4 \rightarrow v_s$ 경로를 따른다. ωt가 $2\pi + \alpha$인 시점에서 교류전원 전류 i_s의 극성은 음(−)에서 양(+)으로 바뀐다.

i_o의 한주기 평균값이 일정한 값에 도달하기까지의 과도상태기간은 시정수 $\tau = (L/R)$에 따라 결정되며[55] 정상상태에 도달해서도 동작원리는 동일하다. 그림 4.2.2 (c)는 출력전류의 리플성분이 거의 없을 정도로 큰 L을 사용하였을 경우의 각 부분 정상상태 파형을 나타낸 것이다.

그림 4.2.2 (c)에서 출력전압의 평균 $\langle v_o \rangle$를 구하면,

---

55) 2장 참조

$$\langle v_o \rangle = \frac{1}{\pi} \int_{\alpha}^{\pi+\alpha} v_o \, d(\omega t)$$

$$= \frac{1}{\pi} \int_{\alpha}^{\pi+\alpha} \sqrt{2} \, V \sin \omega t \, d(\omega t) \qquad (4.2.1)$$

$$\equiv \frac{2\sqrt{2}\,V}{\pi} \cos \alpha$$

식 (4.1.5)의 순수 저항부하를 갖는 단상전파 위상제어 정류회로의 출력전압 평균값은 지연각 α가 180°일 때 0으로 최소가 되지만 식 (4.2.1)의 인덕터 부하 시는 α가 90°일 때 0이 되고 α가 180°일 때는 $-\dfrac{2\sqrt{2}\,V}{\pi}$가 된다. 이것은 출력측에 전원전압의 음(−)의 값이 나타나기 때문이다. 따라서 지연각 α를 0~180° 범위로 가변함에 따라 출력전압의 평균값은 $+\dfrac{2\sqrt{2}\,V}{\pi} \sim -\dfrac{2\sqrt{2}\,V}{\pi}$ 범위로 변한다. 그림 4.2.3은 지연각 $\alpha=30°$, 90°, 150° 각 경우에 대한 출력전압파형을 나타낸다.

출력전류 i_o의 평균값 $\langle i_o \rangle$는 출력전압의 평균값 $\langle v_o \rangle$를 부하임피던스 $(= \sqrt{R^2 + (\omega L)^2}\,)$로 나누면 되는데 직류에서는 ω가 0이므로 결국 저항 R로 나누면 된다. 따라서,

$$\langle i_o \rangle = \frac{\langle v_o \rangle}{R} = \frac{2\sqrt{2}\,V}{\pi R} \cos \alpha \qquad (4.2.2)$$

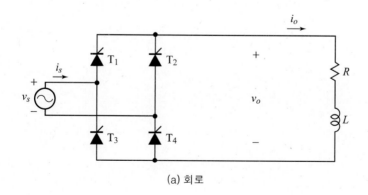

(a) 회로

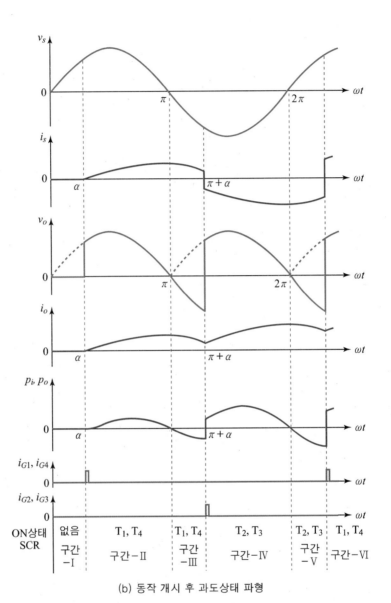

(b) 동작 개시 후 과도상태 파형

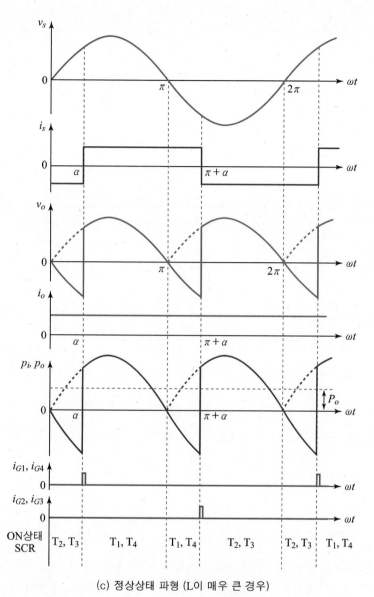

(c) 정상상태 파형 (L이 매우 큰 경우)

그림 4.2.2 단상전파 위상제어 정류회로($R-L$ 부하)

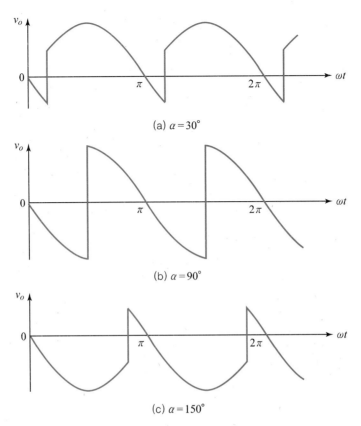

(a) $\alpha = 30°$

(b) $\alpha = 90°$

(c) $\alpha = 150°$

그림 4.2.3 단상전파 위상제어 정류회로에서 지연각 $\alpha = 30°$, $90°$, $150°$일 경우 출력전압파형 ($R-L$ 부하, L이 매우 큰 경우, $i_o > 0$)

예제 4.2.2

그림 4.2.2 (a)와 같은 단상전파 위상제어 정류회로에서 전원전압 v_s는 220 V, 60 Hz 이고 부하저항 R은 10 Ω 이다. 인덕턴스 L은 매우 크다고 가정하고 SCR의 지연각 α가 30° 일 때 다음을 구하라.

(a) 출력전압 최대값   (b) 출력전압 평균값

(c) 출력전류 평균값   (d) 출력전류 최대값

(e) 출력전류 실효값   (f) 각 SCR 사이리스터의 전류 평균값

(g) 부하에 공급되는 전력

[풀이]

(a) 출력전압 v_o의 최대값은 지연각 α가 90°보다 작으므로 전원전압 v_o의 최대값과 같다. 따라서

$$\sqrt{2}\,V = 220\sqrt{2} = 311.13 \text{ V}$$

(b) 출력전압 v_o의 평균값 $\langle v_o \rangle$는 식 (4.2.1)로부터

$$\langle v_o \rangle = \frac{2\sqrt{2}\,V}{\pi}\cos\alpha = \frac{2\times 220\sqrt{2}}{\pi}\times\cos 30° = 171.53\ \text{V}$$

(c) 출력전류 i_o의 평균값 $\langle i_o \rangle$는 식 (4.2.2)로부터

$$\langle i_o \rangle = \frac{\langle v_o \rangle}{R} = \frac{171.53}{10} = 17.1\ \text{A}$$

(d) 출력전류 최대값은 인덕턴스 L이 매우 커서 전류의 리플을 무시할 수 없으므로 평균값과 같다. 따라서 17.1 A

(e) 출력전류 실효값 I_o도 평균전류와 동일하므로 17.1 A

(f) 각 SCR에는 출력전류 i_o가 반주기씩 흐르므로 평균값 $\langle i_T \rangle$는

$$\langle i_T \rangle = \frac{\langle i_o \rangle}{2} = \frac{17.1}{2} = 8.55\ \text{A}$$

(g) 부하저항 R에 공급되는 전력 P_o는

$$P_o = I_o^2 \times R = 17.1^2 \times 10 = 2824.1\ \text{W}$$

예제 4.2.3

직류 48 V에서 동작하고 직류릴레이의 저항 R은 4.8 Ω, 인덕터 L은 500 mH라 가정하자. 이 직류릴레이를 단상교류 220 V, 60 Hz 전원으로부터 구동하기 위하여 단상전파 위상제어 정류회로를 사용하고자 한다. 다음을 구하라.

(a) 지연각 α를 얼마로 해야 하는가?

(b) PLECS를 사용하여 정상상태에서의 v_s, i_s, v_o, i_o 파형을 구해보고 그림 4.2.2 (c)와 비교하라.

[풀이]

(a) $\langle v_o \rangle = \dfrac{2\sqrt{2}\,V}{\pi}\cos\alpha$ 에서

$$\alpha = \cos^{-1}\!\left(\frac{\pi\langle v_o\rangle}{2\sqrt{2}\,V}\right) = \cos^{-1}\!\left(\frac{\pi\times 48}{2\sqrt{2}\times 220}\right) = 75.98°$$

(b) PLECS를 이용하여 다음의 순서로 시뮬레이션 해본다.

예제 4.2.3의 시뮬레이션 Schematic 모델 만들기

(1) '예제 4.2.3'으로 새로운 모델파일을 만들어 저장한 후 다음과 같이 Schematic 창을 구성한다. 2장의 전파 다이오드 정류회로와 회로의 형태가 같으므로 2장의 예제를 참고하여 회로를 구성한 후 다이오드만 사이리스터로 바꿔주면 된다. 이때 사이리스터는 Library Browser 창의 Electrical ▷ Power Semiconductors 탭에서 찾을 수 있다.

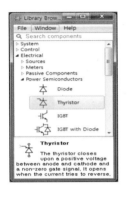
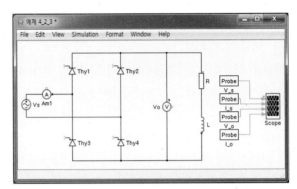

게이트신호 생성하기

(1) 다이오드는 순방향 바이어스가 되면 턴온되지만 사이리스터 같은 경우는 순방향 바이어스가 되어도 게이트신호를 인가하기 전까지는 턴온되지 않는다. 따라서 게이트신호를 생성하기 위하여 Library Browser 창에서 Control ▷ Sources 탭 선택 후 Pulse Generator를 Schematic 창으로 드래그&드롭한다. 사이리스터 턴온 동작 시 지연각 α에서 먼저 Thy1과 Thy4가 동시에 턴온된 후 π만큼 위상이 지연된 후에 Thy2와 Thy3가 동시에 턴온되므로 Pulse Generator는 α에서 신호를 생성할 Pulse Generator (T1, T4)와 $\pi + \alpha$에서 신호를 생성할 Pulse Generator (T2, T3) 2개가 있어야 한다.

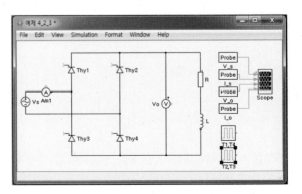

(2) Pulse Generator(T1, T4)를 더블 클릭하면 생성되는 Block Parameters에서 스위칭주파수가 60 Hz이므로 Frequency [Hz] 입력란에 60을 기입하고 Duty cycle[p.u.]은 게이트신호를 짧은 시간만 인가하면 되므로 0.1을 입력한다. 그리고 지연각을 만들기 위해 입력 Phase delay[s] 를 입력해야 한다. 단위가 시간[s]이므로 (a)에서 구한 $\alpha(=75.98°)$를 시간 단위로 환산해줘 야 한다. 360°가 1/60초이므로 비례식을 이용해서 환산하여 75.98/(360*60)을 입력하면 된 다. T2, T3의 신호는 (T1, T4)의 신호보다도 위상이 180°만큼 뒤지므로 1/120초를 더해주면 된다.

(3) Pulse Generator에서 생성된 신호를 각 사이리스터에 전달하기 위하여 Library Browser 창 에서 System탭 선택 후 Signal From과 Signal Goto를 Schematic 창으로 드래그&드롭 한 뒤, 각각을 더블 클릭하여 Tag name을 변경한다. 이때 신호를 발생하는 쪽의 Signal Goto와 신 호를 수신하는 쪽의 Signal From의 Tag name이 같아야 동작시키고자 하는 사이리스터에 게이트신호를 전달할 수 있다.

(4) 따라서 아래와 같이 신호를 발생하는 Pulse Generator에 Signal Goto를 연결하고 신호를 전 달받는 사이리스터쪽에 Signal From을 연결하면 된다.

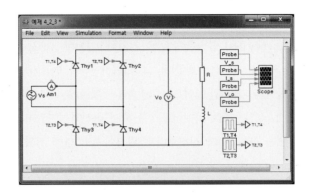

파형관찰

(1) 시뮬레이션을 실행시킨 후 결과파형을 살펴보면 부하전류 i_o의 초기값은 0 A인데 약 0.5 초 이후부터는 10 A로 일정하다. 이러한 과도기간은 $R-L$ 시정수 τ가 $\tau = \dfrac{L}{R} = \dfrac{500 \times 10^{-3}}{4.8}$ $= 104 \, \mathrm{msec}$이므로 $4\tau = 416 \, \mathrm{msec}$로서, 이 값과 파형에 나타난 시간이 거의 일치함을 알 수 있다. 과도기간이 지난 후 정상상태의 파형을 확대해보면 그림 4.2.4 (b)와 같다.

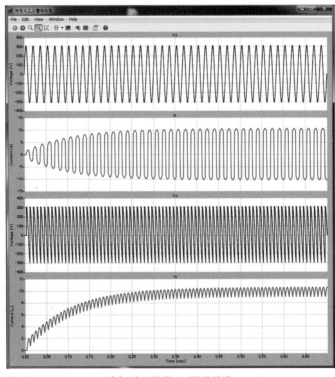

(a) 과도상태 + 정상상태

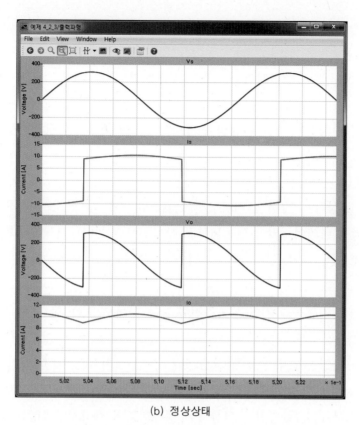

(b) 정상상태

그림 4.2.4 PLECS로 나타낸 v_s, i_s, v_o, i_o 파형

검토 그림 4.2.2 (c)와 비교해볼 때 차이점은 출력전류 i_o와 입력전류 i_s에 포함된 리플성분인데 이는 L값을 유한한 값으로 하였기 때문이다.

4.2.3 직류 출력전압을 항상 플러스(+)로 하려면?

그림 4.2.2 (c)의 출력전압 v_o를 살펴보면, $0 \leq \omega t \leq \alpha$, $\pi \leq \omega t \leq \pi + \alpha$, $2\pi \leq \omega t \leq 2\pi + \alpha$ 구간에서 음(−)이 되어 동일한 α에 대한 출력전압의 평균값이 저항부하인 경우에 비해 감소하는 문제점이 있다. 이러한 문제점을 해결하는 방안을 찾아보자.

그림 4.2.5 (a)와 같이 단상전파 위상제어 정류회로의 출력측 양단에 다이오드 D_F를 추가해 보라. 위상각 ωt가 π를 지나면서 전원전압 v_s가 음(−)의 값으로 바뀌면 다이오드 D_F가 순방향 바이어스되어 턴온되므로 부하전류 I_o는 D_F를 통해 흐르게 되어 SCR T_1과 T_4의 전류는 0으로 감소한다. 그러면 T_1과 T_4에는 역전압이 인가되면서 동시에 전류도 0이 되므로 비로소 T_1과 T_4는 턴오프된다. 따라서 $\pi \leq \omega t < \pi + \alpha$ 구간에서 출력전압 v_o와 전원전류 i_s는 0이고 출력전류 i_o는 다이오드 D_F를 통해 환류(freewheel)한다. 이와 같이 유도성부하의 전류가 전원을 통해 흐르게 하지 않고 부하인덕터에 저장된 에너지가 자연방전할 수 있도록 그림 4.2.5처럼 설치하는 다이오드 D_F를 **환류다이오드**(freewheeling diode)라 한다. 그림 4.2.5 (b)에서 출력전압 v_o의 파형은 그림 4.2.1 (b)의 저항부하를 갖는 단상전파 위상제어 정류회로의 출력전압파형과 동일하므로 v_o의 평균값 $\langle v_o \rangle$는

$$\langle v_o \rangle = \frac{\sqrt{2}\, V}{\pi}(1 + \cos \alpha) \tag{4.2.3}$$

그림 4.2.5 (b)에서 환류다이오드 D_F의 전류 i_D의 최대값은 출력전류 i_o와 동일하며 평균값 $\langle i_D \rangle$는

$$\langle i_D \rangle = \frac{\alpha}{\pi}\langle i_o \rangle \tag{4.2.4}$$

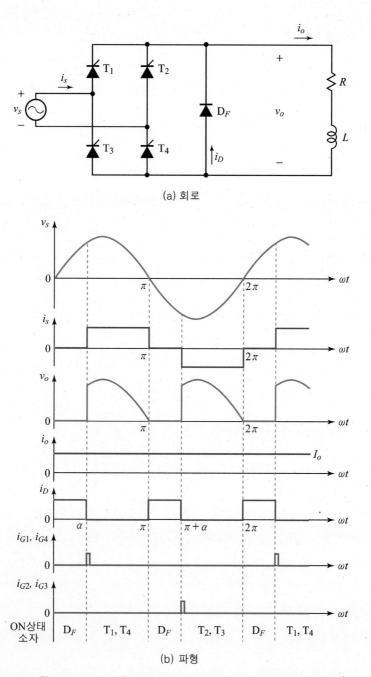

(a) 회로

(b) 파형

그림 4.2.5 환류다이오드가 추가된 단상전파 위상제어 정류회로와 파형($L/R \gg 1$)

예제 4.2.4

그림 4.2.5 (a)와 같이 환류다이오드 D_F가 있는 단상전파 위상제어 정류회로에서 전원전압 v_s는 220 V, 60 Hz, 부하저항 R은 10 Ω이다. 인덕턴스 L은 매우 크다고 가정하고 SCR의 지연각 α가 30°일 때 다음을 구하라.

(a) 출력전압 최대값   (b) 출력전압 평균값
(c) 출력전류 평균값   (d) 출력전류 최대값
(e) 출력전류 실효값   (f) 각 SCR 사이리스터의 전류 평균값
(g) 부하에 공급되는 전력   (h) 환류다이오드의 평균전류

[풀이]

(a) 출력전압 v_o의 최대값은 지연각 α가 90°보다 작으므로 전원전압 v_s의 최대값과 같다. 따라서,

$$\sqrt{2}\,V = 220\sqrt{2} = 311.13 \text{ V}$$

(b) 출력전압 v_o의 평균값 $\langle v_o \rangle$는 식 (4.2.3)으로부터

$$\langle v_o \rangle = \frac{\sqrt{2}\,V}{\pi}(1+\cos\alpha) = \frac{220\sqrt{2}}{\pi}(1+\cos 30°) = 184.8 \text{ V}$$

(c) 출력전류 i_o의 평균값 $\langle i_o \rangle$는

$$\langle i_o \rangle = \frac{\langle v_o \rangle}{R} = \frac{184.8}{10} = 18.48 \text{ A}$$

(d) 출력전류 최대값은 인덕턴스 L이 매우 커서 전류의 리플을 무시할 수 있으므로 평균값과 같다. 따라서 18.48 A

(e) 출력전류 실효값 I_o도 평균전류와 동일하므로 18.48 A

(f) 각 SCR 전류의 평균값 $\langle i_T \rangle$는 그림 4.2.2 (b)의 전원전류 i_s로부터 구할 수 있으므로

$$\langle i_T \rangle = \frac{\pi-\alpha}{2\pi} \times \langle i_o \rangle = \frac{150°}{360°} \times 18.48 = 7.7 \text{ A}$$

(g) 부하저항 R에 공급되는 전력 P_o는

$$P_o = I_o^2 \times R = 18.48^2 \times 10 = 3415.1 \text{ W}$$

(h) 환류다이오드의 평균전류 $\langle i_D \rangle$는 식 (4.2.4)로부터

$$\langle i_D \rangle = \frac{\alpha}{\pi} I_o = \frac{\alpha}{\pi} \langle i_o \rangle = \frac{30°}{180°} \times 18.48 = 3.08 \text{ A}$$

예제 4.2.3의 직류릴레이를 구동하는데 환류다이오드가 있는 단상전파 위상제어 정류회로를 사용하는 경우 달라지는 점이 무엇인가? 또한 이 경우의 v_s, i_s, v_o, i_o 파형을 PLECS로 구해보고 예제 4.2.3(b)의 결과와 비교해 보아라.

[풀이]

달라지는 것: 지연각 α의 값이 다음과 같이 달라진다.

$$\langle v_0 \rangle = \frac{\sqrt{2}\,V}{\pi}(1 + \cos\alpha) \text{ 이므로}$$

$$\alpha = \cos^{-1}\left\{ \frac{\left(\langle v_o \rangle - \frac{\sqrt{2}\,V}{\pi}\right)\pi}{\sqrt{2}\,V} \right\} = \cos^{-1}\left\{ \frac{\left(48 - \frac{\sqrt{2}}{\pi} \times 220\right)\pi}{\sqrt{2} \times 220} \right\} = 121.02°$$

◯ 예제 4.2.5의 Schematic 모델 생성 및 파형관찰

(1) '예제4_2_5'로 새로운 모델 파일을 만들어 저장한 후 Schematic 창 구성 및 게이트신호를 예제 4.2.3과 동일하게 구성하고 부하측에 환류다이오드를 추가한다.

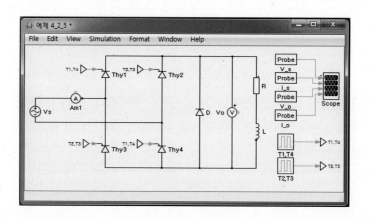

(2) 지연각 α가 달라졌으므로 Pulse Generator의 Phase delay[s]에 121.02/(60*360)을 입력하고 시뮬레이션을 실행하면 결과는 다음과 같다.

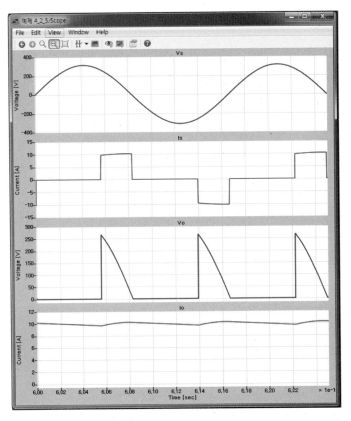

그림 4.2.6 PLECS로 나타낸 v_s, i_s, v_o, i_o 파형

검토 v_o의 마이너스(-) 전압부분이 모두 0으로 되어 출력값이 75.98°에서 121.02°로 증가되었다. 아울러 교류 입력전류도 0 A인 구간이 존재한다. 그러나 출력전류의 크기는 거의 변하지 않는다. 왜냐하면 지연각 α를 제어하여 출력전압의 평균값은 48 V로 동일하게 하였기 때문이다.

4.2.4 역률은 $\cos\theta$ 다?

선형시스템 교류회로에서 역률은 $\cos\theta$라고 알고 있을 것이다. 여기서 θ는 전압과 전류의 위상차이다. 그러면 그림 4.2.1 (b)의 v_s와 i_s로부터 θ를 구하면 역률이 구해질까? 보다시피 i_s는 정현파가 아니므로 θ라는 개념 자체의 성립이 안 된다. 그러면 역률을 어떻게 구할 것인가? 이럴 때는 역률의 정의에 따라 구하는 것이 정석이다.

[1] 저항부하인 경우

우선 그림 4.2.1과 같이 단상 위상제어 정류회로에서 저항부하인 경우 교류전원측 역률을 살펴본다. 그림 4.2.1의 회로에서 부하는 순수한 저항부하임을 알 수 있는데 익히 알고 있듯이 선형시스템 교류회로에서는 저항부하의 경우 역률은 1이다. 여기서도 역률이 1이 될까? 역률의 정의에 따라 구해보면, **역률 PF**는 정의에 의해

$$PF = \frac{\text{유효전력}}{\text{피상전력}} = \frac{P}{S} \tag{4.2.5}$$

이므로 역률을 구하기 위해서는 먼저 유효전력 P와 피상전력 S를 구한다. 그림 4.2.1에서 교류전원측으로부터 직류 출력측에 공급되는 유효전력 P는

$$P = I_o^2 R \tag{4.2.6}$$

여기서, I_o는 출력전류 i_o의 실효값이다.

교류전원의 피상전력 S는

$$S = VI_s \tag{4.2.7}$$

여기서, V는 교류전압 v_s의 실효값이고 I_s는 i_s의 실효값이다. 식 (4.2.6)과 (4.2.7)을 식 (4.2.5)에 대입하면 역률 PF는

$$PF = \frac{I_o^2 R}{VI_s} \tag{4.2.8}$$

그런데 그림 4.2.1 (b)에서 $|i_s| = i_o$이므로 출력전류 i_o의 실효값 I_o와 교류전원전류 i_s의 실효값 I_s는 동일하다. 따라서 식 (4.2.8)은 다음 식과 같이 정리된다.

$$PF = \frac{I_o R}{V} \tag{4.2.9}$$

여기서 출력전류 i_o의 실효값 I_o는 식 예제 4.2.1 (e)에서 구한 바와 같이

$$I_o = \frac{V}{R} \sqrt{1 - \frac{\alpha}{\pi} + \frac{\sin 2\alpha}{2\pi}} \tag{4.2.10}$$

이를 식 (4.2.9)에 대입하여 정리하면,

$$PF = \sqrt{1 - \frac{\alpha}{\pi} + \frac{\sin 2\alpha}{2\pi}} \qquad (4.2.11)$$

식 (4.2.11)로부터 알 수 있듯이 위상제어 정류회로에서는 부하가 순수 저항이라 하더라도 교류측에서의 입력역률은 1이 되지 않고 지연각 α에 따라서 변한다. 물론 지연각이 0°인 경우는 다이오드 전파정류와 동일하여 역률이 1이 된다. 그림 4.2.7 (a)는 식 (4.2.11)의 역률 PF를 α의 변화에 따라 나타낸 것이다. **선형시스템에서와 달리 역률은 일정하지 않고 α에 따라서 변한다는 것에 주의하라.**

[2] 유도성 부하인 경우

선형시스템에서 $R-L$ 부하인 경우는 R 부하인 경우보다 역률이 낮은데 위상제어 정류기와 같은 비선형시스템에서도 성립할까? 그림 4.2.2 (a)와 같이 $R-L$ 유도성 부하를 갖는 경우의 역률을 살펴보자. 인덕턴스 L이 매우 큰 경우 출력전류에는 리플성분이 없으므로 전류의 평균값 $\langle i_o \rangle$와 실효값 I_o는 동일하다. 따라서 식 (4.2.9)의 출력전류 실효값 I_o에 식 (4.2.2)를 대입하면 역률 PF는

$$PF = \frac{2\sqrt{2}}{\pi} \cos \alpha \qquad (4.2.12)$$

이다. 식 (4.2.12)에서 알 수 있듯이 $R-L$ 유도성 부하를 갖는 단상 위상제어 정류회로의 역률은 지연각 α가 0°일 때 역률은 1이 되지 않고 0.9가 된다. 그림 4.2.7 (b)는 식 (4.2.12)의 역률 PF를 α의 변화에 따라 나타낸 것이다. 그림 4.2.7(a)와 (b)를 비교하면 α값에 따라서 (a)의 역률이 (b)의 역률보다 항상 크다는 것을 알 수 있다.

SCR 위상제어 정류기의 용도는 매우 다양한데 직류전동기 구동에도 광범위하게 사용된다. 직류전동기의 속도는 전압에 비례하여 가변할 수 있으므로 속도를 낮출 경우에는 지연각 α를 증가시키고 속도를 올릴 경우에는 α를 감소시키면 된다. 이처럼 직류전동기 속도제어에 매우 효과적으로 활용되는 **위상제어 정류기의 최대단점은 역률이 낮다는 것과 아울러 교류입력 전류에 포함된 고조파가 심각할 정도로 많다는 것이다.** 역률이 낮으면 전기요금이 증가하고 고조파가 많으면 전력품질을 떨어뜨리기 때문에 각종 규제에 걸리게 된다. 이러한 문제점을 개선하기 위한 여러 가지 방법 중에서 한 가지 방법을 4.4절에서 소개하기로 한다.

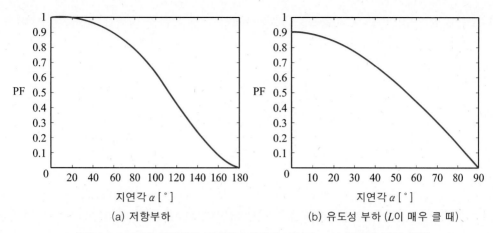

(a) 저항부하

(b) 유도성 부하 (L이 매우 클 때)

그림 4.2.7 단상 위상제어 정류회로에서의 지연각 α의 변화에 따른 역률

4.2.5 어! 이론과 실제가 다르네요?

지금까지 배운 지식을 가지고 실제로 위상제어 정류기를 만들어서 $R-L$ 부하에 전력을 공급하는 실험을 해보면 출력전압의 모양이 그림 4.2.2 (c)와는 다르다는 것을 알게 된다. '역시 이론과 실제는 다르군!'하고 넘어갈 수가 있는데, 천만의 말씀! 이론공부가 덜된 탓이니 조금 더 들여다보도록 하자. 그림 4.2.2 (a)에서 교류전원측을 보면 이상적인 전압원으로 되어 있는데 실제로는 이 부분이 발전기 출력이나 변압기 2차측에 해당한다. **발전기나 변압기는 내부임피던스를 가지고 있으므로 이러한 임피던스에 선로의 임피던스까지 더해서 회로를 그려야 실제와 유사하게 된다.** 그림 4.2.8은 $R-L$ 부하를 갖는 단상 위상제어 정류회로에서 입력측의 인덕턴스 L_s를 고려한 경우의 전력회로와 각부의 전압과 전류파형을 나타낸 것이다. 물론 입력측 임피던스에는 저항성분도 포함되지만 그 효과가 상대적으로 크지 않으므로 생략하였다. 그러면 이제부터 출력전압파형이 달라지는 원인을 분석해보자.

(1) 그림 4.2.8 (b)에서 $0 \leq \omega t < \alpha$ 구간에서 i_s는 $-I_o$이므로 전류의 흐름은 그림 4.2.8 (c)의 ①과 같다. $\omega t = \alpha$인 시점에서 T_1과 T_4를 동시에 턴온하면 v_s가 플러스(+)이므로 i_s는 T_1과 T_4를 통해 흐르려고 하는데 L_s 때문에 전류가 급하게 증가하지 못하고 서서히 증가한다. 그런데 이 전류의 방향은 그 이전에 $0 \leq \omega t < \alpha$ 구간에서 흐르고 있던 전류($-I_o$)의 방향과 반대이므로 i_s의 크기는 $-I_o$에서 플러스(+) 방향으로 변하게 된다.

(2) 그림 4.2.8 (c)의 ②는 $\alpha \le \omega t < p$ 구간에서 전류흐름을 나타낸다. 물론 이때 T_2와 T_3의 전류도 바로 없어지지 않고 T_1과 T_4의 전류가 증가하는 만큼 감소하게 된다. ωt가 p점을 통과하면 i_s는 비로소 플러스가 되며 i_{T1}의 전류가 i_{T2}보다 커진다.

(3) 그림 4.2.8 (c)의 ③은 $p \le \omega t < q$ 구간에서의 전류흐름을 보인다. 이 구간에서는 i_s와 i_{T1}이 I_o에 도달할 때까지 계속 증가한다. 또한 i_{T2}는 0으로 감소한다. ωt가 q에 이르러서야 비로소 T_2와 T_3의 전류는 0으로 완전히 감소되며 부하전류 I_o는 그림 4.2.8 (c)의 ④처럼 T_1과 T_4를 통해 흐르게 된다.

정리하자면, L_s가 없을 때는 그림 4.2.2 (b)처럼 T_2와 T_3를 흐르던 전류가 $\omega t = \alpha$에서 순간적으로 0으로 감소하며 T_1과 T_4로 바로 이동이 되었으나, L_s가 있으면 전류가 급하게 변할 수 없으므로 4개의 사이리스터가 모두 켜지는 구간이 존재한다는 것이다. 이 구간을 **중복구간**이라 하며 u를 **중복각**(overlap angle)이라 한다. 그러면 중복각의 크기는 무엇에 영향을 받을까? 당연히 L_s가 클수록, I_o가 클수록 중복각이 커질 것이라는 생각을 하게 될 것이다. 중복각이 커지면 커질수록 그림 4.2.8 (b)의 v_o에서 보듯이 색칠한 부분의 면적이 커지는데 이 부분은 출력전압이 '0'이므로 결국 출력전압의 평균값이 줄어들게 될 것이다. 그렇다면 색칠한 부분의 전압은 도대체 어디로 간 것일까? 바로 L_s로 가버린 것이다. 즉, 색칠한 부분은 출력으로 나오지 못하고 전원측 인덕턴스 L_s에 모두 걸리게 된다. 이를 수식으로 나타내 보자. 색칠한 부분의 평균전압을 $\langle v_{L_s} \rangle$라 하면, 중복구간에서

$$v_{L_s} = v_s = L_s \frac{di_s}{dt} \qquad (4.2.12)$$

이므로

$$\langle v_{L_s} \rangle = \frac{1}{\pi} \int_{\alpha}^{\alpha+u} v_s d(\omega t) = \frac{\omega L_s}{\pi} \int_{-I_o}^{I_o} di_s = \frac{2\omega L_s I_o}{\pi} \qquad (4.2.13)$$

따라서 출력전압 v_o의 평균값 $\langle v_o \rangle$는

$$\langle v_o \rangle = \frac{2\sqrt{2}\,V}{\pi} \cos \alpha - \frac{2\omega L_s I_o}{\pi} \qquad (4.2.14)$$

이다. 출력전압 v_o의 평균값은 전원측 인덕턴스가 클수록, 부하전류가 클수록 감소함을 알 수 있다.

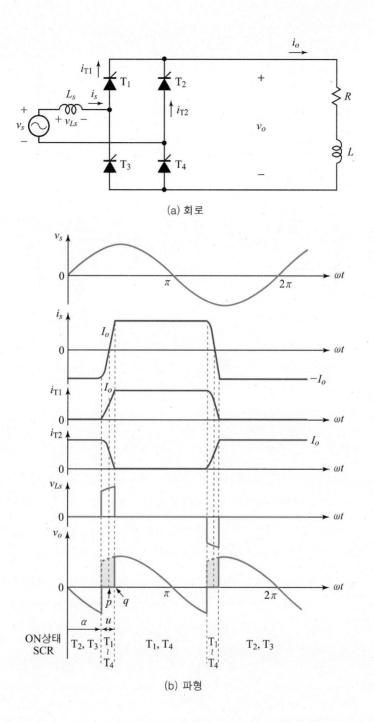

(a) 회로

(b) 파형

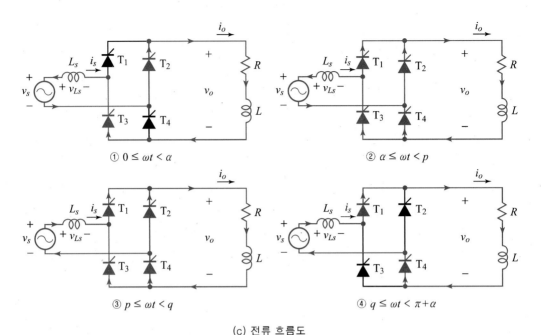

① $0 \le \omega t < \alpha$ ② $\alpha \le \omega t < p$

③ $p \le \omega t < q$ ④ $q \le \omega t < \pi + \alpha$

(c) 전류 흐름도

그림 4.2.8 전원측 인덕턴스 L_s를 고려한 단상 위상제어 정류회로

[예제] **4.2.6**

그림 4.2.8의 위상제어 정류회로에서 전원전압 v_s는 220 V, 60 Hz, 전원측 인덕턴스 L_s는 0.5 mH이다. 지연각 $\alpha = 30°$에서 부하에 2.5 kW의 전력을 공급할 경우 부하인덕턴스는 매우 크다고 가정하고 출력전압의 평균값을 구하라.

[풀이]

(a) 우선 부하전류 I_o 값을 구해야 한다. 부하에 2.5 kW의 전력 P를 공급하고 있으므로 부하전력 P는

$$P = \langle v_o \rangle \times I_o = \frac{2\sqrt{2}\,V}{\pi}\cos\alpha \times I_o - \frac{2\omega L_s I_o^{\,2}}{\pi} = 2.5 \text{ kW}$$

따라서,

$$I_o^2 - \frac{\sqrt{2}\,V\cos\alpha}{\omega L_s}I_o + \frac{\pi}{2\omega L_s} \times 2.5 \times 10^3 = 0 \quad \text{즉,}$$

$$I_o^2 - \frac{\sqrt{2} \times 220\cos 30°}{2\pi \times 60 \times 0.5 \times 10^{-3}}I_o + \frac{\pi \times 2.5 \times 10^3}{2 \times 2\pi \times 60 \times 0.5 \times 10^{-3}} = 0$$

을 만족하는 I_o를 구하면, $I_o = 14.7\,\text{A}$이고, 이를 식 (4.2.14)에 대입하여 정리하면

$$\langle v_o \rangle = \frac{2\sqrt{2} \times 220}{\pi} \times \cos 30° - \frac{2 \times 2\pi \times 60 \times 0.5 \times 10^{-3} \times 14.7}{\pi}$$

$$= 171.53 - 1.764 = 169.77\,\text{V}$$

예제 4.2.7

예제 4.2.6의 조건에서 전원측 인덕턴스를 1 mH로 증가시키고 부하도 5 kW로 증가시킨 경우의 출력전압 평균값을 계산하고 PLECS로 시뮬레이션하여 결과와 비교해 보아라. 또한 v_s, i_s, v_o, i_o의 파형을 나타내고 v_o의 평균값을 확인해 보아라.

[풀이]

$$P = \langle v_o \rangle \times I_o = \frac{2\sqrt{2}}{\pi}\cos\alpha \times I_o - \frac{2\omega L_s I_o^2}{\pi} = 5\,\text{kW}$$

$$I_o^2 - \frac{\sqrt{2}\,V\cos\alpha}{\omega L_s}I_o + \frac{\pi}{2\omega L_s} \times 5 \times 10^3 = 0$$

$$I_o^2 - \frac{\sqrt{2} \times 220 \times \cos 30°}{2\pi \times 60 \times 1 \times 10^{-3}}I_o + \frac{5 \times 10^3 \times \pi}{2 \times 2\pi \times 60 \times 1 \times 10^{-3}} = 0$$

을 만족하는 I_o를 구하면 $I_o = 30.44\,\text{A}$

$$\therefore \langle v_o \rangle = \frac{2\sqrt{2} \times 220}{\pi} \times \cos 30° - \frac{2 \times 2\pi \times 60 \times 1 \times 10^{-3} \times 30.44}{\pi}$$

$$= 171.53 - 7.3 = 164.23\,\text{V}$$

◐ 예제 4.2.7의 Schematic 모델 생성 및 파형관찰

(1) '예제4_2_7'로 새로운 모델 파일을 만들어 저장한 후 아래와 같이 Schematic 창 구성한다. 예제 4.2.3의 Schematic 모델에서 전원측에 L_s만 추가하면 된다.

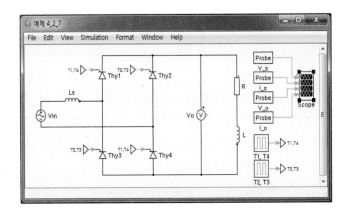

(2) 시뮬레이션 실행 후 Cursors를 이용하여 평균값을 측정한 결과는 다음과 같다.

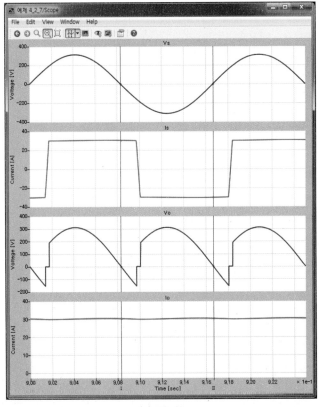

(a) 파 형

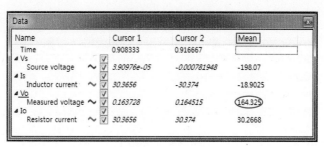

Data			
Name	Cursor 1	Cursor 2	Mean
Time	0.908333	0.916667	
⊿ Vs			
Source voltage	3.90976e-05	-0.000781948	-198.07
⊿ Is			
Inductor current	30.3656	-30.374	-18.9025
⊿ Vo			
Measured voltage	0.163728	0.164515	164.325
⊿ Io			
Resistor current	30.3656	30.374	30.2668

(b) 출력전압 평균값

그림 4.2.9 PLECS로 나타낸 v_s, i_s, v_o, i_o 파형과 v_o의 평균값

파형은 그림 4.2.9 (a)와 같으며 v_o의 평균값은 그림 4.2.9 (b)에 나타난 것처럼 164.32 V로서 계산값과 거의 일치함을 알 수 있다.

 3상교류를 가변직류로 변환하기

4.3.1 6-펄스 위상제어 정류회로

그림 4.3.1은 3상 전파 위상제어 정류회로로서 그림 2.2.1의 3상 다이오드 전파 정류 회로에서 다이오드를 SCR로 교체한 것과 같다. 그림 4.3.1에서 SCR 사이리스터의 번호를 유심히 살펴보면 위쪽 3개는 1, 3, 5로 홀수이며 증가하는 순서로 되어 있으나 아래 3개는 4, 6, 2로 짝수이며 순서가 규칙적이지 않음을 알 수 있다. 왜 이렇게 번호를 지정했을까?

그림 4.3.1의 a, b, c 각각의 연결점에 교류 상전압 v_{an}, v_{bn}, v_{cn}이 접속되어 있으므로 $a-b$ 사이에는 선간전압 v_{ab}가, $b-c$ 사이에는 v_{bc}가, $c-a$ 사이에는 v_{ca}가 나타난다. 2장의 3상 다이오드 정류기에서 살펴본 바와 유사하게 상단부(하단부) 3개의 사이리스터 T_1, T_3, T_5(T_4, T_6, T_2)는 동시에 켜질 수는 없고 반드시 셋 중 하나만 켜진다. 그리고 켜져 있는 기간은 동일하며 전원전압 1주기를 3등분한 값이 된다. 물론 T_1과 T_4, T_3과 T_6, T_5와 T_2가 다 켜지는 일도 없다. 표 4.3.1에 출력 가능한 6가지 경우를 나타내었다.

표 4.3.1 출력 가능한 6가지 경우

입력 선간전압	해당하는 사이리스터	출력전압
$v_{ab} > 0$	T_1, T_6	v_{ab}
$v_{ab} < 0$	T_3, T_4	v_{ba}
$v_{bc} > 0$	T_3, T_2	v_{bc}
$v_{bc} < 0$	T_5, T_6	v_{cb}
$v_{ca} > 0$	T_5, T_4	v_{ca}
$v_{ca} < 0$	T_1, T_2	v_{ac}

가령 점 a와 점 b 사이의 선간전압 v_{ab}가 양(+)이라면 T_1과 T_6이 켜질 수 있고, 켜진다면 출력에는 v_{ab}가 나타난다. 이때 T_2, T_3, T_4, T_5는 모두 오프상태에 있다. v_{ab}가 음(−)이라면 T_3과 T_4가 켜질 수 있고 이들이 켜진다면 출력에는 v_{ba}가 나타난다.

이제 그림 4.3.2에서 ωt가 먼저 $\alpha = 0°$인 지점을 정할 필요가 있다. 단상에서는 $\omega t = 0°$인 지점이 $\alpha = 0°$였으나 3상에서는 그림 4.3.2처럼 v_{ab} 파형을 기준으로 $\omega t = \dfrac{\pi}{3}$인 시점이 $\alpha = 0°$에 해당한다. $\omega t = \dfrac{\pi}{3}$에서 T_1과 T_6을 턴온하면 선간전압 v_{ab}가 출력되는데 이때의 출력전압파형을 보면 그림 2.2.1 (c)와 동일하다. 즉, 3상 다이오드 정류기와 같은 출력전압을 얻게 되며 이때가 출력전압이 가장 클 때이다. 따라서 α의 기준점 ($\alpha = 0°$)은 출력전압이 가장 크게 나타나도록 정하면 된다.

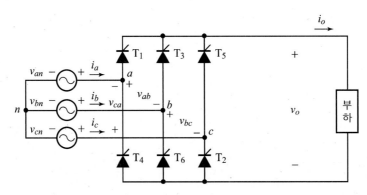

그림 4.3.1 3상 전파 위상제어 정류회로

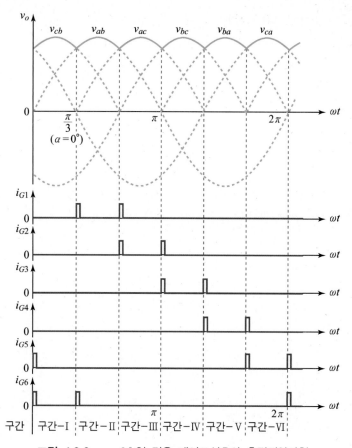

그림 4.3.2 $\alpha = 0°$일 경우 게이트신호와 출력전압파형

T_1과 T_6을 턴온하고 난 이후 60° 경과한 시점에서 T_1과 T_2를 켜면 이제는 v_{ac}가 출력된다. T_2를 턴온하면 T_6에는 v_{bc}가 역방향으로 걸리게 되는데 v_{bc}가 양(+)이므로 T_6에는 역전압이 인가되어 바로 턴오프된다. 따라서 전류의 흐름은 $v_{an} \rightarrow T_1 \rightarrow$ 부하 $\rightarrow T_6 \rightarrow v_{bn}$에서 $v_{an} \rightarrow T_1 \rightarrow$ 부하 $\rightarrow T_2 \rightarrow v_{cn}$으로 바뀌게 된다. 동일한 원리로 T_2를 턴온한 이후 60° 경과 시점에서 T_3을 턴온하면 출력에는 v_{bc}가 나타난다. 이와 같이 60° 간격으로 각각의 사이리스터에 번호가 지정된 순서대로 2개씩 턴온하면 3상교류전압이 정류되어 직류로 나타나게 된다.

그림 4.3.3은 그림 4.3.1에서 저항부하인 경우 임의의 지연각 α ($\alpha = 30°$, $\alpha = 90°$)에 대한 출력전압과 전류파형이다. 그림 4.3.3에서 알 수 있듯이 **지연각 α가 60° 이하이면 출력전류가 연속이고 60° 이상에서는 불연속이다.** 그림 4.3.3에서 i_a, i_b, i_c는 교류전원 측 상전류를 나타내고, $T_1 \sim T_6$은 온상태에 있는 SCR을 60°마다 구분하여 나타낸다. 그림 4.3.1의 각 SCR을 그림 4.3.3처럼 T_1, T_2, $\cdots$, T_6 순서로 턴온하면 출력전압 v_o는

v_{ab}, v_{ac}, v_{bc}, ⋯ 순으로 나타난다.

그림 4.3.3에서 출력전압 v_o는 전원전압 v_s의 한 주기 내에 6개의 펄스 형태의 선간전압으로 구성되므로 3상 전파 위상제어 정류회로를 6-펄스 위상제어 정류회로라고도 한다.

지연각 α가 60° 이하일 때 출력전압의 평균값 $\langle v_o \rangle$는 그림 4.3.3 (a)로부터

$$\langle v_o \rangle = \frac{3}{\pi} \int_{\alpha+60°}^{\alpha+120°} v_{ab} d(\omega t)$$

$$= \frac{3}{\pi} \int_{\alpha+60°}^{\alpha+120°} \sqrt{2}\, V \sin \omega t\, d(\omega t) \tag{4.3.1}$$

$$= \frac{3\sqrt{2}\, V}{\pi} \cos \alpha, \quad (0° \leq \alpha \leq 60°)$$

그림 2.2.1 (a)에서는 교류전원 상전압 v_{an}, v_{bn}, v_{cn}의 실효값을 각각 V로 하였으나 여기서는 선간전압의 실효값을 V로 한 것에 유의한다. 저항부하 시 지연각 α가 60° 이상이면 그림 4.3.3 (b)처럼 전류의 불연속모드로 동작한다. 그림 4.3.3 (b)에서 출력전압 v_o는 $\alpha+60° \leq \omega t < 180°$ 구간에서는 v_{ab}, $180° \leq \omega t < \alpha+120°$ 구간에서는 0이므로 출력전압의 평균값 $\langle v_o \rangle$는

$$\langle v_o \rangle = \frac{3}{\pi} \int_{\alpha+60°}^{180°} v_{ab} d(\omega t)$$

$$= \frac{3}{\pi} \int_{\alpha+60°}^{180°} \sqrt{2}\, V \sin \omega t\, d(\omega t) \tag{4.3.2}$$

$$= \frac{3\sqrt{2}\, V}{\pi} [\cos(\alpha+60°) - \cos 180°]$$

$$= \frac{3\sqrt{2}\, V}{\pi} [1 + \cos(\alpha+60°)], \quad (60° \leq \alpha \leq 120°)$$

이다. 지연각 α가 120°를 초과하면 SCR이 턴온될 수 없으므로 식 (4.3.2)는 $60° \leq \alpha < 120°$ 범위에 한해 성립한다.

$R-L$ 부하인 경우 출력전류가 연속이면 출력전압 평균값 $\langle v_o \rangle$는 지연각 α의 값에 무관하게 식 (4.3.1)처럼 된다.

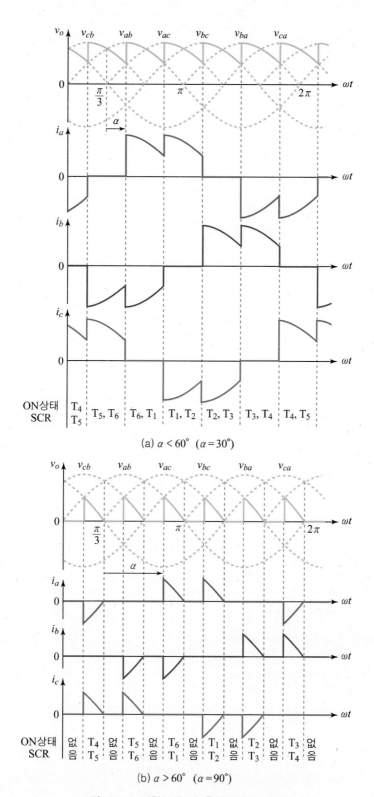

(a) $\alpha < 60°$ $(\alpha = 30°)$

(b) $\alpha > 60°$ $(\alpha = 90°)$

그림 4.3.3 저항부하 시 출력전압과 상전류

예제 4.3.1

그림 4.3.1의 3상 전파 정류회로에서 3상 전원의 선간전압은 220 V, 60 Hz, 부하저항 R 은 10 Ω 이다. 지연각 $\alpha = 30°$일 경우 다음을 구하라.

(a) 출력전압 평균값

(b) 출력전류 평균값

(c) SCR 전류의 평균값

(d) SCR에 인가되는 역전압의 최대값

(e) 부하저항에 공급되는 전력

[풀이]

(a) 지연각 α가 60° 이하이므로 출력전압의 평균값 $\langle v_o \rangle$는 식 (4.3.1)로부터

$$\langle v_o \rangle = \frac{3\sqrt{2}}{\pi} V \cos\alpha = \frac{3\sqrt{2}}{\pi} \times 220 \times \cos 30° = 257.2 \text{ V}$$

(b) 출력전류의 평균값 $\langle i_o \rangle$는

$$\langle i_o \rangle = \frac{\langle v_o \rangle}{R} = \frac{257.2}{10} = 25.72 \text{ A}$$

(c) 그림 4.3.3 (a)의 a상 전류 i_a의 양(+)의 부분은 SCR T_1을 통해 흐르고 음(−)의 부분은 T_4 을 통해 흐른다. 즉, 각 SCR에는 출력전류 i_o가 한 주기의 $\frac{1}{3}$인 120° 동안 흐르므로 SCR 전류의 평균값 $\langle i_T \rangle$는 출력전류 평균값 $\langle i_o \rangle$의 $\frac{1}{3}$이 된다. 따라서,

$$\langle i_T \rangle = \frac{\langle i_o \rangle}{3} = \frac{25.72}{3} = 8.57 \text{ A}$$

(d) SCR에 인가되는 역전압의 최대값은 그림 4.3.3 (a)로부터

$$\sqrt{2}\, V = 220\sqrt{2} = 311.1 \text{ V}$$

(e) 출력전류의 실효값 I_o를 구하면

$$I_o = \sqrt{\frac{3}{\pi} \int_{\alpha+60°}^{\alpha+120°} \left(\frac{\sqrt{2}\, V \sin\omega t}{R} \right)^2 d(\omega t)}$$

$$= \frac{\sqrt{2}\, V}{R} \sqrt{\frac{3}{\pi} \left\{ \frac{\pi}{6} - \frac{1}{4} \left[\sin 2(\alpha+120°) - \sin 2(\alpha+60°) \right] \right\}}$$

$$= \frac{220\sqrt{2}}{10} \sqrt{\frac{3}{\pi} \left[\frac{\pi}{6} - \frac{1}{4} (\sin 330° - \sin 180°) \right]} = 26.16 \text{ A}$$

따라서, 부하저항에 공급되는 전력 P_o는

$$P_o = I_o^2 \times R = 26.16^2 \times 10 = 6843.5 \text{ W}$$

예제 4.3.2

앞의 예제 4.3.1에서 부하저항에 인덕턴스값이 매우 큰 인덕터를 직렬연결하였을 경우 지연각 $\alpha = 70°$일 때 다음을 구하라.

(a) 출력전압과 각 상전류파형

(b) 출력전압 평균값

(c) 출력전류 평균값

(d) SCR 전류 평균값

(e) SCR에 인가되는 역전압의 최대값

(f) SCR에 인가되는 순방향 전압 최대값

(g) 부하저항에 공급되는 전력

[풀이]

(a) 인덕터 부하이므로 출력전류는 연속적으로 흐른다. 따라서 그림 4.3.4처럼 전원전압의 음 (−)의 부분도 출력으로 나타난다.

(b) 출력전압 평균값 $\langle v_o \rangle$는 출력전류가 연속이므로 식 (4.3.1)로부터

$$\langle v_o \rangle = \frac{3\sqrt{2}}{\pi} V \cos\alpha = \frac{3\sqrt{2} \times 220}{\pi} \cos 70° = 101.6 \text{ V}$$

(c) 출력전류의 평균값 $\langle i_o \rangle$는

$$\langle i_o \rangle = \frac{\langle v_o \rangle}{R} = \frac{101.6}{10} = 10.16 \text{ A}$$

(d) SCR에는 출력전류 i_o가 매주기 120°씩 흐르므로 SCR 전류의 평균값 $\langle i_T \rangle$는 출력전류 평균값 $\langle i_o \rangle$의 $\frac{1}{3}$이다. 따라서,

$$\langle i_T \rangle = \frac{\langle i_o \rangle}{3} = \frac{10.16}{3} = 3.38 \text{ A}$$

(e) 그림 4.3.1에서 T_1과 T_6가 온상태에 있으면 선간전압 v_{ab}가 출력된다. 이때 T_3와 T_5에 인가되는 역전압을 각각 살펴본다. T_3에는 v_{ab}가, T_5에는 v_{ac}가 각각 인가되는데 그림 4.3.4

에서 v_{ac}의 최대값이 T_5에 인가됨을 알 수 있다. 따라서 SCR에 인가되는
역전압의 최대값은

$$\sqrt{2} \, V = 220 \times \sqrt{2} = 311.13 \text{ V}$$

(f) SCR에 인가되는 순방향전압을 구하기 위해 역시 SCR T_3의 경우를 살펴보면 앞에서와 같이 선간전압 v_{ab}의 음($-$)의 구간을 찾아보면 된다. SCR T_1과 T_6가 온되는 다음 단계에서는 T_1과 T_2가 온되며 그 다음에 T_3와 T_2가 동시에 턴온하므로 T_3가 턴온되기 직전의 전압을 구하면 된다. 즉, 그림 4.3.4에서 출력전압으로 v_{bc}가 나타나기 직전의 선간전압 v_{ab}가 SCR T_3에 순방향으로 인가되므로 그 값은

$$-\sqrt{2} \, V \sin(180° + \alpha) = -220\sqrt{2} \times \sin 250° = 292.4 \text{ V}$$

(g) 부하저항에 공급되는 전력 P_o는

$$P_o = I_o^2 \times R = 10.16^2 \times 10 = 1032.3 \text{ W}$$

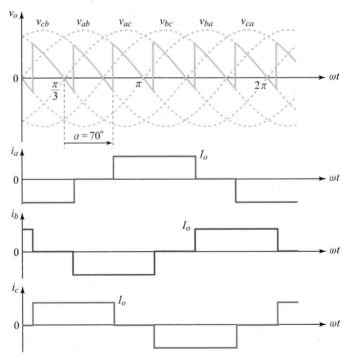

그림 4.3.4 예제 4-9에 대한 출력전압과 각 상전류파형

예제 4.3.3

그림 4.3.1의 3상 전파 정류회로로 대용량 전자석을 구동하고자 한다. 3상 전원의 선간전압은 220 V, 60 Hz이며 전자석의 저항은 1 Ω, 인덕턴스는 100 mH이다. 지연각 $\alpha = 70°$일 경우 PLECS로 시뮬레이션 하여 다음을 구하라.

(a) v_o, i_o, i_a, i_b, i_c, i_{T_1} 파형   (b) 출력전압 평균값

(c) 출력전류 평균값   (d) SCR 전류의 평균값

[풀이]

(a) 시뮬레이션의 결과는 아래와 같다.

⚪ 예제 4.3.3의 시뮬레이션 Schematic 모델 만들기

⑴ '예제4_3_3'으로 새로운 모델 파일을 만들어 저장한 후 다음과 같이 Schematic 창에 3상 전파 위상제어 정류회로를 구성한다.

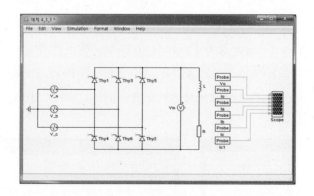

⑵ 선간전압이 220 V이므로 상전압은 선간전압보다 $\sqrt{3}$배 작은 (220*sqrt(2))/sqrt(3)을 입력한다. 그리고 지연각 α를 70°로 하기 위해서는 출력 선간전압 v_{ab}를 α가 0°인 지점부터 출력이 나오도록 해야 하는데 α가 0°인 지점이 출력 선간전압의 위상이 60°인 지점이므로 선간전압이 상전압보다 위상이 30° 앞선다는 것을 고려하여 상전압의 위상을 30° 더 당겨주면 선간전압의 위상은 60°가 더 앞서게 되어 출력 선간전압은 α가 0°인 지점부터 나오도록 할 수 있다. 따라서 상전압의 Phase(rad)에 30°가 더 앞서게끔 입력을 해야 하는데 단위가 라디안이므로 pi/6를 입력한다. 그리고 각 상의 위상 또한 120°씩 차이가 나야하므로 아래와 같이 각 상전압의 위상을 입력한다.

◎ 게이트신호 생성하기

(1) 그림 4.3.2에서 설명한 바와 같이 3상 전파 위상제어 정류회로는 입력전압 한 주기 동안 출력 선간전압이 6-펄스 형태이므로 각 펄스를 발생시키는 2개의 사이리스터를 60° 간격으로 턴온 시켜주면 된다. 60°마다 위상 지연된 신호를 발생시키기 위해서는 입력전압 한 주기 동안 6개의 스위치가 2번씩 턴온되어야 한다. 12개의 게이트신호를 발생시켜야 하므로 각 신호마다 Pulse Generator를 일일이 다 만들지 않고 간단하게 1개의 신호를 60°마다 delay 시켜 신호를 전달하는 component를 사용한다. 먼저 Schematic 창에 Pulse Genrator를 생성 시켜놓고 Library Browser 창에서 Control ⇨ Delays 탭 선택 후 Pulse Delay를 Schematic 창으로 드래그&드롭한다. 그리고 소자를 더블 클릭하여 Block Parameters의 Time Delay란 에 입력전압 한 주기인 1/60초에서 60°에 해당하는 1/360을 입력한다.

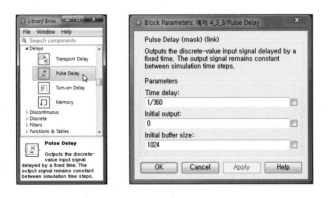

(2) 그리고 한 사이리스터에 60°의 상차가 나는 2개의 신호를 인가하기 위하여 Library Browser 창에서 Control ⇨ Logical 탭 선택 후 Logical Operator를 Schematic 창으로 드래그&드롭한 다. 소자의 초기상태는 AND Operator이므로 더블 클릭한 후 Block Parameters에서 OR Operator로 상태를 변경한다.

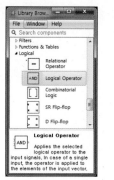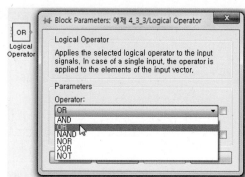

(3) Pulse Generator의 α의 위상을 시간으로 환산한 값으로 입력하고 하나의 사이리스터에 상
차가 나는 2개의 신호가 인가되도록 OR Operator와 Pulse Delay를 이용하여 아래와 같이
구성하고 Signal From과 Signal Goto의 명칭을 'T1'으로 변경하여 게이트신호를 사이리스터
에 연결한다.

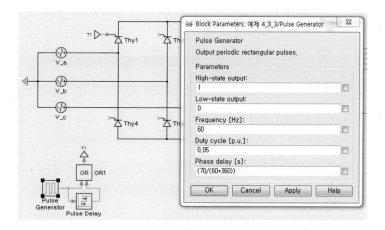

(4) 같은 원리로 60°씩 6번 신호를 delay시키도록 아래와 같이 Schematic을 구성한다. 그리고
게이트신호파형을 확인하기 위하여 Scope를 복사하여 각 게이트신호에 해당하는 Signal
Goto를 복사한 Scope에 연결한다.

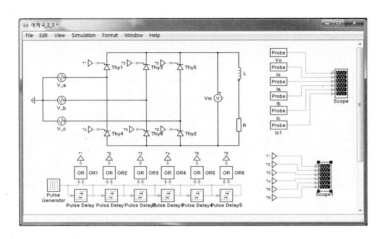

파형관찰

(1) 그림 4.3.5에 시뮬레이션 결과파형을 나타내었는데 게이트신호가 어떻게 인가되는지 살펴보기 위해 게이트신호파형도 추가하였다. 게이트신호를 보면 하나의 사이리스터에 60° 위상차가 나는 2개의 게이트신호가 인가되는 것을 확인할 수 있다.

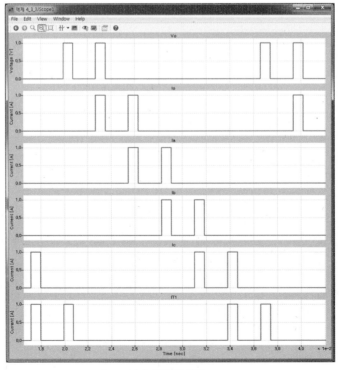

(a) 게이트신호

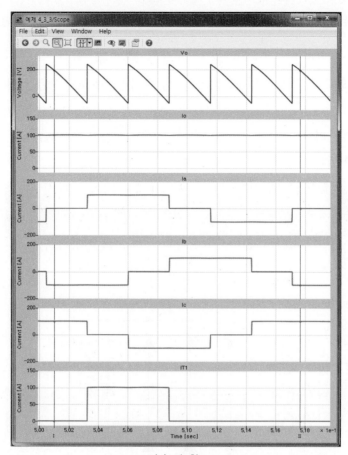

(b) 파 형

(c) 출력전압 및 출력전류 평균값

그림 4.3.5 PLECS로 나타낸 게이트신호 및 v_o, i_o, i_a, i_b, i_c, i_{T_1} 파형과 v_o, i_o, i_{T_1}의 평균값

(b) 출력전압 평균값 $\langle v_o \rangle$는 그림 4.3.5 (c)에서 Vo의 Mean값에 해당하므로 101.6 V

(c) 출력전류 평균값 $\langle i_o \rangle$는 그림 4.3.5 (c)에서 Io의 Mean값에 해당하므로 100.9 A

(d) SCR전류의 평균값 $\langle i_{T_1} \rangle$는 그림 4.3.5 (c)에서 IT1의 Mean값에 해당하므로 33.6 A

검토 부하저항의 크기를 제외하고는 예제 4.3.2와 동일한 조건이므로 예제 4.3.2의 결과와 비교해 봤을때 출력전압은 동일하나 부하저항이 $\frac{1}{10}$로 감소했으므로 각 전류의 값은 10배씩 늘었고 시뮬레이션 상의 측정값은 계산값과 거의 동일한 것을 알 수 있다.

그림 4.3.6과 같이 3상 전파 위상제어 정류회로에 환류다이오드 D_F가 추가되면 출력전압에는 마이너스(-) 부분이 없어지므로 저항부하인 경우와 동일하여 지연각 α에 따른 출력전압 평균값 $\langle v_o \rangle$는 다음과 같다.

$$\langle v_o \rangle = \begin{cases} \dfrac{3\sqrt{2}}{\pi} V \cos\alpha, & (0° \le \alpha < 60°) \\[2mm] \dfrac{3\sqrt{2}}{\pi} V[1 + \cos(\alpha + 60°)], & (60° \le \alpha < 120°) \\[2mm] 0, & (120° \le \alpha < 180°) \end{cases} \tag{4.3.3}$$

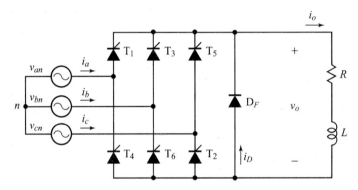

그림 4.3.6 환류다이오드가 있는 경우의 3상 전파 위상제어 정류회로

예제 **4.3.4**

그림 4.3.6과 같이 환류다이오드 D_F가 추가된 3상 전파 위상제어 정류회로에서 전원전압의 선간전압은 220 V, 60 Hz, 부하저항은 10 Ω이고 인덕턴스 L은 매우 크다고 가정한다. 지연각이 70°일 때의 출력전압, 각 상전류 및 환류다이오드전류파형을 나타내어라

[풀이]

지연각이 60° 이상이므로 환류다이오드가 없는 경우는 그림 4.3.4처럼 출력에 전원전압의 음(−)의 부분이 나타나지만 환류다이오드 작용에 의해 그림 4.3.7처럼 출력전압은 양(+)이거나 0이다.

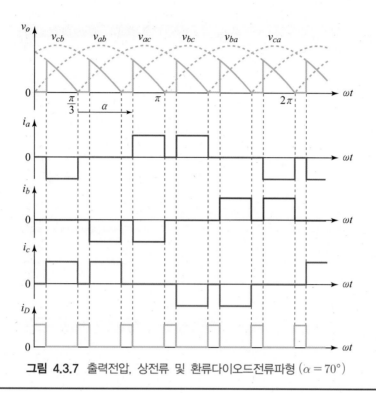

그림 4.3.7 출력전압, 상전류 및 환류다이오드전류파형 ($\alpha = 70°$)

예 제 **4.3.5**

예제 4.3.3에서 출력전압이 음(−)으로 내려가는 것을 방지하기 위하여 그림 4.3.6처럼 환류다이오드를 추가 하였다. 예제 4.3.3과 동일한 조건에서 동작했을 때 문제를 반복하여 풀어 보아라.

(a) v_o, i_o, i_a, i_b, i_c, i_{T_1} 파형

(b) 출력전압 평균값

(c) 출력전류 평균값

(d) SCR 전류의 평균값

[풀이]

(a) PLECS 시뮬레이션 파형

⬤ 예제 4.3.5의 Schematic 모델 생성 및 파형관찰

(1) '예제4_3_5'로 새로운 모델 파일을 만들어 저장한 후 아래와 같이 예제 4.3.3의 Schematic 모델에서 환류다이오드만 추가된 형태로 구성한다.

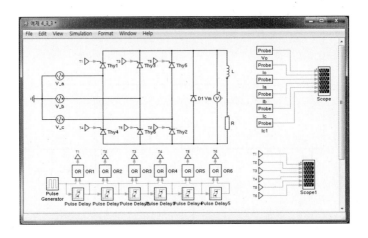

(2) 시뮬레이션 실행 후 결과 파형과 측정된 데이터는 다음과 같다.

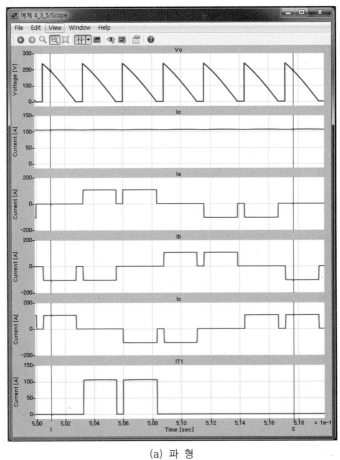

(a) 파 형

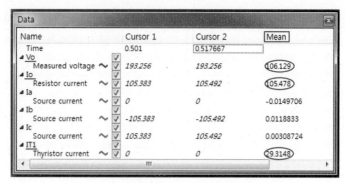

(b) 출력전압 및 출력전류 평균값

그림 4.3.8 PLECS로 나타낸 v_o, i_o, i_a, i_b, i_c 파형과 v_o, i_o, i_{T_1} 의 평균값

(b) 출력전압 평균값 $\langle v_o \rangle$는 그림 4.3.8 (b)에서 Vo의 Mean값에 해당하므로 106.1 V

(c) 출력전류 평균값 $\langle i_o \rangle$는 그림 4.3.8 (b)에서 Io의 Mean값에 해당하므로 105.5 A

(d) SCR전류의 평균값 $\langle i_{T_1} \rangle$는 그림 4.3.5 (b)에서 IT1의 Mean값에 해당하므로 29.3 A

> 검토 출력전압이 음(−)으로 내려가는 구간이 사라졌으므로 출력전압의 평균값은 환류다
> 이오드가 없는 회로와 비교했을 때 4.5 V 상승하는 것을 알 수 있고 이와 더불어
> 출력전류도 4.5 A 상승하였다. 그러나 SCR 전류의 평균값은 오히려 감소하는데
> 이는 출력전압이 0인 구간동안 전류가 SCR을 통하지 않고 부하측의 환류다이오드
> 로 흐르기 때문이다.

4.3.2 12−펄스 위상제어 정류기

그림 4.1.1과 표 4.1.2에서 부산 지하철 전차선 직류전압 1.5 kV는 12−펄스 SCR 위상제어 정류기에 의해 공급된다는 것을 알 수 있는데, 그럼 여기서 12−펄스가 의미하는 바가 무엇인지 살펴보기로 하자.

그림 4.3.9에서 (a)는 6−펄스 위상제어 정류기 2대를 직렬접속한 회로도를, (b)는 지연각 α가 30°인 경우 출력전압파형을, (c)는 지연각 $\alpha = 0°$일 경우 변압기의 1차측, 2차측 전류파형을 나타낸다. 그림 4.3.9 (a)에서 v_{o1}과 v_{o2} 각각의 평균값은 동일하다. v_{o1}과 v_{o2}의 평균값이 동일하려면 상부와 하부의 6−펄스 정류회로 각각의 교류 입력전

압이 동일해야 한다. 그런데 상부 변압기 결선은 Y−결선이고 하부는 Δ−결선이므로 권수비는 $N_{21} : N_{22} = 1 : \sqrt{3}$ 으로 해야 한다. 각각의 변압기 2차측 결선의 형태를 통일하면 편리할 텐데 왜 이렇게 하나씩 섞어 놓았을까? 그렇다! Δ−**결선과 Y−결선 선간전압은 상호 30° 위상차가 있다는 성질을 이용하기 위해서다.** 그림 4.3.9 (b)에서 v_{o1}과 v_{o2}를 살펴보자. 각각의 전압파형은 그림 4.3.3 (a)의 6−펄스 위상제어 정류기 출력파형과 유사하다. 다른 점이 있다면 각각의 전압에 실려 있는 리플성분의 위상에 30° 차이가 있다는 것뿐이다. 그림에서 알 수 있듯이 v_{o1}과 v_{o2}를 더한 v_o는 그 크기가 $v_{o1}(v_{o2})$의 두 배가 되고 리플성분의 주파수도 두 배가 된다. 즉, 교류전원 주파수의 1주기 내에 12개의 펄스가 존재하므로 그림 4.3.9 (a)와 같은 전력변환기를 **12−펄스 위상제어 정류기**라 한다. 그림 4.3.9 (c)에서 변압기 1차측 전류 i_A가 2차측 전류 i_{a1}과 i_{a3}의 합으로 나타나는 이유는 변압기 권수비를 $N_1 : N_{21} : N_{22} = 1 : 1 : \sqrt{3}$ 으로 하였기 때문이다. 부산 지하철의 전차선 급전 시스템의 정격전압 1500 VDC는 750 VDC를 출력하는 6−펄스 위상제어 정류기 2대를 그림 4.3.9 (a)와 같이 직렬접속하여 얻는다. 지하철 전차선 외에도 실제 산업현장에서 전압이 높고 용량이 큰 경우에는 이와 같이 6−펄스 위상제어 정류기를 2개 이상 직렬접속하는 다중화 방식을 많이 사용하고 있다. 반대로 전압보다는 전류가 크고 용량도 큰 경우에는 병렬로 여러 대를 접속한 다중화방식을 사용한다.

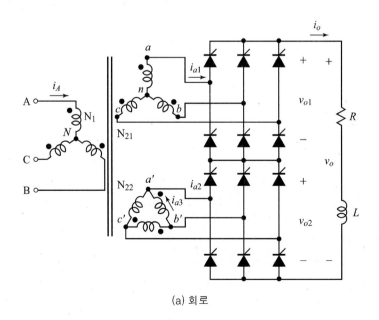

(a) 회로

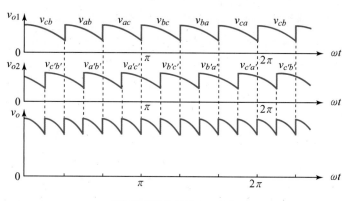

(b) 출력전압 파형 ($\alpha = 30°$)

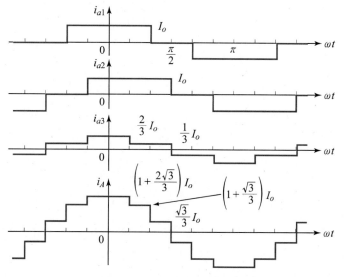

그림 4.3.9 12-펄스 위상제어 정류기

예제 4.3.6

그림 4.3.9(a)의 12-펄스 위상제어 정류기의 1차측 전원전압은 220 V, 60 Hz, 부하저항 R은 10Ω이고 인덕턴스 L은 매우 크다고 가정한다. 지연각 $\alpha = 30°$일 경우 다음을 구하라. 단, 변압기 권선비는 Y-Y 결선 부분은 1 : 1, Y-Δ 결선부분은 1 : $\sqrt{3}$ 이다.

(a) 출력전압 평균값　　　　　　　　　　　(b) 부하에 공급되는 전력

[풀이]

(a) 12-펄스 위상제어 정류기의 출력전압의 평균값 $\langle v_o \rangle$는 6-펄스 위상제어 정류기 출력전압 평균값 각각의 합과 같으므로 우선 6-펄스 위상제어 정류기의 출력전압 평균값 $\langle v_{o1} \rangle$을 구하면, 식 (4.3.1)로부터

$$\langle v_{o1} \rangle = \langle v_o \rangle = \frac{3\sqrt{2}}{\pi} V \cos \alpha = \frac{3\sqrt{2}}{\pi} \times 220 \times \cos 30° = 257 \text{ V}$$

따라서, 출력전압 평균값 $\langle v_o \rangle$는

$$\langle v_o \rangle = 257 \times 2 = 514 \text{ V}$$

(b) 출력전류의 평균값 $\langle i_o \rangle$는

$$\langle i_o \rangle \frac{\langle v_o \rangle}{R} = \frac{514}{10} = 51.4 \text{ A}$$

따라서, 부하에 공급되는 전력 P_o는

$$P_o = \langle v_o \rangle I_o = 514 \times 51.4 = 26.419 \text{ kW}$$

예제 4.3.7

그림 4.3.9 (a)의 회로를 지하철 전동차 급전용 직류전원장치로 사용하고자 한다. 3상교류 입력 선간전압은 22.9 kV이고 직류 출력전압 V_o는 1.5 kV, $R = 1.5$ Ω, $L = 10$ mH일 때 다음을 구하라.

(a) $\alpha = 30°$일 때 V_o를 1.5 kV로 하려면 각각의 6-펄스 정류기 교류 입력전압의 실효값을 얼마로 해야 하는가?

(b) $\alpha = 30°$일 때 PLECS로 시뮬레이션하여 i_A, i_{a1}, i_{a2}, i_{a3}, v_{o1}, v_{o2}, v_o, i_o의 파형을 나타내어라.

[풀이]

(a) 각각의 6-펄스 정류기 출력단 전압은 750 V이다. 따라서, 6-펄스 정류기 입력단 교류전압을 V_{in}이라 두면

$$\langle v_{o1} \rangle = \frac{3\sqrt{2}}{\pi} V_{\text{in}} \cos \alpha = \frac{3\sqrt{2}}{\pi} \times V_{\text{in}} \times \cos 30° = 750 \text{ V}$$ 이므로 $V_{\text{in}} = 641.3 \text{ V}$이다.

(b) 시뮬레이션의 결과는 아래와 같다.

◯ **예제 4.3.7의 시뮬레이션 Schematic 모델 만들기**

(1) '예제4_3_7'의 이름으로 새로운 모델파일을 만들어 저장한 후 아래와 같이 3상 입력전원과 아래쪽에 연결되는 사이리스터 12개를 이용하여 6펄스 정류기를 직렬로 연결한 형태의 Schematic 창을 구성한다.

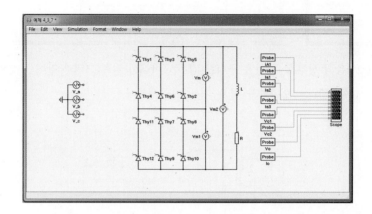

(2) YYΔ-결선 형태의 변압기를 구성하기 위해서 Library Browser 창에서 Electrical ⇨ Transformers 탭 선택 후 ⫴의 형태로 생긴 Ideal Transformer를 Schematic 창으로 드래그&드롭한다. 그리고 소자를 더블 클릭하여 생성되는 Block Parameters에서 Number of windings에 [1 2]를 입력하고 Number of turns에는 [1 1 sqrt(3)]을 입력한 후 소자를 2개 더 복사하여 아래와 같은 변압기 1차측의 3상전원이 Y-결선의 형태가 되도록 아래와 같이 결선한다. 참고로 Library Browser 창에서 Transformer components를 선택할 때 [Ydy Transformer]를 선택해서 사용해도 시뮬레이션을 실행하는데 문제가 없지만, 이 소자를 사용할 경우 그림 4.3.9 (a)에서 변압기 2차측 하부 Δ-결선의 상전류 i_{a3}를 측정하기 어려우므로 이 소자를 사용하지 않고 Ideal Transformer 소자를 사용하여 직접 Δ결선의 형태를 구성한다.

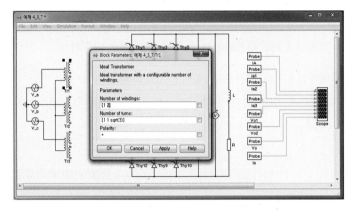

(3) 변압기 2차측의 상부 Y-결선을 구성할 경우는 아래의 왼쪽 그림과 같이 구성하고 하부 Δ-결선을 구성할 경우는 오른쪽과 같은 형태로 구성한다.

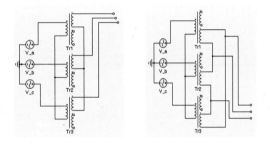

(4) 변압기 2차측의 상·하부 결선을 결합한 후 변압기 1, 2차측 전류를 측정할 Ammeter를 삽입하여 전체회로를 아래와 같이 구성할 수 있다.

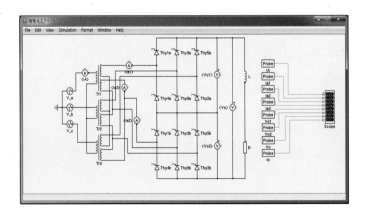

◯ 게이트신호 생성하기

(1) 게이트신호는 예제 4.3.3의 3상 전파 위상제어 정류회로에서 구성했던 방식으로 구성한다.
2차측 하부 6개의 사이리스터의 신호는 상부 신호 전체를 30° 만큼 지연시켜 구성하면 되므
로 다음과 같이 게이트신호 블록 전체를 복사한 뒤 Pulse Delay 소자 하나만 사용해서 복사
한 전체 신호를 30° delay 시켜주면 간단하게 구성할 수 있다.

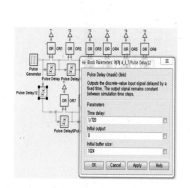
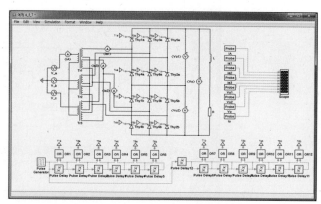

◯ 파형관찰

(1) 시뮬레이션 실행 후 Cursors를 이용하여 평균값을 측정한 결과는 다음과 같다.

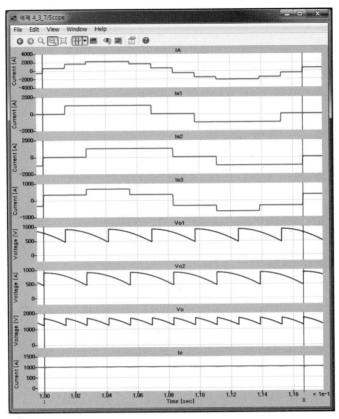

(a) 회 로

(b) 출력전압 및 출력전류 평균값

그림 4.3.10 PLECS로 나타낸 i_A, i_{a1}, i_{a2}, i_{a3}, v_{o1}, v_{o2}, v_o, i_o 파형과 v_o의 평균값

먼저 (a)에서 구한 입력전압을 비롯한 각 파라미터를 기입한 후 시뮬레이션을 실행한 결과 나
타난 파형은 다음과 같으며, 직류 출력전압 또한 1.5 kV로 측정되는 것을 확인할 수 있다.

PWM 컨버터

  2장에서 살펴보았던 다이오드 정류기는 변환된 직류전원의 크기를 제어할 수 없을 뿐더러 교류전원측 입력전류의 파형이 정현파와는 상당히 달라서 전력품질을 심각하게 저하시키는 원인이 된다. SCR 위상제어 정류기는 직류 출력단 전압의 크기를 제어할 수는 있으나 지연각이 증가함에 따라 역률이 저하되며 또한 교류 입력단 전류의 파형 또한 정현파와 상당히 다르다는 문제점을 안고 있다.

  여기서는 교류 입력단의 전류파형을 정현파와 유사하게 하고 역률도 단위역률 1이 되도록 하면서 직류측 출력전압의 크기를 일정하게 제어할 수 있을 뿐 아니라 전력회생도 가능한 PWM 컨버터[56]에 대해 기술하고자 한다.

  그림 4.4.1은 단상 PWM 컨버터의 회로도와 전압 전류파형을 나타낸다. 스위치 $T_1 \sim T_4$는 온·오프 제어가 가능한 IGBT, MOSFET, IGCT, GTO 등의 소자로 구성되는데 입·출력단 전압과 컨버터 용량에 따라 소자의 종류가 결정된다. 그림 4.4.1 (b)에서 출력전압 v_o의 크기는 입력전압 v_s의 최대값보다 더 크다는 것을 알 수 있는데, 이러한 조건이 성립되어야 교류 입력전류 i_s를 자유자재로 제어할 수 있으며 **단위역률 제어**가 가능하게 된다.

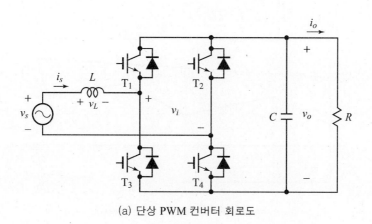

(a) 단상 PWM 컨버터 회로도

---

56) PWM은 Pulse Width Modulation의 약자이며 스위치를 온하는 구간(Pulse Width)을 가변(modulation) 한다는 의미를 갖는데 상세한 설명은 5장을 참조 바란다.

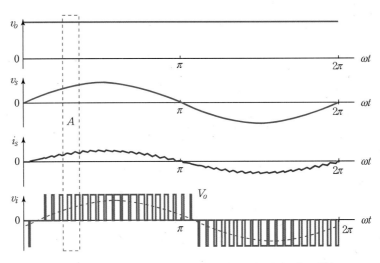

그림 4.4.1 단상 PWM 컨버터의 회로도와 전압 전류파형

그림 4.4.1의 PWM 컨버터의 동작을 자세히 살펴보면 다음과 같다.

그림 4.4.2는 그림 4.4.1의 A 부분을 확대한 그림의 일부분이다. 그림 4.4.2에서 구간-Ⅰ을 살펴보면 교류입력전류 i_s가 증가하고 있음을 알 수 있다. i_s를 증가시키기 위해서는 인덕터 L에 인가되는 전압 v_L을 플러스(+)로 해야 한다. v_L을 플러스(+)로 하기 위한 T_1~T_4의 스위칭방식에는 두 가지 방법이 있으며 각각의 방법은 다음과 같다.

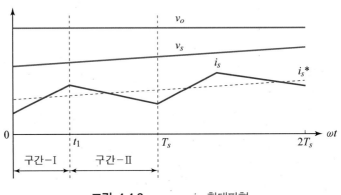

그림 4.4.2 v_o, v_s, i_s 확대파형

그림 4.4.3은 입력전류 i_s의 증가 및 감소 시 스위칭상태를 포함한 등가회로를 나타낸 것이다. 그림 4.4.3 (a)와 (b)는 i_s를 증가시키는 경우를 나타내며 (c)는 감소시키는 경우를 나타낸다. 그림 4.4.3 (a)는 스위치 T_1과 T_2를 턴온하여 구간-Ⅰ에서 전류를 증가시키는 경우를 나타낸다. 이때 전류의 증가는 다음과 같다.

$$i_s = i_s(0) + \frac{1}{L}\int_0^t v_s dt \tag{4.4.1}$$

그림 4.4.3 (b)는 스위치 T_2와 T_3을 턴온하여 전류 i_s를 증가시키는 경우인데 이렇게 하면 인덕터 L에는 입력전압 v_s와 출력전압 v_o가 더해져서 인가되기 때문에 다음 식과 같이 전류의 상승이 더 커지게 된다.

$$i_s = i_s(0) + \frac{1}{L}\int_0^t (v_s + v_o)dt \tag{4.4.2}$$

그림 4.4.2의 구간-Ⅱ를 살펴보면 i_s가 감소하고 있는데, i_s가 감소하기 위해서는 L에 인가되는 전압이 마이너스(−)가 되어야 한다. 입력전류 i_s를 감소시키기 위해서는 T_1과 T_4를 턴온하여 전류흐름이 그림 4.4.3 (c)와 같이 되도록 한다. 이때 인덕터 L에는 입력전압과 출력전압의 차가 인가되므로 전류에 대한 식은 다음과 같다.

$$i_s = i_s(t_1) + \frac{1}{L}\int_{t_1}^t (v_s - v_o)dt \tag{4.4.3}$$

식 (4.4.3)에서 알 수 있듯이 $t_1 \leq t \leq T_s$ 구간에서 **전류가 감소하기 위해서는 출력전압 v_o가 입력전압 v_s보다 커야 한다.**

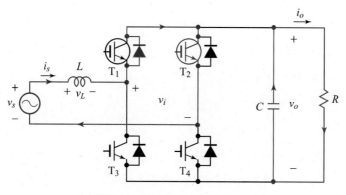

(a) 구간 Ⅰ : i_s 전류 증가 (Unipolar PWM)

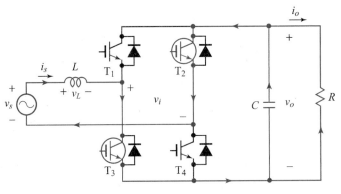

(b) 구간 Ⅰ: i_s 전류 증가 (Bipolar PWM)

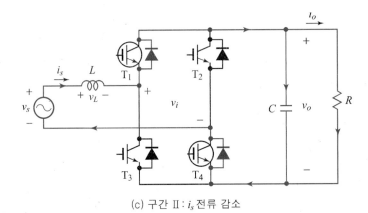

(c) 구간 Ⅱ: i_s 전류 감소

그림 4.4.3 구간-Ⅰ, Ⅱ에 해당하는 등가회로

　　그림 4.4.4에 입력전류 i_s와 컨버터 입력전압 v_i를 나타내었는데 2개의 v_i파형 중에서 위쪽에 있는 것은 그림 4.4.3 (a)에 해당하며 아래쪽에 있는 것은 그림 4.4.3 (b)에 해당한다. 컨버터 입력전압파형 v_i를 살펴보면 위쪽 파형은 0과 v_o가 번갈아 나타나므로 그림 4.4.3 (a)와 같이 스위칭하는 것을 Unipolar(단극성) PWM이라 하고 아래쪽 파형은 $+v_o$, $-v_o$가 번갈아 나타나므로 그림 4.4.3 (b)와 같이 스위칭하는 것을 Bipolar(양극성) PWM이라 한다. 또한 i_s의 크기를 관찰해 보면 $0 \le t < T$인 구간에서의 평균값 I_{s1}보다 $T \le t < 2T$에서의 평균값 I_{s2}가 더 크다는 것을 알 수 있다. 전원전압 v_s의 값이 $0 \le t < 2T$ 사이에 거의 일정하다고 볼 때 i_s를 증가시키기 위해서는 T_1과 $T_2(T_2$와 $T_3)$가 켜지는 시간은 증가시키고 T_1과 T_4가 켜지는 시간은 감소시키면 된다. 즉, $T \le t < t_2$ 구간은 $0 \le t < t_1$ 구간보다 크고 $t_2 \le t < 2T$ 구간은 $t_1 \le t < T$ 구간 보다 작다. 이렇게 각 스위치들이 켜져 있는 시간을 적절히 변화시킴으로써 입력전류 i_s의 파형을 정현파와 유사하게 만들어 낼 수 있는 것이다.

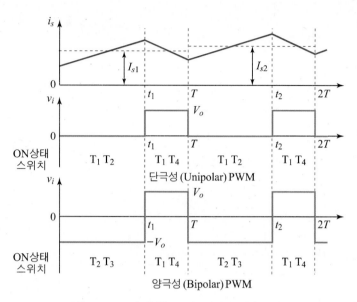

그림 4.4.4 입력전류 i_s와 컨버터 입력전압 v_i

이제부터 PWM 컨버터의 전력제어원리를 살펴보기로 한다. PWM 컨버터의 전력제어를 하려면 교류 입력전류 i_s의 크기와 위상을 제어해야 한다. 그런데 i_s를 제어하려면 교류전원과 PWM 컨버터 사이의 인덕터 L에 인가되는 전압을 제어해야 하는데 교류전원은 고정되어 있으므로 결국은 **PWM 컨버터 입력전압** v_i**를 제어해야** 된다. v_i의 제어량은 기본파 주파수[57], 크기, 위상의 세 가지인데 기본파의 주파수는 교류전원과 동일해야 하고 **크기와 위상을 제어함으로써 전력제어를 하게** 된다.

그림 4.4.5는 PWM 컨버터 입력전압 v_i를 제어함으로써 변화하는 교류 입력전류 i_s를 페이저와 파형으로 나타낸 것이다. 여기서 v_{i1}은 v_i의 기본파를 의미한다.

---

[57] 기본파 주파수란 그림 4.4.1 (b)의 v_i 파형에서 점선으로 나타낸 파형의 주파수를 의미하며 상세한 내용은 5장을 참조 바란다.

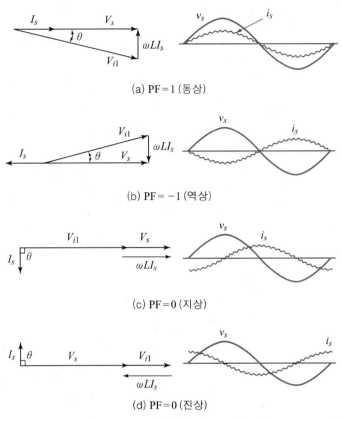

(a) PF = 1 (동상)

(b) PF = −1 (역상)

(c) PF = 0 (지상)

(d) PF = 0 (진상)

그림 4.4.5 v_i의 제어에 따른 i_s의 변화

그림 4.4.5 (a)는 v_{i1}의 크기가 v_s보다 크고 위상은 지연되도록 하여 i_s와 v_s가 동상이 되도록 한 것이다. i_s의 크기를 증가시키려면 v_{i1}의 크기를 증가시키면서 동시에 위상지연(θ)도 증가시키면 되고, 역으로 i_s를 감소시키려면 v_{i1}의 크기를 줄이면서 위상지연도 줄이면 된다. 이렇게 하면 항상 역률을 1인 상태로 유지하면서 교류전력을 직류전력으로 변환하는 정류모드로 동작한다.

그림 4.4.5 (b)는 v_{i1}의 위상이 v_s보다 앞서게 함으로써 교류 입력전류 i_s의 위상과 교류입력 전압 v_s의 위상이 180° 차이가 나도록 한 경우를 나타낸다. 이러한 동작은 직류전원측으로부터 교류전원측으로 전력이 회생될 때 이루어지며 이때 PWM 컨버터는 인버터[58]처럼 동작한다. PWM 컨버터의 직류측 부하에 교류전동기를 구동하고자 하는 인버터가 접속된 경우 교류전동기 회생제동 시 발생되는 에너지를 교류전원측으로 되돌리고자

---

58) 인버터는 직류전원을 교류전원으로 변환하는 전력변환기인데 상세한 설명은 5장을 참조 바란다.

할 때 이러한 동작모드를 이용한다.

그림 4.4.5 (c)는 v_{i1}과 v_s의 위상을 동상으로 하고 v_{i1}의 크기를 v_s보다 작게 한 경우인데, 이렇게 하면 교류 전원전류 i_s의 위상은 전원전압보다 90° 지연된다. 따라서 교류 전원에서 볼 때 PWM 컨버터는 마치 **리액터 부하처럼 동작**하며 v_{i1}의 크기에 따라 i_s의 크기가 정해지므로 리액터용량을 임의로 가변할 수 있다.

그림 4.4.5 (d)는 (c)와 반대로 v_{i1}의 크기를 v_s보다 크게 한 경우인데, 이때에는 i_s의 위상이 v_s보다 90° 앞서게 된다. 이 경우는 PWM 컨버터가 마치 **커패시터 부하처럼 동작**한다.

4.A AC-AC 위상제어 컨버터

우리주변에서 흔히 볼 수 있는 전기제품 중에서 전기장판을 생각해 보자. 전기장판의 온도를 조절하기 위해서 어떻게 하는가? 220 V 교류전원에 콘센트를 연결하고 온도조절 노브를 돌려서 1단, 2단, 3단, …으로 가변하여 적절한 온도를 유지하도록 하고 있다. 온도조절 노브를 돌리는 것과 전기회로는 어떠한 관계를 가지고 있기에 온도제어가 되는 것일까?

그림 4.A.1 (a)는 전기장판에 사용되는 **단상 AC-AC 위상제어컨버터**의 회로도를, (b)는 각부의 전압과 전류파형을 나타낸다. 그림 4.A.1 (a)에서 T_1과 T_2는 SCR을 나타내며 각 SCR의 게이트신호는 그림 (b)에 i_{G1}과 i_{G2}로 나타내었다. 입력전압 v_s의 양(+)의 반주기에서는 SCR T_1의 지연각 α를 가변하여 전력의 흐름을 제어하며 음(−)의 반주기에서는 T_2의 지연각 α를 가변하여 제어한다. 정상상태에서 T_1과 T_2의 게이트신호 i_{G1}과 i_{G2}는 180°의 위상차를 갖는다.

그림 4.A.1 (b)에서 출력전압 v_o의 실효값 V_o를 구하면 다음과 같다. 입력전압 v_s를

$$v_s = \sqrt{2}\,V\sin\omega t \tag{4.A.1}$$

라 두면, V_o는

$$
\begin{aligned}
V_o &= \sqrt{\frac{1}{\pi}\int_0^\pi v_o^2 d(\omega t)}\\
&= \sqrt{\frac{1}{\pi}\int_\alpha^\pi (\sqrt{2}\,V\sin\omega t)^2 d(\omega t)}\\
&= V\sqrt{\frac{1}{\pi}\left(\pi-\alpha+\frac{\sin 2\alpha}{2}\right)}
\end{aligned}
\tag{4.A.2}
$$

이며 $|v_o|$는 그림 4.2.1의 v_o와 동일하므로 각각의 실효값도 동일하다. 식 (4.A.2)에서 알 수 있듯이 지연각 α를 0°∼180°까지 가변함에 따라 출력전압의 실효값 V_o는 V에서 0까지 변한다. 따라서 이 방식은 교류출력의 주파수는 일정하게 하고 전압을 가변하고

자 하는 경우 유용하게 사용된다. 실제로 전기장판의 경우에는 T_1과 T_2가 하나로 되어 있는 **트라이악**(Triac)이라는 소자를 사용한다. 전기장판의 온도조절용 노브를 돌리면 전기적으로는 지연각 α가 변하는데 노브를 높은 단계로 돌릴수록 α가 작아진다.

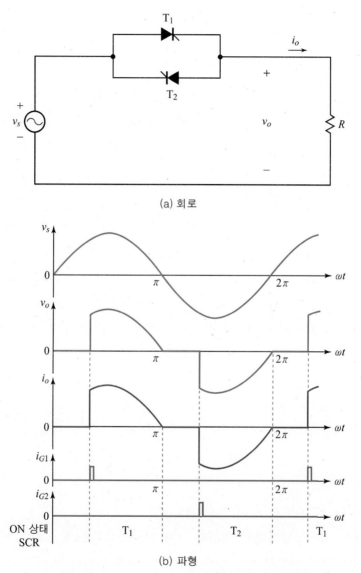

그림 4.A.1 단상 AC−AC 위상제어 컨버터(저항부하)

그림 4.A.2는 $R-L$ 유도성 부하를 갖는 경우의 회로도와 각부의 전압과 전류파형을 나타낸다. 입력전압 v_s의 양의 반주기 구간에서 SCR T_1이 턴온되면 출력전류 i_o가 흐르기 시작한다. 그런데 이 출력전류는 부하의 인덕턴스 때문에 v_s가 음의 값으로 바뀌

기 시작하는 위상각 $\omega t = \pi$에서 0으로 감소하지 못하고 $\omega t = \beta$에서 비로소 0으로 된다. 따라서 T_1의 온구간 δ는

$$\delta = \beta - \alpha \tag{4.A.3}$$

이며, 이것은 지연각 α와 부하임피던스각 $\phi\left(= \tan^{-1}\dfrac{\omega L}{R}\right)$에 따라 결정된다. 그림 4.A.2 (b)의 i_o 파형에 점선으로 표기된 정현파는 전류가 연속적으로 흐를 때를 가정한 것이다. 그런데 α가 ϕ보다 크면 그림 4.A.2 (b)처럼 출력전류 i_o는 불연속이고 α가 ϕ 보다 작거나 같으면 그림 4.A.2 (c)처럼 i_o는 연속이 되어 일반 교류회로와 비슷하게 동작한다.

그림 4.A.2 (c)는 출력전류가 연속인 경우 각부의 파형을 나타낸다. 그림 4.A.1 (b)와 4.A.2 (b)에서는 SCR 게이트신호 i_{G1}과 i_{G2}가 각각 하나의 펄스(pulse)로 이루어져 있어도 각 SCR을 턴온할 수 있지만 **그림 4.A.2 (c)처럼 출력전류가 연속이면 하나의 펄스만으로는 T_1과 T_2를 연속해서 턴온시킬 수 없으며** 그 이유는 다음과 같다. SCR T_2를 $\omega t = \pi + \alpha$에서 턴온할 때 T_1에는 부하인덕턴스 때문에 계속 전류가 흐르고 있다. T_1 의 전류가 0으로 감소하는 시점은 $\omega t = \pi + \phi$이며 이것은 $\pi + \alpha$보다 크다. 만약 T_2를 턴온하기 위하여 $\omega t = \pi + \alpha$에서 게이트 펄스 하나만 발생하였다고 하면 T_2는 턴온되지 않는다. 왜냐하면, 비록 T_2를 턴온하기 위하여 T_2의 게이트에 펄스를 인가하였다하더라도 T_1이 계속 온상태를 유지하므로 T_2는 역바이어스되어 있기 때문이다. 따라서 T_1만 주기적으로 턴온되어 출력전압과 전류는 비대칭이 되고 직류성분을 갖게 된다. 이러한 문제를 해결하기 위하여 그림 4.A.2 (c)처럼 게이트신호를 **펄스열**(pulses train) 형태로 한다. 그러면 $\omega t = \pi + \phi$에서 T_1의 전류가 0으로 되자마자 바로 T_2의 게이트에 인가되는 펄스에 의해 T_2는 턴온된다. 펄스열은 $\pi - \alpha$ 구간 동안 지속되면 되고 펄스열의 주파수는 20 kHz 정도로 하면 충분하다.

출력전압 또는 출력전류파형은 지연각 α가 부하임피던스각 ϕ보다 작으면 정현파가 되고 α가 ϕ보다 크면 전류가 불연속이 되어 비정현파가 된다. α가 ϕ보다 작은 경우는 연속모드로 동작하므로 α를 가변해도 출력전류의 크기는 제어되지 않는다. 이때 각 SCR의 온구간을 살펴보면 T_1은 $\phi \le \omega t < \pi + \phi$, T_2는 $\pi + \phi \le \omega t < 2\pi + \phi$ 구간에서 온된다. α가 ϕ보다 큰 경우는 출력전류의 제어가 가능하며 α의 제어범위는

$$\phi \le \alpha \le \pi \qquad\qquad (4.A.4)$$

이다.

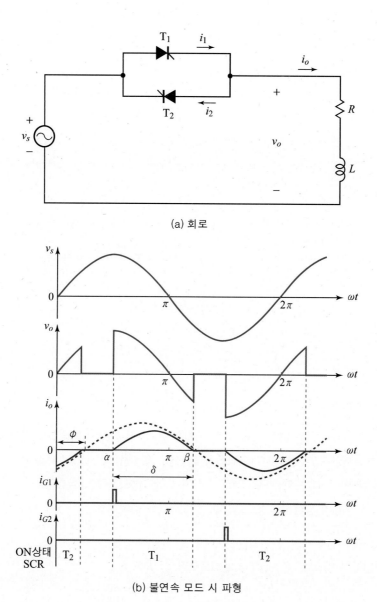

(a) 회로

(b) 불연속 모드 시 파형

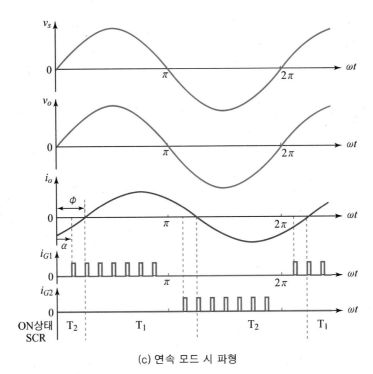

(c) 연속 모드 시 파형

그림 4.A.2 단상 AC–AC 위상제어 컨버터 (유도성 부하)

예제 4.A.1

그림 4.A.1 (a)와 같은 단상 AC-AC 위상제어 컨버터에서 입력전압 v_s는 220 V, 60 Hz 이고 부하저항 R은 10 Ω이다. SCR T_1과 T_2의 지연각 α가 30°일 때 다음을 구하라.

(a) 출력전압의 실효값   (b) 출력전류의 실효값
(c) SCR 전류의 평균값   (d) 입력역률

[풀이]

(a) 출력전압의 실효값 V_o는 식 (4.A.2)로부터

$$V_o = V\sqrt{\frac{1}{\pi}\left(\pi - \alpha + \frac{\sin 2\alpha}{2}\right)} = 220\sqrt{\frac{1}{\pi}\left(\pi - \frac{\pi}{6} + \frac{\sin \pi/3}{2}\right)} = 216.8 \text{ V}$$

(b) 출력전류의 실효값 I_o는

$$I_o = \frac{V_o}{R} = \frac{216.8}{10} = 21.68 \text{ A}$$

(c) SCR 전류의 평균값 $\langle i_T \rangle$는

$$\langle i_T \rangle = \frac{1}{2\pi} \int_{\alpha}^{\pi} \frac{v_s}{R} d(\omega t) = \frac{1}{2\pi} \int_{\alpha}^{\pi} \frac{\sqrt{2}\, V\sin(\omega t)}{R} d(\omega t)$$

$$= \frac{\sqrt{2}\, V}{2\pi R}(\cos\alpha + 1) = \frac{220\sqrt{2}}{2\pi \times 10}(\cos 30° + 1) = 9.24 \text{ A}$$

(d) 부하저항 R에 공급되는 전력 P_o는

$$P_o = I_o^2 R = 21.68^2 \times 10 = 4700 \text{ W}$$

입력전류의 실효값과 출력전류의 실효값은 동일하므로 입력측 피상전력 S는

$$S = VI_o = 220 \times 21.68 = 4769.6 \text{ VA}$$

따라서 입력역률 PF는

$$\text{PF} = \frac{P_o}{S} = \frac{4700}{4769.6} = 0.985 \text{ (lagging)}$$

예제 4.A.2

그림 4.A.1 (a)의 회로를 전기장판의 온도제어에 사용하고자 한다. 부하저항 $R = 220\,\Omega$일 때 다음을 구하라.

(a) 온도제어용 노브의 1단, 2단, 3단, 4단, 5단, 6단에 해당하는 지연각을 150°, 120°, 90°, 60°, 30°, 0°라 할 때 각 단에서의 소모되는 전력을 구하라.

(b) 또한 위의 각 단에서 PLECS로 시뮬레이션하여 v_o, i_o, p_o를 나타내어라.

[풀이]

(a) 출력전압의 실효값이 $V\sqrt{\dfrac{1}{\pi}\left(\pi - \alpha + \dfrac{\sin 2\alpha}{2}\right)}$ 이므로 전력은 $\dfrac{V^2}{\pi R}\left(\pi - \alpha + \dfrac{\sin 2\alpha}{2}\right)$ 이다.

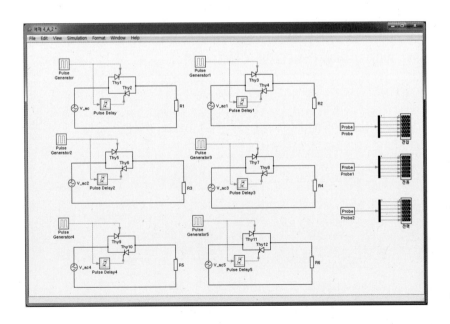

(1) 1단 (150°) : $\dfrac{220^2}{220\pi} \times \left(\pi - \dfrac{5\pi}{6} + \dfrac{\sin\left(\dfrac{5\pi}{3}\right)}{2} \right) = 6.34 \text{ W}$

(2) 2단 (120°) : $\dfrac{220^2}{220\pi} \times \left(\pi - \dfrac{2\pi}{3} + \dfrac{\sin\left(\dfrac{4\pi}{3}\right)}{2} \right) = 43 \text{ W}$

(3) 3단 (90°) : $\dfrac{220^2}{220\pi} \times \left(\pi - \dfrac{\pi}{2} + \dfrac{\sin\pi}{2} \right) = 110 \text{ W}$

(4) 4단 (60°) : $\dfrac{220^2}{220\pi} \times \left(\pi - \dfrac{\pi}{3} + \dfrac{\sin\left(\dfrac{2\pi}{3}\right)}{2} \right) = 177 \text{ W}$

(5) 5단 (30°) : $\dfrac{220^2}{220\pi} \times \left(\pi - \dfrac{\pi}{6} + \dfrac{\sin\left(\dfrac{\pi}{3}\right)}{2} \right) = 214 \text{ W}$

(b) PLECS로 시뮬레이션한 결과는 다음과 같다.

예제 4.A.2의 Schematic 모델 생성 및 파형관찰

(1) '예제4_A_2'로 새로운 모델 파일을 만들어 저장한 후 아래와 같이 Schematic 창을 구성한
   다.

(2) 시뮬레이션 실행 후 출력파형과 Cursors를 이용하여 평균값을 측정한 결과는 다음과 같다.

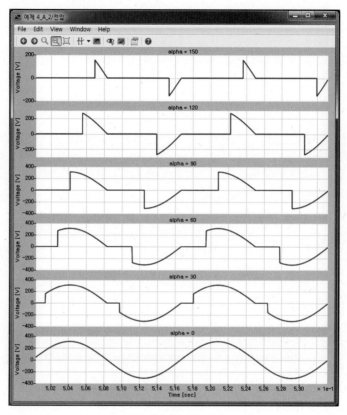

(a) 전 압

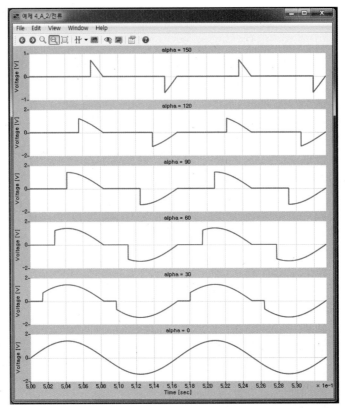

(b) 전 류

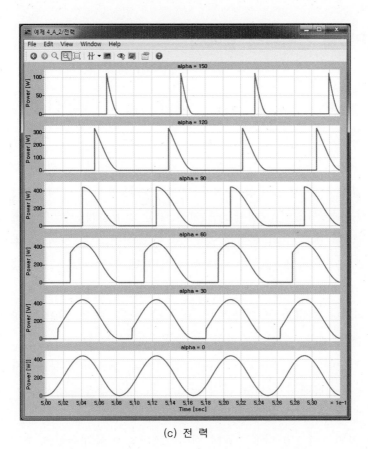

(c) 전 력

그림 4.A.3 PLECS로 나타낸 전압, 전류, 전력파형

3상 AC-AC 위상제어 컨버터를 사용하면 교류 출력전압을 낮은 전압에서부터 서서히 높은 전압으로 증가시킬 수가 있으므로 대용량 고압유도전동기 기동 시 소프트스타터 등으로 활용되고 있다.

4.B PWM 컨버터의 열해석

☐ Thermal description 기능을 이용한 그림 4.4.1의 단상 PWM 컨버터 시 뮬레이션

전력전자 엔지니어가 시스템을 설계할 때 절대 간과해서는 안될 중요한 한 가지 부분이 바로 방열설계 부분이다. 통상 수십 kHz에 달하는 주파수로 빠르게 스위칭하는 전력 반도체 스위치는 높은 열이 발생하므로 이에 대한 방열설계는 필수이다. 하지만 실제로 방열설계를 한다는 것은 그리 쉽지가 않다. 실제 데이터 시트 상에 소자의 열 특성과 관련된 데이터를 제공하지만 데이터 시트에 제시된 데이터에 의존해서 설계를 하기란 많은 경험이 없이는 어려운 일이다. 그리고 만약 잘못된 설계를 한 후에 실험에 임한다면 소자가 파괴되거나 사고가 발생하는 것은 불을 보듯 뻔한 일이다. 이러한 부분에서 PLECS는 방열설계를 위한 강력한 기능을 제공하는데 그것은 바로 Thermal description 기능이다. 즉, 사용자가 데이터 시트를 이용하여 실제소자의 특성을 그대로 시뮬레이션에 적용하여 실험을 하지 않고도 그 시스템에서 발생하는 열을 파악할 수 있고 또 이 결과를 토대로 방열설계를 편하게 할 수 있다.

4.B에서는 그림 4.4.1의 단상 PWM 컨버터회로의 시뮬레이션을 통하여 열해석을 설명한다. 시뮬레이션 하고자 하는 시스템의 입력은 $V_s = 220\,V$, $60\,Hz$이고 출력은 $P_o = 5\,kW$에 출력전압 $V_o = 400\,V$이며 입력측 L은 $5\,mH$, 스위칭주파수는 $10\,kHz$이다.

☐ 열모델링을 위한 Schematic 구성하기

먼저 Library Browser 창의 System탭에서 Subsystem을 Schematic 창으로 드래그&드롭한다. 그리고 Electrical ⇨ Power Semiconductors 탭을 차례로 선택한 후, 나열된 소자 가운데 IGBT와 Diode를 Subsystem 창으로 드래그&드롭한다. IGBT with Diode 소자가 아닌 IGBT와 다이오드 소자를 따로따로 가져오는 이유는 데이터 시트에 제시되어 있는 IGBT와 다이오드의 Thermal Impedance가 서로 다르기 때문이다. 따라서 IGBT와 다이오드 각각의 Thermal description을 만들기 위해 두 소자를 따로 가져와서 하나의 모듈로 만든다.

두 소자는 아래와 같이 Subsystem[59] 기능을 통해서 하나의 모듈 형태로 만들 수 있다.

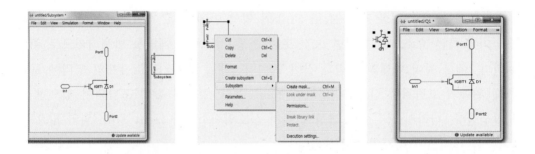

이 모듈을 이용하여 그림 4.4.1의 PWM 컨버터회로를 구성한다.

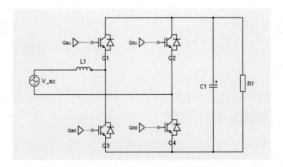

다음으로 Library Browser 창의 Thermal 탭에서 Heat Sink를 Schematic 창으로 드래그&드롭 한 후 열 해석을 하고자 하는 소자를 Heat Sink 소자의 색칠된 영역 안에 포함시키면 Heat Sink가 부착된 상황으로 가정할 수 있다.

---

59) Subsystem에 관한 자세한 설명은 4.C에서 설명한다.

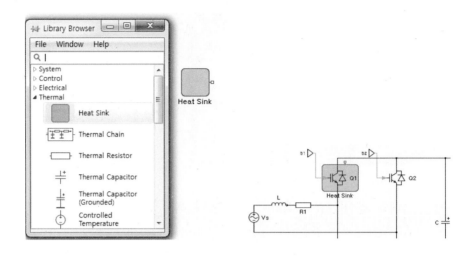

여기서 한 가지 주의할 점은 Heat Sink의 영역 안에 선을 제외하고 측정하고자 하는 요소 외에 다른 요소가 포함되면 그것 또한 영향을 주거나 에러를 발생시키므로 주의해야 한다. 예를 들어 아래의 그림과 같이 스위치 4개를 Heat Sink 1개의 영역에 포함시킬 때 왼쪽의 그림처럼 신호입력소자가 Heat Sink 영역에 같이 포함되어 있으면 에러가 발생한다. 따라서 오른쪽의 그림과 같이 신호입력소자가 Heat Sink 영역 밖으로 빠져야 시뮬레이션이 문제없이 진행된다.

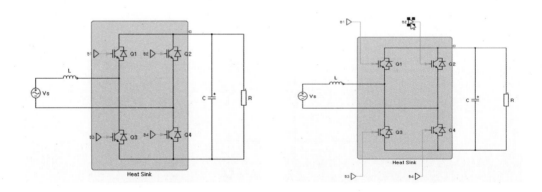

다음으로 Heat Sink와 주위 온도의 설정을 위해 다음과 같이 Library Browser 창의 Thermal 탭에서 Thermal Resistor와 Constant Temperature를 Schematic 창으로 드래그&드롭한 후

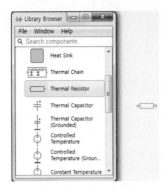

다음과 같이 Heat Sink와 연결하면 Schematic 상의 열모델링을 위한 준비가 끝난다.

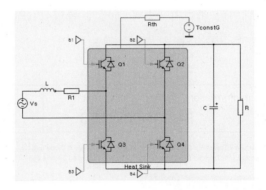

■ Thermal description 완성하기

본격적인 Thermal description 입력을 위해 다시 IGBT 모듈로 돌아가서 살펴본다. 먼저 IGBT의 파라미터를 입력하기 위해서 IGBT를 더블 클릭하면 생성되는 Block Parameters에서 Thermal description란의 오른쪽에 있는 메뉴 탭(━━)을 클릭한 후 New thermal description을 선택하면 다음처럼 3차원 그래프 축과 함께 Turn-off Loss 및 Conduction Loss 등 각종 손실에 관련된 탭이 있는 Thermal description 창이 나타난다.

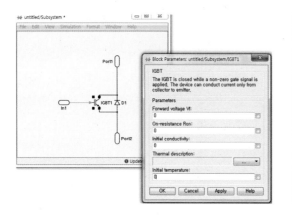 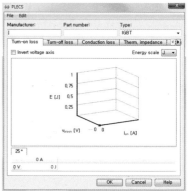

Thermal description 창에 각 파라미터값을 입력할 때 실제 소자의 특성을 기입해야 하므로 아래에 이 시뮬레이션에 사용될 IGBT 소자인 F4-30R06W1E3의 실제 스펙을 나타내었다. 현재 시뮬레이션 조건이 5 kW 용량에 출력전압이 400 V이므로 이 조건하에 동작 가능한 소자를 선정하였다.

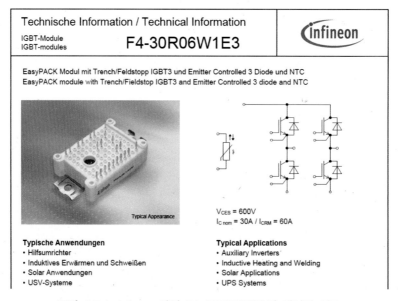

그림 4.B.1 infineon 사의 F4-30R06W1E3의 데이터 시트

우선 데이터 시트를 참고하여 Thermal description 창 상단에 있는 Manufacturer 및 Part number를 입력하고 소자 Type은 IGBT로 변경한다.

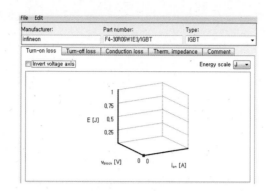

그리고 그 아래에 바로 Turn-on loss부터 Comment까지 선택하는 메뉴 탭이 있는데 각 메뉴 탭의 pane의 lookup table을 완성하여 그래프를 그리면 Thermal description이 완성된다.

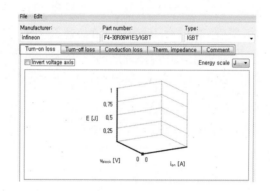

먼저 Turn-on loss pane의 lookup table부터 완성하기 위해 아래에 그림 4.B.2인 F4-30R06W1E3의 Switching losses (Turn-on/off loss)를 나타내었다. 이 손실 그래프에 Turn-off loss도 같이 나와 있으므로 Turn-off loss의 pane을 구성할 때도 그림 4.B.2를 이용한다.

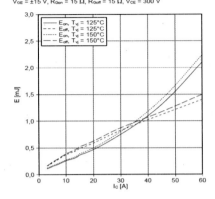

그림 4.B.2 Switching losses (Turn-on/off loss)

Turn-on loss의 pane을 살펴보면 중앙에 3차원 그래프 축이 있고 하단에는 접합온도조건 및 IGBT의 역전압 크기, 온상태에 흐르는 전류에 따라 발생하는 손실을 입력할 수 있는 lookup table이 있다. 따라서 lookup table을 구성하면 중앙에 있는 그래프도 자동적으로 그려진다. 초기세팅은 접합온도는 25°, 역전압과 전류는 각각 0 V, 0 A이다.

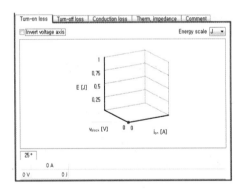
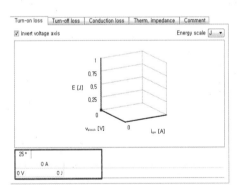

먼저 턴오프 전압의 조건을 입력하기 위해서 마우스 커서를 lookup table의 0 V 위에 놓고 우 클릭 메뉴에서 New voltage values라는 항목을 선택한 후 전압값을 입력하여 새로운 항목을 생성시킨다. 여기서 입력한 300 V는 그림 4.B.2에서 손실을 얻었을 때의 역전압 V_{CE}의 값이다. 그리고 현재 시뮬레이션 하는 시스템의 역전압 조건이 400 V 이므로 400 V 목록을 추가로 생성한다.

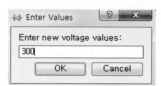

다음으로 온전류인 I_C도 각 조건을 입력해 주어야 하는데 0 A 위에 마우스 커서를 놓고 우 클릭 메뉴에서 New current values를 선택한 후 전류값을 넣으면 된다. 그림 4.B.2에 I_C가 60 A일 때까지의 손실이 나와 있는데, 현재 시뮬레이션 조건에서 부하에 흐르는 평균전류가 12.5 A이므로 감안해서 30 A까지 5 A씩 스케일을 나누어서 손실을 나타내도록 한다.

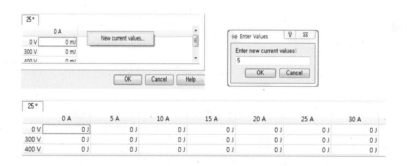

마지막 조건으로 접합온도를 변경해야 하는데 그림 4.B.2에서는 IGBT의 접합온도가 150°와 125°의 손실을 나타내었다. 본 시뮬레이션에서는 접합온도가 125°일 때의 손실을 이용할 것이므로 125°의 온도조건을 추가해준다. 전압과 전류의 항목을 추가할 때와 마찬가지로 온도값인 25° 위에 마우스 커서를 놓고 마우스 오른쪽 클릭 메뉴의 New temperature values를 선택한 후 125를 입력하면 접합온도가 125°일 때의 lookup table이 생성되는 것을 확인할 수 있다.

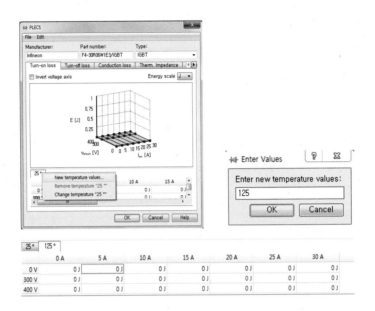

그리고 아래와 같이 그래프 옆에 25°와 125°의 범례가 생겨난 것을 확인할 수 있다.

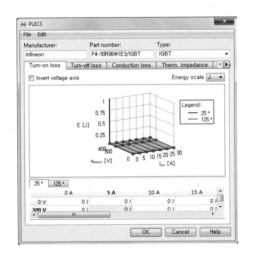

여기까지 세팅을 하면 Turn-on loss를 입력하기 위한 기본적인 설정이 끝난다. 남은 일은 그림 4.B.2를 참고하여 접합온도가 125°일 때의 그래프에서 lookup table에 스케일을 정한 전류값에 해당하는 손실값을 읽은 후 lookup table을 채워나가면 된다. 한 가지 주의할 점은 125°에 해당하는 값을 읽는 것이므로 125°의 lookup table 상에 각각의 전압과 전류에 해당하는 Turn-on loss 값을 입력해줘야 한다는 것이다. 그리고 데이터 시트 상에 제시된 손실 그래프는 300 V일 때를 기준으로 나타낸 것이므로 먼저

역전압 조건이 300 V일 때의 lookup table을 다 채우고 난 뒤, 400 V의 lookup table 에는 300 V일 때의 손실값에 400 V일 때의 비율인 4/3을 곱해준 값들을 입력하면 된 다. 그리고 25°에 해당하는 lookup table에 입력을 할 때에도 아래의 그림과 같이 125 °일 때의 에너지 손실에 대한 25°일 때의 비율을 곱해주면 된다. 예를 들어서 아래의 그림에 제시된 것처럼 만약, 25°에서의 Turn-on Loss를 구하고자 할 경우에는 125° 의 손실값에 60/75의 비율을 곱해주면 된다.

Einschaltverlustenergie pro Puls Turn-on energy loss per pulse	I_C = 30 A, V_{CE} = 300 V, L_S = 45 nH V_{GE} = ±15 V, di/dt = 1000 A/μs (T_{vj} = 150°C) R_{Gon} = 15 Ω	T_{vj} = 25°C T_{vj} = 125°C T_{vj} = 150°C	E_{on}	0,60 0,75 0,80	mJ mJ mJ
Abschaltverlustenergie pro Puls Turn-off energy loss per pulse	I_C = 30 A, V_{CE} = 300 V, L_S = 45 nH V_{GE} = ±15 V, du/dt = 4200 V/μs (T_{vj} = 150°C) R_{Goff} = 15 Ω	T_{vj} = 25°C T_{vj} = 125°C T_{vj} = 150°C	E_{off}	0,62 0,83 0,87	mJ mJ mJ

그리고 데이터 시트 상에 나타낸 에너지 손실의 단위가 mJ이므로 오른쪽 상단에 있 는 Energy scale을 mJ로 바꿔준 후 lookup table을 다 채우면 아래의 오른쪽 그림과 같이 Turn-on loss pane이 완성된다.

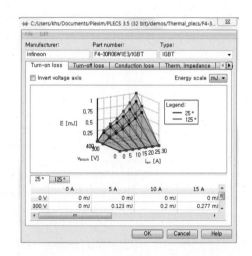

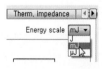

Turn-off loss의 pane도 Turn-on loss와 똑같은 구성이기 때문에 같은 방법으로 그림 4.B.2를 이용하여 Turn-on loss의 pane을 완성하면 된다.

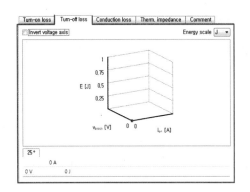 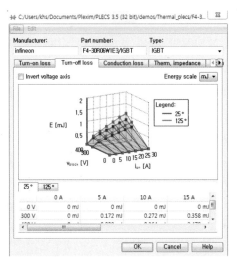

Conduction loss 같은 경우는 Turn-on/off의 lookup table보다 더욱 간단하게 만들 수 있는데 아래의 그림 4.B.3을 참고하여 각 전류에 해당하는 전압값을 lookup table에 입력하면 된다.

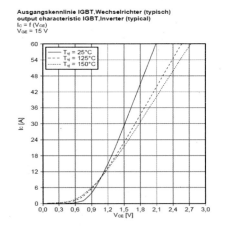

그림 **4.B.3** Output characteristic

Conduction loss pane의 하단에 있는 lookup table에서 열에 해당하는 전류는 0 A 부터 27 A까지 3 A씩 나누어 만들어주고 행에 해당하는 접합온도는 25°와 125° 2개를 만들어준다.

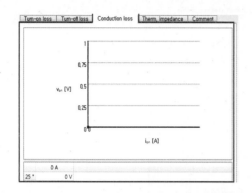

그리고 그림 4.B.3을 참고하여 데이터를 입력하면 다음과 같은 결과를 얻을 수 있다.

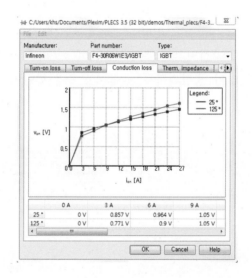

마지막으로 Thermal impedance는 다음의 그림 4.B.4를 참고하여 입력하면 된다. Thermal impedance equivalent network는 크게 Cauer와 Foster 2개의 모델로 표현할 수 있다. 보통 데이터 시트 상에 나타난 값은 열 모델링 시 구조적인 고려사항 없이 단순히 계산에 의해서 쉽게 열모델링 가능하도록 Foster 모델의 파라미터값을 제시한다.

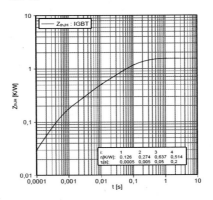

그림 4.B.4 Thermal impedance

Thermal impedance의 lookup table 초기 설정도 Foster model이다. 데이터 시트 상에 제시된 elements가 4개이므로 Number of elements의 수를 4로 만들어주면 lookup table에 4개의 열이 생성되므로 그림 4.B.4의 하단에 제시된 파라미터값을 그대로 입력해주면 된다.

 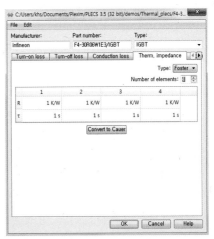

Cauer 모델의 R, C 파라미터로 나타내고 싶을 경우 중앙에 있는 Convert to Cauer 버튼을 클릭하면 Cauer 모델로 쉽게 변경이 가능하다.

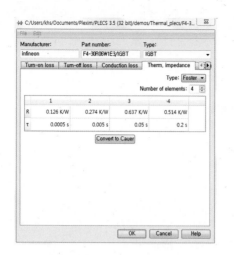

Thermal impedance 파라미터까지 입력 후 ok를 누르면 저장 요청 메시지가 생기고 다음과 같이 PLECS 폴더 안에 원하는 경로를 만들어 지정해주면 된다.

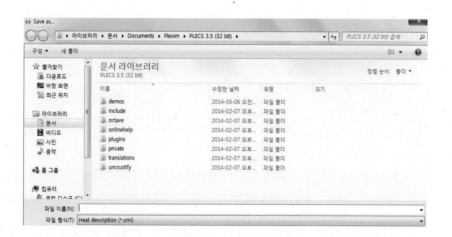

이러한 방식으로 데이터 시트를 이용해서 얼마든지 소자의 실제 특성을 저장하고 시뮬레이션 상에 적용하고 싶을 때 얼마든지 불러올 수 있다. 여기서 한 가지 주의할 점은 Thermal 라이브러리 경로 설정을 해놓지 않으면 다음과 같이 메뉴 탭에서 라이브러리로부터 소자를 불러올 수 있는 메뉴가 비 활성화되어 아무리 많은 데이터를 저장해놓아도 불러와서 쓸 수 없다는 점이다.

따라서 라이브러리 경로 설정을 위해서 Schematic 창에서 File ⇨ PLECS Preferences 탭을 차례로 선택한 후

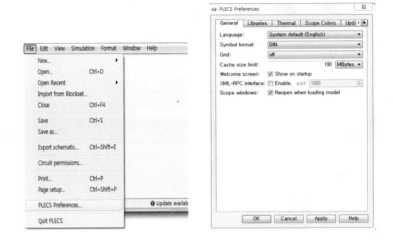

PLECS Preferences 창의 상단에 있는 Thermal 버튼을 클릭하면 다음과 같이 경로를 설정할 수 있는 나온다. 여기서 Add를 클릭하고 앞서 Thermal description을 저장해 놓았던 폴더로 경로를 설정하고 ok를 누르면 경로 설정이 끝난다.

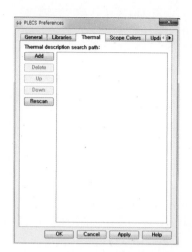

다시 소자의 Thermal description 메뉴 탭으로 돌아가서 확인해보면 다음과 같이 From library 부분이 활성화되어 저장해 놓았던 소자를 불러올 수 있다.

다음으로 다이오드의 Thermal description을 설정해주어야 하는데, 그 과정은 IGBT 에서 했던 것과 동일하다.

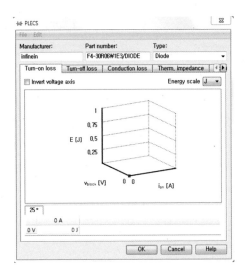

다이오드 Thermal description 작성 시 한 가지 기억해야 할 부분은 다이오드 같은 경우 턴온 시 내추럴 커뮤테이션되어 손실이 없으므로 Turn-on Loss 부분은 따로 입력할 필요가 없다. 다음의 그림 4.B.5를 활용하여 다이오드의 Thermal description을 완성할 수 있다.

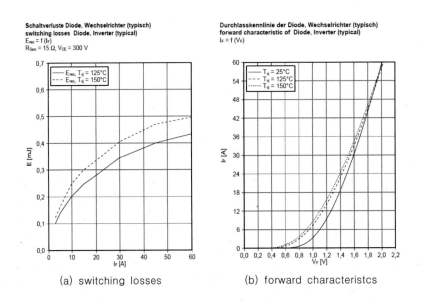

(a) switching losses   (b) forward characteristcs

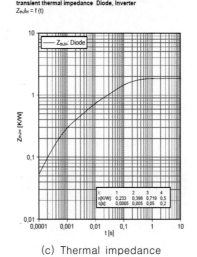

(c) Thermal impedance

그림 4.B.5 Characteristic of Diode

🔲 시뮬레이션 결과

이렇게 Thermal description을 통해서 손실특성을 넣고 앞서 제시했던 조건에 따라
시뮬레이션 한 결과파형은 다음과 같다. 각 파형은 PWM 컨버터 출력전압, 방열판온도,

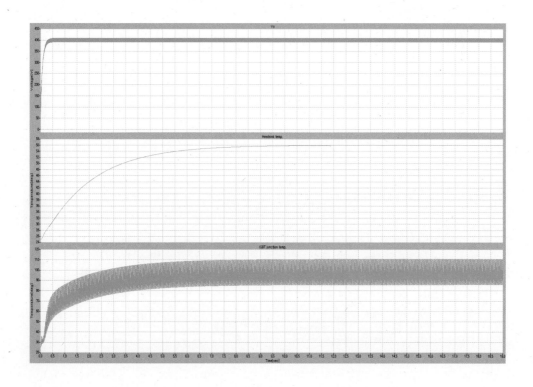

IGBT junction 저항을 나타낸다. 파형에서 확인할 수 있듯이 출력전압은 리플이 조금 섞여있긴 하지만 평균적으로 400 V를 나타내고 정상상태에서 방열판 온도는 55° IGBT junction 온도는 스위칭 순간마다 최대 110°에서 최소 85° 정도로 온도가 바뀌면서 평균 95° 정도로 온도가 나타나는 것을 알 수 있으며 이때 방열판 열저항은 0.3 K/W로 설정하였다.

Subsystem기능과 Circuit Browser 기능

[1] Subsystem기능과 Circuit Browser 기능

아래의 그림은 12-펄스 위상제어 정류기에 관련된 내용을 시뮬레이션하기 위하여 구성한 schematic 창이다. 그림에서 보듯이 일반적으로 시뮬레이션을 할 경우 schematic 창에 구현하고자 하는 시스템의 power stage를 비롯한 controller, scope 등을 구성해주어야 한다. 그런데 그림을 살펴보면 간단한 하나의 시스템을 시뮬레이션 하는데도 불구하고 schematic 창의 많은 공간을 차지하는 것을 알 수 있다. 만약, 시뮬

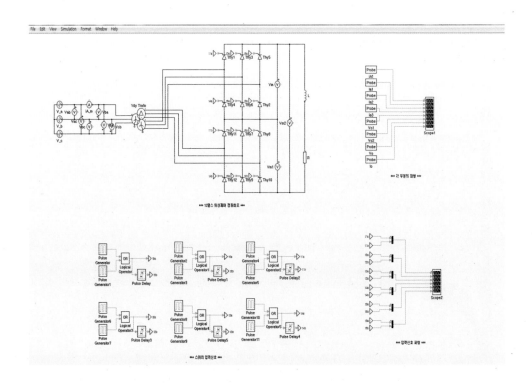

레이션 해보고자 하는 시스템이 다수의 컨버터로 링크되어 있거나, 혹은 복잡한 스위칭 패턴이나 제어기 같은 것을 구성하기 위하여 Library Browser에 있는 다양한 components를 조합해서 사용해야 할 경우에는 하나의 schematic 창에 원하는 시스템을 다 구성하기에 너무 복잡해진다. 그리고 이것은 시뮬레이션 상의 구성을 파악하는 관점에서 봤을 때도 상당히 좋지 않다.

이럴 때 유용하게 쓰일 수 있는 기능이 바로 subsystem 기능으로, 이 기능은 심플한 블록을 통하여 하나의 schematic 창 내에 또 다른 schematic 창을 구성할 수 있기 때문에 시뮬레이션 하고자 하는 시스템의 각 파트를 분리하여 구성해 줌으로써 복잡한 시스템의 구성을 심플한 블록 다이어그램처럼 구성할 수도 있다. 그리고 Circuit Browser 기능은 시스템을 구성하고 있는 모든 소자들을 마치 Library Browser의 Component처럼 나열하여 파라미터값을 변경하거나 할 경우 좀 더 접근이 쉽도록 하였다. 특히 schematic 창에 구성된 회로가 여러 개의 Subsystem으로 구성 되어있을 때 Circuit Browser 기능을 사용하면, 각 소자들을 각 Subsystem 블록별로 카테고리를 나누어 소자를 나열하기 때문에 일일이 Subsystem 블록을 열지 않아도 원하는 소자에 쉽게 접근이 가능하도록 편의를 제공한다.

◰ Subsystem 응용하기

미리 언급한 12-펄스 위상제어 정류회로를 subsystem 기능을 이용하여 구현해보도록 하자. 12펄스 위상제어 정류회로는 6펄스 위상제어정류회로 2개가 직렬로 연달아 연결되어 있는 형태이므로 각 회로를 subsystem 기능을 이용하여 구현한다.

Library Browser 창에서 [System] 탭의 Subsystem 심볼을 Schematic 창으로 드래그&드롭한다.

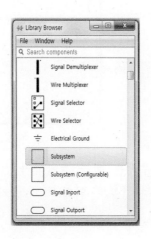

Subsystem을 더블 클릭하면 untitled1/Subsystem이라는 새로운 schematic 창이
생성되는 것을 확인할 수 있다.

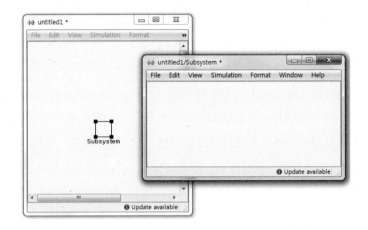

Subsystem 블록을 외부와 연결하기 위해서는 입출력 포트가 필요한데 만약 전력회
로의 결선을 하고자 할 경우에는 Library Browser 창에서 [System] 탭의 Electrical
Port 심볼을, 입출력신호를 연결하고자 할 경우에는 [System] 탭의 Signal Inport 혹
은 Signal Outport 심볼을 Schematic 창으로 드래그&드롭한다. 그러면 동시에
Subsystem 블록 외부에 접속포트가 생성되는 것을 확인할 수 있다.

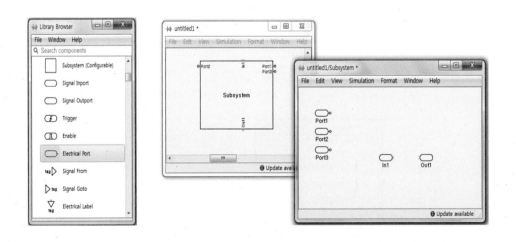

Subsystem의 이름을 변경하고자 할 경우에는 더블 클릭하여 변경할 수 있고, 블록
외부에 생성된 포트의 위치를 변경하고자 하면 포트 위에 마우스 커서를 놓고 shift 키
와 함께 마우스 왼쪽 버튼을 클릭하면 마우스 커서의 형태가 🖐로 바뀌면서 포트의 위

치변경이 가능하며, 그리고 포트의 이름 또한 변경이 가능하며 포트에 따라 명칭이 필요 없는 경우에는 마우스 오른쪽 클릭 메뉴의 Format에서 Show name의 체크표시를 해제하면 된다. 그리고 구성에 필요한 소자를 추가하여 아래와 같이 원하는 Subsystem을 꾸밀 수 있다.

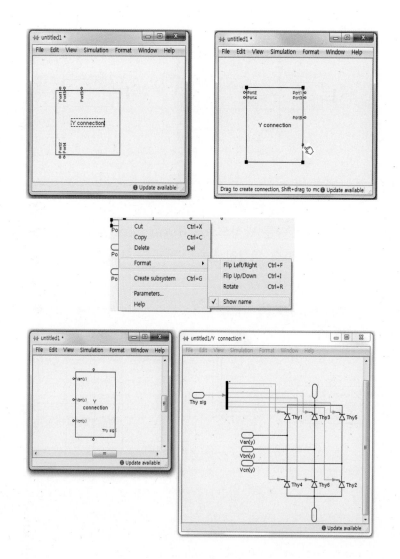

　이러한 방식으로 Subsystem 블록을 구성해서 schematic 창의 시뮬레이션 회로의 적재적소에 사용하면 된다. 다소 과한 적용이긴 하나 Subsystem 블록의 예를 들기 위하여 앞서 보였던 12-펄스 위상제어정류회로를 다음과 같은 형태 구성해보았다.

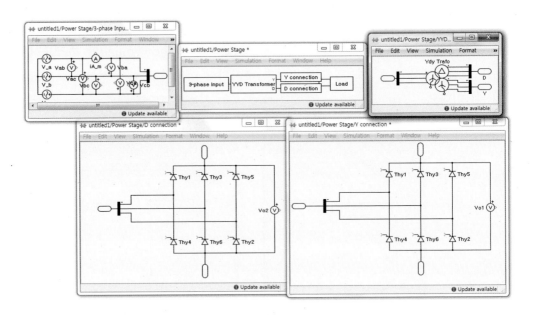

또한 앞서 설명했던 것과 다른 방식으로도 Subsystem 블록의 구성이 가능하다. 아래의 그림과 같이 먼저 12-펄스 위상정류회로 전체를 그려놓은 뒤

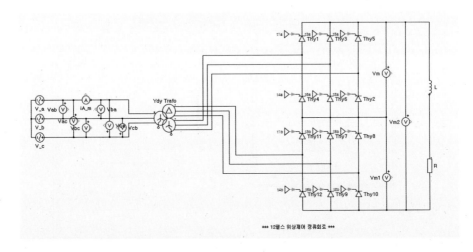

*** 12펄스 위상제어 정류회로 ***

Subsystem을 묶고 싶은 부분을 드래그한 후 소자 위에 마우스 커서를 두고 오른쪽 클릭 메뉴 중에서 Create subsystem 항목을 클릭하면 다음과 같이 Subsystem으로 변형이 되며, 외부와 연결된 wire의 수의 따라서 Subsystem 내부에 자동적으로 Electrical Port 심볼이 생성된다. 이렇게 원하는 부분을 선택해서 마우스 오른쪽 클릭 메뉴로도 쉽게 Subsystem 구현이 가능하다.

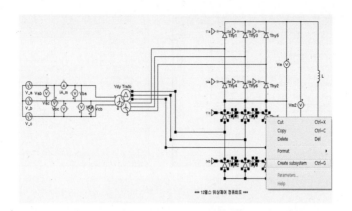

*** 12펄스 위상제어 정류회로 ***

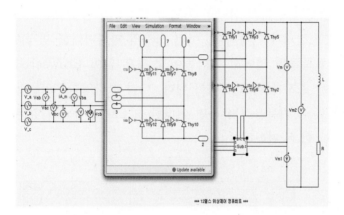

*** 12펄스 위상제어 정류회로 ***

이처럼 Subsystem 기능은 두 가지 방식으로 구현할 수 있는데 처음 설명했던 것처럼 Library에서 가져와서 블록 하나하나를 모듈처럼 만들어서 이어가는 방식을 Bottom Up 방식이라 하고 모든 회로를 구성한 뒤 큰 덩어리를 작은 부분들로 나눠서 블록을 구성하는 방식을 Top Down 방식이라 한다.

◻ Circuit Browser 응용하기

아래에 보이는 것처럼 schematic의 옵션창의 View를 클릭하면 나오는 메뉴 상에서 Show circuit browser라는 항목을 선택하면 schematic 창의 왼쪽에 browser 창이 생성된다.

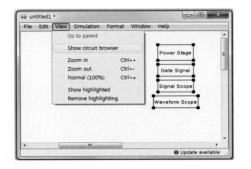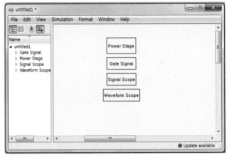

Browser 창의 형태는 Library Browser 창과 유사하여 각 Subsystem별로 카테고리
가 나뉘어져있다. 항목 왼쪽의 삼각형 기호를 클릭하면 각 Subsystem을 구성하고 있는
항목을 펼쳐보기나 접기가 가능하다. 어떤 소자의 파라미터를 변경하고 싶은 경우 일일
이 Subsystem 블록들을 열어서 찾아들어갈 필요 없이 Browser 창에 나열된 항목을
클릭하면 해당하는 소자가 바로 선택이 된다. 따라서 다양한 Subsystem 블록으로 구성
된 schematic에서 이 기능을 사용하면 어떠한 요소로 구성되어 있는지 파악하거나 , 각
요소에 접근할 때 아주 편리하다.

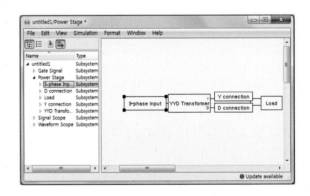

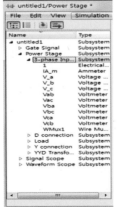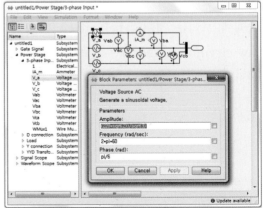

4.1 입력전원이 교류 220 V, 60 Hz인 단상전파 위상제어 정류회로가 있다. 부하는 10 Ω 저항
이다. 지연각 α를 30°로 하여 동작시키다가 잠시 후 60°로 2배 증가시켜서 동작하는 경우
다음을 구하라.
(a) 출력전압의 최대값은 몇 배로 증가하는가?
(b) 출력전압의 평균값은 몇 배로 증가하는가?
(c) 출력전류의 평균값은 몇 배로 증가하는가?
(d) 출력전류의 실효값은 몇 배로 증가하는가?
(e) 부하 저항에 공급되는 전력은 몇 배로 증가하는가?
(f) 전원측의 역률은 몇 배로 증가하는가?

4.2 위의 문제 4.1을 PLECS를 사용하여 구해보고 계산값과 비교해 보아라.

4.3 직류 평균전압 24 V에서 동작하는 전자석이 있다. 이 전자석 코일의 저항은 4.8 Ω이고 인
덕터 L은 매우 커서 인덕터전류의 리플은 없다고 가정한다. 이 전자석을 단상교류 220 V,
60 Hz 전원으로부터 구동하기 위하여 단상전파 위상제어 정류기를 사용하고자 한다. 다음을
구하라. 단, 전원전압은 수시로 변하는데 변화의 폭은 정격전압 220 V의 ±10 %이다.
(a) 전원전압이 정격전압의 ±10 % 범위 내에서 아무리 변하더라도 전자석이 요구하는 직류
평균전압 24 V를 항상 일정하게 공급하기 위해서는 지연각을 얼마의 범위로 가변해 주
어야 하는가?
(b) 전원전압이 최대일 때(220 × 1.1)와 최소일 때(220 × 0.9) 전자석에 흐르는 전류의 평균
값과 실효값은 각각 얼마인가?
(c) 각 SCR 사이리스터에 인가되는 최대역전압
(d) 각 SCR 사이리스터에 흐르는 전류의 평균값이 가장 클 경우는 언제이며 이때의 전류 평
균값을 구하라.

4.4 위의 문제 4.3에서 L을 500 mH로 하여 PLECS를 사용하여 (a)~(d)를 풀어 보아라.

4.5 문제 4.3에서 출력전압파형을 보면 음(–)으로 내려가는 부분이 있는데 출력전압이 항상 양
(+)이 되도록 하기 위하여 환류다이오드를 추가하였다. 문제 4.3과 동일한 조건에서 다음을
구하라

(a) 전원전압이 정격전압의 ±10 % 범위 내에서 아무리 변하더라도 전자석이 요구하는 직류 평균전압 24 V를 항상 일정하게 공급하기 위해서는 지연각을 얼마의 범위로 가변해 주어야 하는가?

(b) 전원전압이 최대일 때(220 × 1.1)와 최소일 때(220 × 0.9) 전자석에 흐르는 전류의 평균값과 실효값은 각각 얼마인가?

(c) 각 SCR 사이리스터에 인가되는 최대역전압

(d) 각 SCR 사이리스터에 흐르는 전류의 평균값이 가장 클 경우는 언제이며 이때의 전류 평균값을 구하라.

4.6 문제 4.5에서 L을 500 mH로 하여 PLECS를 사용하여 (a)~(d)를 풀어 보아라.

4.7 문제 4.3과 4.5에서 각각 전원측의 역률이 변동하는 범위를 구하여 비교하여라.

4.8 문제 4.3에서 전원측에 5 mH의 인덕턴스 성분이 존재하는 경우 다음을 구하라.

(a) 전원전압이 정격전압의 ±10 % 범위 내에서 아무리 변하더라도 전자석이 요구하는 직류 평균전압 24 V를 항상 일정하게 공급하기 위해서는 지연각을 얼마의 범위로 가변해 주어야 하는가?

(b) 전원전압이 최대일 때(220 × 1.1)와 최소일 때(220 × 0.9) 전자석에 흐르는 전류의 평균값과 실효값은 각각 얼마인가?

(c) 각 SCR 사이리스터에 흐르는 전류의 평균값이 가장 클 경우는 언제이며 이때의 전류 평균값을 구하라.

(d) 전원측의 역률을 구하고 문제 4.7의 결과와 비교해 보아라.

4.9 문제 4.4에서 전원측에 5 mH의 인덕턴스 성분이 존재하는 경우 다음을 구하라.

(a) 전원전압이 정격전압의 ±10 % 범위 내에서 아무리 변하더라도 전자석이 요구하는 직류 평균전압 24 V를 항상 일정하게 공급하기 위해서는 지연각을 얼마의 범위로 가변해 주어야 하는가?

(b) 전원전압이 최대일 때(220 × 1.1)와 최소일 때(220 × 0.9) 전자석에 흐르는 전류의 평균값과 실효값은 각각 얼마인가?

(c) 각 SCR 사이리스터에 흐르는 전류의 평균값이 가장 클 경우는 언제이며 이때의 전류 평균값을 구하라.

(d) 전원측의 역률을 구하라.

4.10 3상 전파 위상제어 정류기로 직류 분권전동기를 구동하고 있다. 3상교류 입력 선간전압이 220 V, 60 Hz이고 지연각 $\alpha = 60°$인 상태에서 구동하고 있을 때 전동기의 회전속도를 1.5 배로 증가시키려면 지연각 α를 얼마로 해야 하는가? 단, 직류 분권전동기의 속도는 계자전류가 일정할 때 전기자저항에 의한 전압강하를 무시하면 전동기의 단자전압에 비례한다.

풍력발전 (출처:현대중공업)

5

직류로부터 교류를 만들어 보자

5.0 인버터의 발견-KTX의 엔진은 인버터이다

그림 5.0.1은 2010년 3월부터 상용운전을 개시한 국산 고속전철 KTX-산천이다. KTX-산천은 1,100 kW급 3상 농형 유도전동기(induction motor) 8대로 견인되는데 이러한 유도전동기의 속도와 토크를 조절하기 위해서는 유도전동기에 공급되는 교류(AC) 전압의 크기와 주파수를 동시에 조절하여야 한다. 예를 들면, 처음 출발 시에는 추진전동기의 회전수가 낮으므로 낮은 주파수의 교류전압이 필요하지만, 고속으로 운행할 때는 높은 주파수의 교류전압이 요구된다. 그런데 전차선으로부터 공급되는 전압은 25,000 V, 60 Hz의 단상 교류전압으로 전압과 주파수가 일정하며 더욱이 3상이 아닌 단상이 공급되고 있다. 따라서 이러한 일정한 크기와 주파수의 단상 전압으로부터 3상 유도전동기 구동에 필요한 크기와 주파수가 조절되는 3상 전압을 얻기 위하여 그림 5.0.2와 같이 몇 단계의 전력변환과정을 거치게 된다.

가선에서 팬터그래프를 통해 공급되는 전압은 단상 25,000 V인데 주변압기(MTF : main transformer)를 사용하여 단상 1,400 V로 낮추고 이렇게 낮아진 단상교류전압을 PWM 정류기[1]를 사용하여 2,800 V의 직류(DC) 전압으로 변환한다. 가선에서 공급된 단상 교류전력을 일단 직류로 변환하면 원하는 크기, 주파수, 상수의 교류전압을 얻는 것이 교류를 다른 교류로 직접 변환하는 것보다 훨씬 용이하다. KTX-산천에서

그림 5.0.1 고속전철 KTX-산천

---

1) 4장 PWM 컨버터 참조
2) 참고로, 인버터와 정류기 앞에 붙은 'PWM'이란 인버터 내부의 전력반도체 스위치를 제어하는 방법의 일종으로 PWM에 대하여는 이 장의 뒷부분에서 보다 자세히 설명할 것이다.

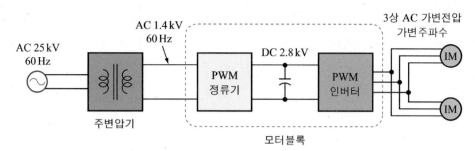

그림 5.0.2 KTX–산천의 전력변환 과정

2,800 V의 직류 전압으로부터 크기와 주파수가 변하는 3상 교류전압을 만드는 장치가
바로 PWM 인버터이다.

그림 5.0.2에서 IM(Induction Motor)은 유도전동기를 나타내고, 1대의 PWM 인버
터가 2대의 유도전동기를 동시에 구동하고 있는 모습을 나타낸다. PWM 정류기와
PWM 인버터를 포함하는 추진장치 전력회로 부분을 모터블록(MB : Motor Block)이라
고 하며 모터블록은 KTX의 바퀴를 구동하는 유도전동기의 속도와 토크를 직접 조절하
기 때문에 KTX–산천의 엔진과 같다고 할 수 있다.

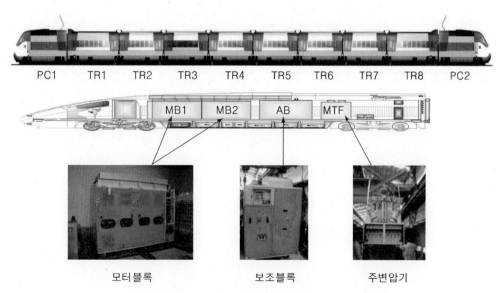

그림 5.0.3 KTX–산천 동력차(PC1,PC2)의 내부 구성

KTX-산천의 기본 편성구조는 그림 5.0.3에 보인 것처럼 추진력을 갖는 2대의 동력차 (PC : Power Car)가 앞뒤에 연결되어 있고 2대의 동력차 사이에 8대의 객차(TR : Trailer Car)가 연결된 10량 구조이며, 각각의 동력차는 주변압기, 2기의 모터블록과 1 기의 보조블록(auxiliary block)을 탑재하고 있다. 동력차마다 2기의 모터블록이 탑재되어 있으므로 각각의 동력차는 4대의 유도전동기로 구동됨을 알 수 있다. KTX-산천 동력차의 보조블록은 객차와 동력차에서 필요로 하는 난방이나 다른 전자장비의 전력을 별도로 공급하기 위한 전력변환장치로서 이 보조블록에도 PWM 인버터가 포함되어 있다.

인버터는 우리 생활 주변이나 산업현장에서 조금만 관심을 기울이면 쉽게 발견할 수 있다. 표 5.0.1은 인버터가 사용되는 분야 및 실제 적용 예의 일부를 나열한 것이다. 인버터는 직류로부터 교류를 만드는 장치이며 부하에 따라 다양한 교류가 필요한 만큼 인버터의 응용 분야는 매우 폭넓고 광범위하다는 것을 알 수 있다.

표 5.0.1 인버터의 응용 분야

분 야		인버터가 사용되는 부분
가변속 구동 분야	수송 및 교통 분야	고속열차, 전철, 전기자동차, 자기부상열차 등
	산업 가변속 분야	철강 압연용 전동기 구동장치, 크레인, 기중기, 컨베이어, 산업용 로봇 등
신재생 전력에너지 분야		풍력 발전, 태양광 발전시스템, HVDC 시스템, 연료전지시스템, 스마트그리드의 분산형 발전장치 등
산업 일반 분야		유도가열로, 전기용접기, 무정전전원장치 등
빌딩·가전 분야		공조기, 엘리베이터, 에어콘, 냉장고, 디스플레이 전원장치 등

5.1 인버터가 하는 일은?

5.1.1 인버터의 임무는 부하가 요구하는 교류를 만들어 공급하기

간단히 말하자면 인버터(inverter)가 하는 일은 직류로부터 교류를 만드는 일이다. 여기서 직류(DC)란 무엇이고 교류(AC)란 무엇인가? 먼저 이에 대한 이해를 돕기 하기 위하여 그림 5.1.1과 같은 네 가지 파형을 살펴보기로 한다. 그림 5.1.1에서 (a), (b)는 직류이고 (c), (d)는 교류이다.

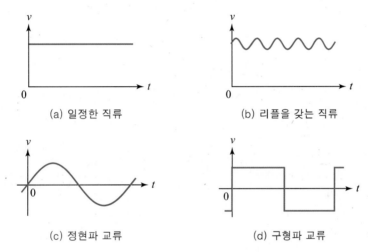

(a) 일정한 직류   (b) 리플을 갖는 직류

(c) 정현파 교류   (d) 구형파 교류

그림 5.1.1 직류파형과 교류파형의 일례

그림 5.1.1에서 각각의 파형은 다음과 같이 설명된다.

- (a) 일정한 값의 직류파형, 즉 리플(ripple)이 0인 직류파형
- (b) 리플을 갖는 직류파형
- (c) 정현파(sinusoidal wave) 교류파형
- (d) 구형파(square wave) 교류파형

직류와 교류의 차이점은 한 주기 동안 파형의 **극성**(polarity) **변화 여부**이다. 만일 한 주기 동안 잠깐이라도 극성이 변화하면 교류파형이라고 하며, 극성의 변화가 전혀 없으면 직류파형이라고 한다.

인버터에 공급되는 전력은 직류이다. 인버터가 동작하는데 가장 바람직한 직류입력은 그림 5.1.1 (a)와 같은 일정한 값의 직류이지만 실제의 경우 약간의 맥동을 포함하는 직류인 경우도 있다. 실제로 직류의 전력원은 배터리, 연료전지, 태양전지와 같은 직류전원이거나 다이오드 정류기, 위상제어 정류기, DC-DC 컨버터와 같은 다른 전력변환기의 출력이 되기도 한다.

인버터가 공급하는 전력은 교류이다. 인버터의 임무는 부하가 필요로 하는 교류파형을 만들어 내는 것이다. 인버터의 부하는 매우 다양하고 또 부하의 동작조건에 따라 요구되는 교류가 다를 수 있으므로 인버터가 공급해야 하는 교류파형의 형태도 그만큼 다양하게 전개된다.

5.1.2 인버터는 어떻게 교류파형을 만드나?

단상 풀브리지 인버터의 경우를 예로 들어 인버터가 어떤 원리로 교류파형을 만드는지 살펴본다. 그림 5.1.2는 단상 풀브리지 인버터가 직류전원으로부터 단상부하에 교류를 공급하는 원리를 나타낸다. 단상 풀브리지 인버터는 실제로는 전력반도체 스위치로 구성되지만 여기서는 이해를 돕기 위하여 간단한 기계적 스위치의 기호로 나타내었다. 또, 그림 5.1.2의 (a)와 (b)에서 적색과 청색 선은 전류가 흐르는 길을 나타낸다.

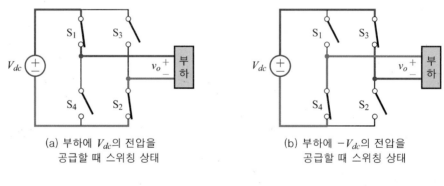

(a) 부하에 V_{dc}의 전압을
공급할 때 스위칭 상태

(b) 부하에 $-V_{dc}$의 전압을
공급할 때 스위칭 상태

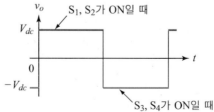

(c) 인버터가 공급하는 구형파 교류전압

그림 5.1.2 단상 풀브리지 인버터의 교류전압 생성원리

그림 5.1.2에서 보듯이, 처음 얼마 동안 S_1과 S_2를 온(on)하고 S_3과 S_4를 오프(off)하면 부하에는 V_{dc}의 전압이 인가된다. 일정한 시간이 지난 후 스위칭상태를 바꾸어 이번에는 S_1과 S_2를 오프하고 S_3과 S_4를 온하면 부하에는 $-V_{dc}$의 전압이 인가된다. 이와 같이 두 가지 스위칭상태를 규칙적으로 반복하면 부하에는 그림 5.1.2 (c)에 보인 것과 같은 구형파의 교류가 공급된다. 즉, 인버터는 스위치를 사용하여 부하에 연결되는 직류 입력전압의 방향을 수시로 바꿔서 교류 출력전압파형을 만든다. 여기서 한 가지 유의할 점은 인버터가 공급하는 파형은 구형파처럼 정현파가 아닌 **비정현파형**(nonsinusoidal waveform)이 된다는 점이다.

예제 5.1.1

단상 풀브리지 인버터회로에서 S_1, S_2, S_3, S_4 스위치를 온 또는 오프가 되도록 조작하여 부하에 공급할 수 있는 출력전압의 경우의 수는 몇 가지이며, 각 경우의 출력전압은 스위치를 어떻게 동작시켜야 얻을 수 있는지 설명하라.

[풀이]
스위치 S_1, S_4를 동시에 온하면 직류입력전압 V_{dc}의 단락이 발생하므로 이러한 스위칭상태는 반드시 피하여야 한다. 마찬가지로, 스위치 S_3, S_2를 동시에 온하면 역시 S_3, S_2를 통하여 V_{dc}가 단락이 되므로 이러한 스위칭상태는 피하도록 한다. 그러므로, 인버터의 스위칭상태의 조합은 다음과 같이 5가지가 가능하며 출력전압의 경우의 수는 V_{dc}, $-V_{dc}$, 0의 3가지이다. 즉,

(1) S_1, S_2가 온되고 S_3, S_4가 오프되면 출력전압은 V_{dc}가 된다.
(2) S_1, S_2가 오프되고 S_3, S_4가 온되면 출력전압은 $-V_{dc}$가 된다.
(3) S_1, S_3이 온되고 S_2, S_4가 오프되면 출력전압은 0이 된다.
(4) S_1, S_3이 오프되고 S_2, S_4가 온되면 출력전압은 0이 된다.
(5) 모든 스위치가 오프되면 부하는 인버터로부터 분리된다.

5.2 단상의 교류를 만들기 위한 하드웨어는?

5.2.1 단상 풀브리지 인버터 한눈에 살펴보기

단상 풀브리지 인버터(single phase full bridge inverter)를 사용하면 직류전원으로 부터 단상의 교류를 만들어 부하에 공급할 수 있다. 그림 5.2.1은 직류전원 V_{dc}로부터 부하에 교류전압 v_o를 공급하는 단상 풀브리지 인버터의 회로구성을 나타낸다.

모든 전력전자 컨버터회로는 크게 나누어 신호처리(signal processing)를 담당하는 제어부(control part)와 전력처리(power processing)를 담당하는 전력부(power part) 로 구성된다.

단상 풀브리지 인버터의 경우 그림 5.2.1에서 점선으로 둘러싸인 부분이 전력부 회로 이며 직접 대전력의 전압과 전류를 다루는 부분이므로 인버터의 '근육'이라고 할 수 있 다. 그림 5.2.1에서 $Q_1{\sim}Q_4$는 전력반도체 스위칭소자의 일종인 IGBT(Insulated Gate Bipolar Transistor)로 스위치처럼 온·오프 가능하며, $D_1{\sim}D_4$는 전력용 다이오드 (power diode)이다. 즉, 단상 풀브리지 인버터의 전력부를 구성하기 위하여 4개의 IGBT와 4개의 전력용 다이오드가 필요하다. IGBT에 대하여는 다음 절에서 자세히 다 룰 것이다.

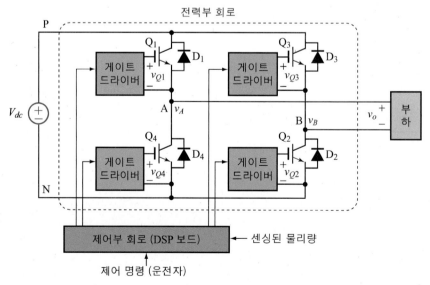

그림 5.2.1 단상 풀브리지 인버터의 제어부와 전력부

제어부회로는 인버터의 '두뇌'에 해당하며 인버터의 응용 분야에 따라 결정되는 디지털 제어알고리즘을 탑재한 마이크로프로세서(microprocessor) 또는 DSP(Digital Signal Processor) 보드(board) 등으로 구성된다[2]. 제어부회로는 운전자(operator)로부터 주어지는 제어명령(control command)과 피드백제어 또는 인버터 시스템 보호를 위하여 각종 센서로부터 읽어 들인 전압, 전류, 온도 등의 물리량으로부터 인버터의 IGBT를 스위칭 또는 온·오프하기 위한 로직신호(logic signal)을 만들어서 **게이트 드라이버**(gate driver)에 전송한다.

게이트 드라이버는 기본적으로 제어부에서 전송된 IGBT 온·오프 로직신호에 상응하여 실제로 IGBT를 켜고 끄기 위한 전압(v_{Q1}, v_{Q2}, v_{Q3}, v_{Q4})을 IGBT에 인가하는 동작을 수행한다. 보다 복잡한 동작을 하도록 설계된 게이트 드라이버는 단순히 IGBT를 온·오프 시키는 동작만 하는 것이 아니라 IGBT의 상태를 체크하여 IGBT가 오작동하거나 고장(fault)상태인 경우 IGBT의 동작상태를 나타내는 신호를 제어부회로에 전달하여 제어부회로가 적절한 조치를 취하도록 한다. 또 게이트 드라이버는 단락과 같은 위급(emergency) 또는 심각한 상태의 경우 시스템을 보호하도록 제어부에서 보내는 온·오프 신호와 무관하게 직접 IGBT를 온 또는 오프상태로 유지하게 하는 기능을 갖기도 한다.

5.2.2 IGBT는 인버터의 핵심요소이다.

이 절에서는 인버터를 구성하는 가장 중요한 요소 가운데 하나인 IGBT라는 전력반도체 스위치에 대하여 알아보기로 한다. 그림 5.2.2에서 (a)는 Fuji Electric의 정격전압 1,200 V, 정격전류 40 A인 IGBT FGW40N120N의 외형을 나타내며 (b)는 내부 회로를 나타낸다. IGBT는 **게이트**(gate), **컬렉터**(collector), **에미터**(emitter)로 이루어진 3단자 전력반도체 스위칭소자로서 게이트와 에미터 사이의 작은 전압(V_{GE})으로 컬렉터로부터 에미터로 흐르는 큰 전류(I_C)의 흐름을 온·오프 제어할 수 있다.

---

[2] 과거에는 인버터의 제어부가 아날로그회로로 구성되기도 하였으나 요즘은 아날로그회로 기반 제어부 구성은 거의 대부분 사라졌다.

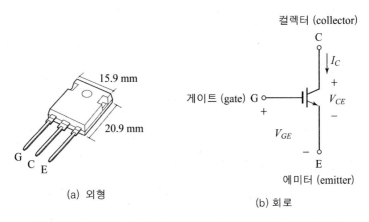

컬렉터 (collector)

게이트 (gate) G

에미터 (emitter)

(a) 외형　　　　　　　　(b) 회로

그림 5.2.2 Fuji Electric의 IGBT, FGW40N120N (TO-247패키지)

IGBT를 활용하는데 꼭 알아야 할 내용을 정리하면 다음과 같다.

(1) IGBT는 게이트와 에미터 사이의 전압 V_{GE}에 의하여 턴온 또는 턴오프 동작이 이루어지는 **전압제어 스위칭소자**(voltage controlled switching device)이다. 예를 들면 그림 5.2.2의 IGBT의 경우 $V_{GE} = 15\,V$를 인가하면 IGBT가 턴온되어 컬렉터로부터 에미터로 전류가 흐를 수 있게 되고, $V_{GE} = -15\,V$를 인가하면 IGBT가 턴오프 되어 컬렉터와 에미터 사이에 전류의 흐름이 차단된다.

(2) IGBT는 턴온되었을 때 컬렉터로부터 에미터로만 전류가 흐르고 반대 방향으로는 흐르지 않는 **단방향 전류소자**이다[3]. IGBT가 턴온되면 컬렉터와 에미터 사이의 전압 V_{CE}는 거의 일정한 전압 $V_{CE(sat)}$가 되는데 $V_{CE(sat)}$는 수 V 정도로 매우 작다.

(3) IGBT는 턴오프 되었을 때 컬렉터와 에미터 사이에 양(+)의 전압이 인가되면, 즉 $V_{CE} > 0$이면 오프상태를 유지하면서 적어도 정격 내압까지 전압을 견디지만 음(-)의 전압이 인가되면 견디는 내압이 현저히 낮다[4].

인버터의 전력용량은 사용되는 전력반도체 스위칭소자의 전류-전압 정격의 크기에 따라 정해진다. 소용량의 인버터에는 전력 MOSFET가 주로 사용되는 것에 비하여 수십 kVA의 중간급 용량부터 수 MVA의 대용량에 이르는 인버터에는 거의 대부분 IGBT가 사용되고 있다. 2014년 현재까지 상용화된 IGBT의 최대 정격은 6,500 V-750 A급 또는 1,700 V-3,600 A급이지만 좀 더 큰 대용량의 IGBT를 개발하기 위한 치열한 노력

---

3) 그러므로 IGBT를 사용할 때 턴온 시 $I_C > 0$이 되도록 회로구성에 유의하여야 한다

4) 일반적인 IGBT를 사용할 때 턴오프 시 회로의 상태가 $V_{CE} > 0$이 되도록 주의를 기울여야 한다. 반면 Reverse Blocking IGBT는 턴오프 시 $V_{CE} < 0$이 되는 전압에 대하여도 견딘다.

이 계속 진행 중이다. 이 장의 끝에 첨부된 부록에 2014년 현재 IGBT를 생산하는 전력 반도체제조사의 회사명과 웹사이트를 모아놓았으니 참조하도록 한다.

그림 5.2.1에서 보듯이 풀브리지 인버터의 전력부는 IGBT와 전력다이오드로 구성된다. 그러므로 전력부를 구성하는데 편리하도록 대부분의 IGBT는 내부에 전력다이오드를 포함하고 심지어는 여러 개의 IGBT와 전력다이오드를 하나의 모듈(module)에 포함시켜 다양한 패키지 형태로 상용화 되어 있다.[5] 그림 5.2.3은 상용화된 다양한 IGBT의 패키지 외형과 내부구성을 나타낸다.

그림 5.2.3 (a)는 전력다이오드가 포함된 소용량의 단일 IGBT 소자이며 (b)는 중간급 용량의 인버터 구성에 많이 사용되는 IGBT 모듈이다. 또 (c)에 보인 ABB의 IGBT는 스택(stack)의 형태로 IGBT를 쌓아 올려 전력부를 구성하는데 기구적으로 편리하도록 패키지가 설계되어 있으며, (d)는 대용량의 전류를 감당하기 위하여 내부적으로 3개의 개별 IGBT가 병렬로 배선된 모습을 나타낸다. (e)는 단상 풀브리지 인버터의 전력부를 구성하는 4개의 IGBT와 4개의 다이오드가 하나의 패키지 안에 모두 집적된 소자이다.

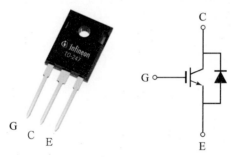

(a) Infineon Technologies의 IKW25T120 (1,200 V−25 A 정격의 개별 IGBT)

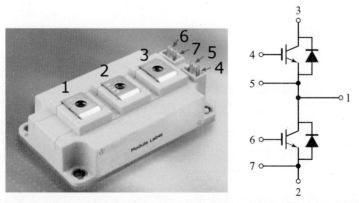

(b) Infineon Technologies의 FF450R12KT4 (1,200 V−450 A 정격의 IGBT 모듈)

---

5) 모듈형태로 패키지화된 IGBT를 사용하면 제작이 단순해질 뿐만 아니라 배선의 기생 인덕턴스(parasitic inductance)를 줄여줌으로써 동작의 신뢰도도 향상되는 효과가 있다.

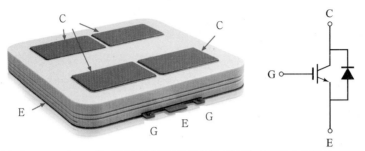

(c) ABB Semiconductor의 5SNA2000K451300 (4,500 V−2,000 A 정격의 IGBT)

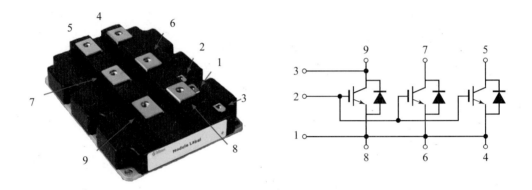

(d) Infineon Technologies의 FZ3600R17HE4 (1,700 V−3,600 A 정격의 IGBT)

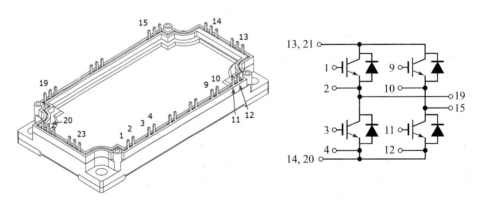

(e) IXYS의 MKI100−12F8(1,200 V−125 A 정격의 IGBT 모듈)

그림 5.2.3 다양한 IGBT 패키지와 내부구성

한편 IPM(Intelligent Power Module) 구성의 IGBT는 인버터 전력부 회로뿐만 아니라 각각의 IGBT를 구동하기 위한 게이트 드라이버를 기본적으로 내장하고 그 이외에도 IGBT 보호회로, 센싱회로까지 포함하는 경우도 있다. 그림 5.2.4는 LS Power Semitech의 소형 모터 제어 응용을 위한 600 V−20 A 3상 브리지 IPM으로 게이트 드라이버와 서미스터(thermistor)를 내장하고 있다.

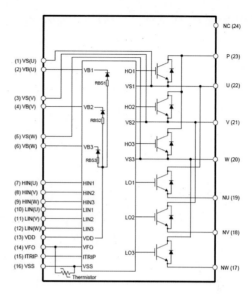

그림 5.2.4 LS Power Semitech의 IKCM20L60GA (600 V−20 A 3상 브리지 IPM)

5.2.3 인버터의 동작을 이해하기 위한 첫걸음

그림 5.2.5는 게이트 드라이버를 제외하고 IGBT와 전력다이오드만을 나타낸 단상 풀브리지 인버터의 전력부 회로구성이다. 그림 5.2.5에서 점선으로 둘러싼 각각의 부분을 인버터의 **폴**(pole), **암**(arm) 또는 **레그**(leg)라고 한다. 즉, 단상 풀브리지 인버터는 2개의 폴로 구성된다[6]. 인버터 폴은 인버터를 구성하는 기본 구성요소로서 회로적으로 인버터의 동작을 이해하는데 매우 중요한 요소이다.

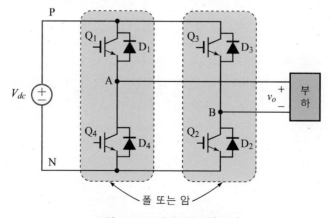

그림 5.2.5 인버터의 폴(pole)

---

6) 이 장의 뒷부분에서 다루게 될 3상 인버터는 3개의 폴로 구성될 것이다

인버터 폴은 외부로 연결되는 3개의 단자를 갖는데 상하 두 단자는 직류입력전압의 양극(P점)과 음극(N점)에 각각 연결되며 중앙의 A점과 B점은 부하의 양단에 각각 연결된다. 그림 5.2.6은 단상 풀브리지 인버터를 구성하는 폴만을 따로 나타낸 것이다. 여기서 P점과 N점 사이에는 직류전압이 인가되고 A점 또는 B점에는 부하의 교류전류가 들어오거나 나가게 될 것이다.

인버터 폴의 전압 v_A(또는 v_B)는 폴전압(pole voltage)이라고 한다. 폴전압은 기준점을 어디에 두느냐에 따라 달라지는데 여기서는 직류입력전압의 음극단자, 즉 N점의 전위를 폴전압의 기준전위로 삼기로 한다.

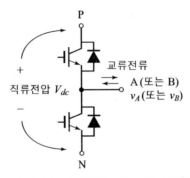

그림 5.2.6 인버터의 폴에 관련된 전압파형과 전류파형의 성질

그림 5.2.7은 2개의 폴로 구성된 단상 풀브리지 인버터의 입력전압(V_{dc}), 폴전압(v_A, v_B), 출력전압(v_o)을 나타낸다. 직류입력전압은 P와 N으로 나타낸 2개의 레일(rail)에 각각 V_{dc}와 0의 전위를 인가하고 각각의 폴은 2개의 레일전압 V_{dc} 또는 0 가운데 하나의 전위를 선택하여 폴전압으로 출력한다. 부하에 인가되는 인버터의 교류 출력전압 v_o는 두 폴전압의 차, 즉 $v_o = v_A - v_B$이다. 여기서 단상 풀브리지 인버터를 구성하는 2개의 인버터 폴은 서로 독립적으로 동작하는 것이 가능하다는 점에 유의하도록 한다[7]. 각각의 폴은 구조적으로 동일하므로 다음은 A폴의 경우를 예로 들어 한 폴의 동작을 살펴본다.

---

7) 즉, A점의 전압을 결정하는데 B점의 전압에 대한 정보를 이용하지 않아도 된다는 것이다.

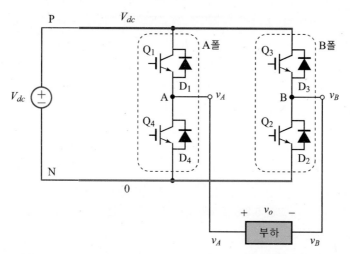

그림 5.2.7 단상 풀브리지 인버터의 입력전압, 폴전압 및 출력전압

인버터 폴에는 2개의 IGBT가 포함되어 있다. 따라서 상상할 수 있는 스위칭상태는 다음 네 가지가 된다.

① 2개의 IGBT를 모두 턴온한 스위칭상태

② 상단 IGBT는 턴온, 하단 IGBT는 턴오프한 스위칭상태

③ 상단 IGBT는 턴오프, 하단 IGBT는 턴온한 스위칭상태

④ 2개의 IGBT를 모두 턴오프한 스위칭상태

그림 5.2.8은 2개의 IGBT를 모두 턴온한 스위칭상태이다. 그림 5.2.8에서 턴온신호가 인가된 IGBT는 원으로 둘러싸여 있으며 굵은 선은 전류가 흐르는 경로를 나타내고 점선은 전류가 존재하지 않는 경로이다. 2개의 IGBT를 모두 턴온하면 V_{dc} 전압의 단락회로가 형성되어 커다란 단락전류가 흐르므로 이러한 큰 전류로 인해 IGBT 소자가 파괴된다. 따라서 이러한 스위칭상태는 인버터 폴의 동작에서 절대적으로 발생하지 않도록 하여야 한다.

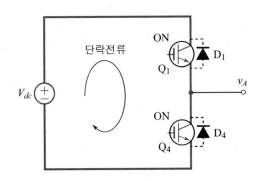

2개의 IGBT를 모두 턴온한 스위칭 상태

그림 5.2.8 2개의 IGBT를 모두 턴온한 스위칭상태

그림 5.2.9는 상단 IGBT는 턴온, 하단 IGBT는 턴오프한 스위칭상태이다. 그림 5.2.9에서 폴의 동작은 다음과 같이 설명할 수 있다.

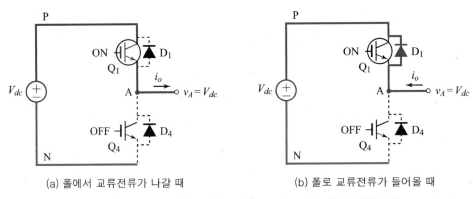

(a) 폴에서 교류전류가 나갈 때   (b) 폴로 교류전류가 들어올 때

그림 5.2.9 상단 IGBT는 턴온, 하단 IGBT는 턴오프한 스위칭상태

(1) 상단 IGBT Q_1을 턴온하면 하단 다이오드 D_4에 V_{dc} 크기의 역방향 바이어스 전압이 인가되어 다이오드 D_4는 무조건 턴오프된다. 즉, Q_1의 턴온은 D_4의 턴오프 동작을 의미한다.

(2) Q_4는 게이트 드라이버에 의하여 턴오프되어 있고, D_4는 턴온된 상단 IGBT에 의해서 턴오프 되므로 부하전류는 Q_1 또는 D_1으로 흐를 것이다. 여기서 폴에서 전류가 나가는 경우[그림 5.2.9 (a)]에는 Q_1을 통하여 전류가 흐르고, 폴로 전류가 들어오는 경우[그림 5.2.9 (b)]에는 D_1을 통하여 전류가 흐른다. 비록 Q_1에 턴온신호가 주어지고 있더라도 폴로 전류가 들어오는 경우에는 IGBT는 컬렉터에서 에미터로만 전류가 흐르는 단방향 전류소자이므로 D_1을 통하여 전류가 흐르고 Q_1의 전류는 0이 된다.

(3) 부하전류가 Q_1 또는 D_1의 어느 쪽으로 흐르던지 A점은 레일전압 V_{dc}에 연결되므로 폴전압 $v_A = V_{dc}$가 된다.

그림 5.2.10은 상단 IGBT는 턴오프, 하단 IGBT는 턴온한 스위칭상태이며 폴의 동작은 다음과 같이 설명할 수 있다.

(1) 하단 IGBT Q_4를 턴온하면 상단 다이오드 D_1에 V_{dc} 크기의 역방향 바이어스 전압이 인가되어 D_1은 무조건 턴오프 된다. 즉, Q_4의 턴온은 D_1의 턴오프 동작을 의미한다.

(2) Q_1은 이미 게이트 드라이버에 의하여 턴오프 되어 있고, D_1은 턴온된 하단 IGBT Q_4에 의해서 턴오프 되므로 부하전류는 Q_4 또는 D_4로 흐른다. 여기서 폴에서 전류가 나가는 경우[그림 5.2.10 (a)]에는 D_4를 통하여 전류가 흐르고, 폴로 전류가 들어오는 경우[그림 5.2.10 (b)]에는 Q_4를 통하여 전류가 흐른다. 비록 Q_4에 턴온신호가 주어지고 있더라도 폴에서 전류가 나가는 경우에는 Q_4가 역방향 전류를 흘릴 수 없으므로 전류는 D_4를 통하여 흐르고 Q_4의 전류는 0이 된다.

(3) 부하전류가 Q_4 또는 D_4의 어느 쪽으로 흐르던지 A점은 0 V의 레일전압에 연결되므로 $v_A = 0$이 된다.

그림 5.2.11은 2개의 IGBT를 모두 턴오프한 스위칭상태이다. 2개의 IGBT를 모두 턴오프하면 부하전류는 다이오드 D_1 또는 D_4를 통하여 흐른다. 폴에서 전류가 나가는 경우에[그림 5.2.11 (a)]는 D_4를 통하여 전류가 흐르고 폴전압 $v_A = 0$이 되고, 폴로 전류가 들어오는 경우[그림 5.2.11 (b)]에는 D_1을 통하여 전류가 흐르며 폴전압 $v_A = V_{dc}$가 된다. 즉, 2개의 IGBT를 모두 턴오프하면 폴전압은 부하전류의 방향에 의해서 정해진다. 즉, 폴전압을 IGBT에 의해서 제어할 수 없는 경우가 된다.

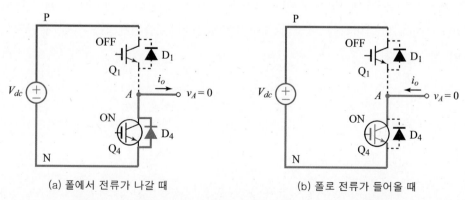

(a) 폴에서 전류가 나갈 때　　　　　　(b) 폴로 전류가 들어올 때

그림 5.2.10 상단 IGBT는 턴오프, 하단 IGBT는 턴온한 스위칭상태

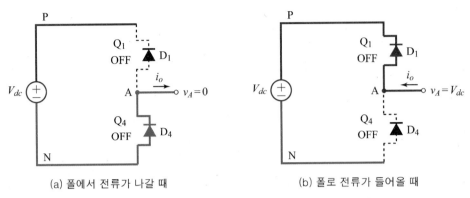

(a) 폴에서 전류가 나갈 때   (b) 폴로 전류가 들어올 때

그림 5.2.11 2개의 IGBT를 모두 턴오프한 스위칭상태

지금까지 설명한 인버터 폴의 동작과 관련된 내용 가운데 중요한 점을 정리하면 다음과 같다.

(1) 단상 풀브리지 인버터는 2개의 인버터 폴로 구성된다. 각각의 인버터 폴은 서로 독립적으로 동작하는 것이 가능하다.

(2) 인버터 폴의 두 IGBT를 모두 턴온하면 단락전류를 발생시키므로 이런 스위칭상태를 절대적으로 허용해서는 안 된다.

(3) 인버터 폴의 상단 IGBT만을 켜면 폴전압은 V_{dc}가 되고, 하단 IGBT만을 턴온하면 폴전압은 영(0)이 된다. 이 경우 폴전압은 부하전류의 방향과 무관하게 정해진다.

(4) 인버터 폴의 두 IGBT를 모두 턴오프하는 하면 폴전압은 부하전류의 방향에 따라 정해진다.

지금까지 직류전압으로부터 단상의 교류를 만들기 위한 하드웨어에 대한 내용, 즉 단상 풀브리지 인버터의 회로구성, 특히 전력부의 인버터 폴의 동작에 대하여 살펴보았다. 이어지는 5.3절은 직류전압으로부터 단상의 교류를 만들기 위한 소프트웨어적인 내용, 즉 단상 풀브리지 인버터를 어떻게 제어하여야 원하는 출력전압을 얻을 것인지에 대한 내용이 될 것이다.

5.3 단상교류를 만들기 위한 제어방법은?

5.3.1 구형파 교류전압을 만들려면 어떻게 제어해야 하는가?

단상 풀브리지 인버터는 직류전원으로부터 단상교류 출력전압을 발생, 부하에 공급하는 기능을 가지며 교류 출력전압의 파형은 각각의 IGBT를 제어하는 방법에 따라 정해진다. 그렇다면 IGBT와 다이오드로 구성된 단상 풀브리지 인버터를 사용하여 가장 간단한 형태인 구형파 교류전압을 공급하려면 IGBT를 어떻게 제어하여야 할까?

그림 5.3.1은 부하에 $v_o = V_{dc}$의 전압을 공급하기 위하여 각각의 IGBT에 온·오프 게이팅신호를 인가한 모습이다. 즉, Q_1과 Q_2에 턴온신호를 주고 Q_3와 Q_4에 턴오프신호를 주면 A점은 P점에 연결되고 B점은 N점에 연결되어 부하에는 V_{dc}의 전압이 인가된다. 폴전압을 살펴보면 $v_A = V_{dc}$, $v_B = 0$가 되어 부하에 인가되는 전압은 $v_o = v_A - v_B = V_{dc}$와 같다.

마찬가지로 그림 5.3.2는 부하에 $v_o = -V_{dc}$의 전압을 공급하기 위하여 Q_3와 Q_4에 턴온신호를 주고 Q_1과 Q_2에 턴오프신호를 준 모습을 나타낸다. 이 경우 A점은 N점에 연결되고 B점은 P점에 연결되어 부하에는 $-V_{dc}$의 전압이 인가된다. 즉, 폴전압을 살펴보면 $v_A = 0$, $v_B = V_{dc}$가 되어 부하에 인가되는 전압은 $v_o = v_A - v_B = -V_{dc}$와 같다.

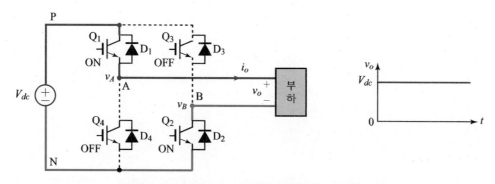

그림 5.3.1 부하에 V_{dc} 전압을 공급하는 스위칭상태

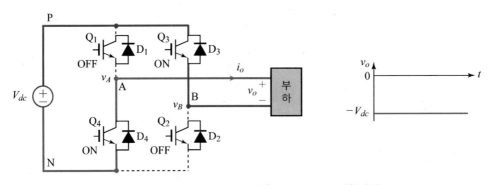

그림 5.3.2 부하에 $-V_{dc}$ 전압을 공급하는 스위칭상태

이제 V_{dc}와 $-V_{dc}$의 두 가지 값을 갖는 구형파를 부하에 공급하려면 그림 5.3.1의 회로상태와 그림 5.3.2의 회로상태를 번갈아 주기적으로 선택해 주면 된다. 그림 5.3.3은 단상 풀브리지 인버터가 공급하는 구형파 교류전압파형을 나타낸다.

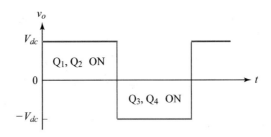

그림 5.3.3 단상 풀브리지 인버터가 공급하는 구형파 교류전압

5.3.2 구형파 제어 시 부하가 인덕터인 경우 인버터 동작 살펴보기

단상 풀브리지 인버터가 부하에 구형파의 전압을 공급할 때 부하가 인덕터인 경우 각각의 IGBT와 다이오드에는 어떤 전류가 흐르며 전력은 어떻게 전달되는지 좀 더 자세히 살펴보기로 한다.

그림 5.3.4는 인덕턴스 L인 인덕터를 부하로 갖는 단상 풀브리지 인버터를 나타내며, 그림 5.3.5는 구형파 제어 시 단상 풀브리지 인버터의 동작파형을 나타낸다. 여기서 인덕터의 초기전류는 0이라고 가정한다. 인덕터에 구형파의 전압이 인가되면 부하전류 i_o의 파형은 삼각파가 되며 $v_o = V_{dc}$인 동안은 인덕터전류의 기울기가 양(+)이며, $v_o = -V_{dc}$인 동안은 인덕터전류의 기울기가 음(-)이 된다. 구간 별로 인버터의 동작을

설명하면 다음과 같다.

(1) $0 < t < t_1$ 동안 Q_1과 Q_2를 턴온하면 인덕터의 양단에는 $v_o = V_{dc}$가 인가되므로 $di_o/dt = V_{dc}/L$의 기울기로 인덕터전류가 선형적으로 증가한다. 이 구간 동안 전류는 P점 → Q_1 → A점 → 인덕터 → B점 → Q_2 → N점의 순서로 흐르며 인덕터의 에너지는 증가한다. 즉, 전원으로부터 부하로 에너지가 전달되는 **전력공급동작**(powering operation)을 한다.

(2) $t = t_1$일 때 Q_1과 Q_2를 턴오프함과 동시에 Q_3와 Q_4를 턴온하면 Q_1에 흐르던 전류는 D_4로 **전환**(commutation)되고, Q_2에 흐르던 전류는 D_3로 전환된다. $t_1 < t < t_2$ 동안 전류는 N점 → D_4 → A점 → 인덕터 → B점 → D_3 → P점의 순서로 흐르며 인덕터의 양단에는 $v_o = -V_{dc}$가 인가되므로 $di_o/dt = -V_{dc}/L$의 기울기로 인덕터전류가 선형적으로 감소한다. $t_1 < t < t_2$ 동안은 Q_3와 Q_4가 턴온되어 있더라도 Q_3와 Q_4에는 전류가 흐르지 않는다. 이 동안 에너지는 인덕터로부터 전원으로 되돌려지는 **회생동작**(regeneration operation)을 한다.

(3) $t = t_2$일 때 인덕터의 에너지가 모두 전원으로 되돌려져서 부하전류가 0이 되면 Q_3와 Q_4를 통하여 부하전류는 다시 증가하기 시작한다. $t_2 < t < t_3$ 동안 전류는 P점 → Q_3 → B점 → 인덕터 → A점 → Q_4 → N점의 순서로 흐르며 인덕터의 에너지가 증가하는 전력공급 동작을 한다.

(4) $t = t_3$일 때 Q_3와 Q_4를 턴오프함과 동시에 Q_1과 Q_2를 턴온하면 순간적으로 Q_3에 흐르던 전류는 D_2로 전환되고, Q_4에 흐르던 전류는 D_1으로 전환된다. $t_3 < t < t_4$ 동안 전류는 N점 → D_2 → B점 → 인덕터 → A점 → D_1 → P점의 순서로 흐르며 인덕터의 에너지는 선형적으로 감소하며 회생동작을 한다. 또, $t_3 < t < t_4$ 동안은 Q_1과 Q_2가 턴온되어 있더라도 Q_1과 Q_2에는 전류가 흐르지 않는다.

(5) $t = t_4$일 때 인덕터의 에너지가 모두 전원으로 되돌려져서 부하전류가 0이 되면 Q_1과 Q_2를 통하여 부하전류는 양(+)의 방향으로 다시 증가하기 시작한다.

표 5.3.1은 위에서 설명한 인덕터를 부하로 갖는 단상 풀브리지 인버터를 구형파 제어할 때의 동작을 시간구간별로 정리한 것이다. 단상 풀브리지 인버터를 구형파 제어할 때 전력은 인버터를 통하여 전원에서 부하쪽으로 또는 부하에서 전원쪽으로 양방향으로 전달이 가능하다. 즉, 전력공급동작일 때는 전원에서 부하로 전달되고, 회생동작일 때는

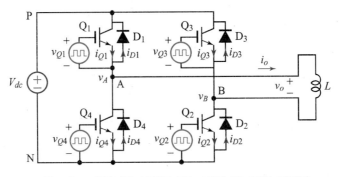

그림 5.3.4 인덕터를 부하로 갖는 단상 풀브리지 인버터

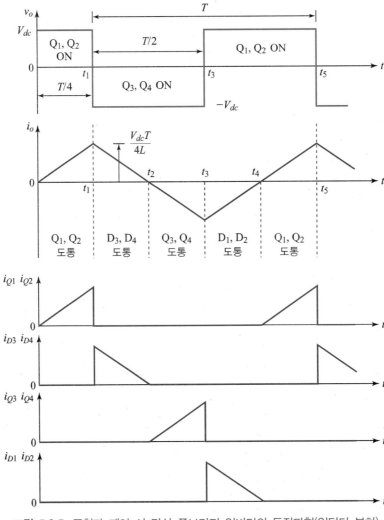

그림 5.3.5 구형파 제어 시 단상 풀브리지 인버터의 동작파형(인덕터 부하)

부하에서 전원으로 전달된다. 이 경우 IGBT로 전류가 흐를 때는 전력공급동작이 이루어지고, 전력다이오드로만 전류가 흐를 때는 회생동작이 이루어지고 있음에 유의한다.

표 5.3.1 구형파 제어 시 인덕터부하를 갖는 단상 풀브리지 인버터의 동작정리

시 간 항 목	$0 \sim t_1$	$t_1 \sim t_2$	$t_2 \sim t_3$	$t_3 \sim t_4$
턴온신호가 인가된 IGBT	Q_1, Q_2	Q_3, Q_4	Q_3, Q_4	Q_1, Q_2
실제로 도통하는 전력반도체 소자	Q_1, Q_2	D_3, D_4	Q_3, Q_4	D_1, D_2
인덕터 양단의 전압 (v_o)	V_{dc}	$-V_{dc}$	$-V_{dc}$	V_{dc}
인덕터전류(=부하전류)	양(+)방향으로 증가	감소	음(-)방향으로 증가	감소
인버터 동작상태	전력공급동작	회생동작	전력공급동작	회생동작

예제 5.3.1

PLECS로 그림 5.3.4의 인덕터부하를 갖는 단상 풀브리지 인버터의 회로를 구성하고 구형파 제어할 때 부하전압 v_o, 부하전류 i_o, IGBT Q_1의 전류 i_{Q1}, 다이오드 D_1의 전류 i_{D1}의 파형을 시뮬레이션으로 구하라. 단, 직류입력전압 V_{dc}는 100 V, 인덕터의 인덕턴스는 1 mH, 구형파의 주기는 1 kHz이다.

[풀이]

◯ 단상 풀브리지 인버터 완성하기

(1) Library Browser 창의 메뉴에서 File/New Model을 선택하여 비어있는 Schematic 창을 연다.

(2) Library Browser 창에서 다음의 소자들을 Schematic 창으로 드래그&드롭한다.

① Electrical/Sources/Voltage Source DC, ② Electrical/Power Semiconductors/IGBT, ③ Electrical/Power Semiconductors/Diode, ④ Electrical/Passive Components/Inductor, ⑤ Control/Sources/Pulse Generator, ⑥ Control/Logical/Logical Operator, ⑦ System/Probe, ⑧ System/Signal Demultiplexer, ⑨ System/Scope, ⑩ System/Signal From, ⑪ System/Signal Goto.

여기서 Electrical/Power Semiconductors/IGBT with Diode를 사용하지 않고 IGBT와 Diode를 개별로 불러서 사용하는 이유는 IGBT와 다이오드에 흐르는 전류를 따로 따로 보기 위해서이다.

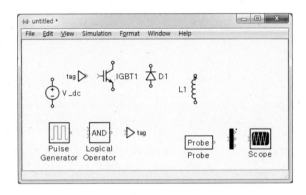

(3) IGBT 소자의 명칭 변경 및 복사 : IGBT1 소자 명칭을 Q1으로 변경한다.

그리고 나서 IGBT를 선택 후 [Ctrl] 키를 누른 상태에서 드래그&드롭하는 방식으로 IGBT를 3개 더 복사하고 같은 방법으로 다이오드도 3개 더 복사한다. 그러면 IGBT Q_2, Q_3, Q_4가 생성되고 다이이드도 D_2, D_3, D_4가 생성된다.

(4) Voltage Source DC 심볼을 더블 클릭하여 Block Parameters 창을 연 후 Voltage를 100으로 변경하고 Schematic 회로도에 그 값을 나타내기 위하여 ☑ 표시한 후 OK 버튼을 누른다. 또 인덕터의 방향을 180도 회전(L1을 선택 후 [Ctrl]+[R]을 두 번 시행)한 다음에 Inductor 심볼을 더블 클릭하여 Block Parameters 창을 연후 Inductance가 0.001인지 확인하고 Inductance에 ☑ 표시한 후 OK 버튼을 누른다.

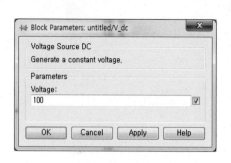
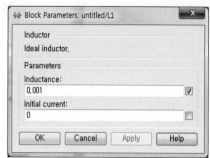

(5) Pulse Generator 심볼을 더블 클릭하여 Block Parameters 창을 연 후 다음과 같이 파라미터 값들을 적어 넣어 주파수가 1000 Hz이고 0.5 msec 마다 0과 1의 값을 왕복하는 구형파를 발생한다. 여기서 Duty cycle은 한 주기 가운데 High-state output인 1이 되는 시간의 비율이며 이 값이 0.5라는 뜻은 한 주기가 1 msec인데 1 msec × 0.5 = 0.5 msec 동안 1의 값이 된다는 뜻이다. 또 그림 5.3.5에서 보인 것과 같이 v_o 파형이 $T/4$ 만큼 오른쪽으로 shift된 구형파를 얻기 위하여 $T = 1/1000$이므로 Phase delay에 $-T/4 = -1/4000$을 적어 넣는다.

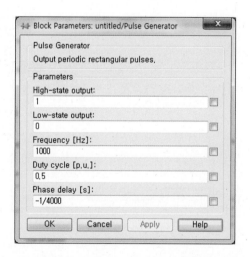

(6) Logical Operator 심볼을 더블 클릭하여 Block Parameters 창을 연 후, Operator를 AND에서 NOT으로 Number of Inputs을 2에서 1로 변경한 후 OK 버튼을 누른다. 또, Demultiplexer 심볼을 더블 클릭하여 Block Parameters 창을 연 후, Number of Outputs을 3에서 4로 변경한 후 OK 버튼을 누른다.

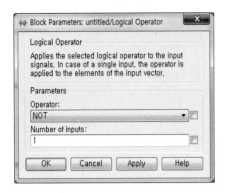

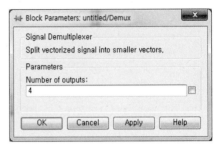

(7) Scope 심볼을 더블 클릭하여 Scope 창을 연 후 메뉴에서 File/Scope Parameters를 선택하면 Scope Parameters 창이 열린다. Scope Parameters 창에서 Number of Plots를 4로 변경한다. Plot 1 탭의 Title에 io, Plot 2 탭의 Title에 vo, Plot 3 탭의 Title에 iQ1, Plot 4 탭의 Title에 iD1을 기입하고 OK 버튼을 눌러 Scope Parameters 창을 닫는다.

(8) Signal From 심볼을 더블 클릭하여 Block Parameters 창을 연 후 Tag Name을 S1으로 변경한 다음 OK 버튼을 누른다. 같은 방법으로 다음과 같이 Signal Goto 심볼의 Tag Name을 S1으로 변경한다.

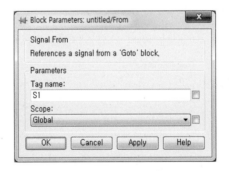

(9) Schematic 창의 넓이가 부족하면 Schematic 창의 모서리를 드래그&드롭하면 크기를 더 넓게 할 수 있다. 소자들의 간격을 적당히 유지하고 결선을 완성하여 회로도를 다음과 같이 완성한다. 여기서 Probe의 출력은 4개의 신호를 포함하고 이것을 Demux를 사용하여 분리한 다음 Scope를 사용하여 각각의 파형을 나타내고 있다.

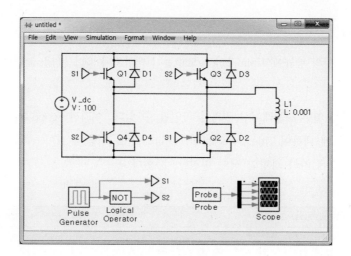

⊙ 시뮬레이션을 위한 준비

(1) Probe 심볼을 더블 클릭하여 Probe Editor 창을 연다. Probe Editor 창에 Inductor 심볼을 드래그&드롭한 다음 Component signals의 Inductor current와 Inductor voltage에 ☑ 표시한다. 계속해서 Probe Editor 창에 Q_1 심볼을 드래그&드롭 한 다음 Component signals의 IGBT current에 ☑ 표시한다. 끝으로 Probe Editor 창에 D1 심볼을 드래그&드롭한 다음 Component signals의 Diode current에 ☑ 표시한다. Close 버튼을 눌러 Probe Editor 창을 닫는다.

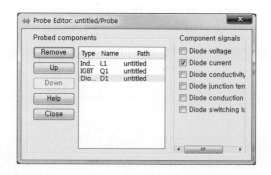

(2) Schematic 창의 메뉴에서 Simulation/Simulation Parameters…를 선택하여 Simulation Parameters 창을 연다. Stop time을 0.003으로 Refine factor를 4로 변경한 다음 OK 버튼을 눌러서 창을 닫는다.

(3) Schematic 창의 메뉴에서 File/Save를 선택한 후 저장하는 파일이름을 FB-SquareWave라고 정한 뒤 OK 버튼을 눌러서 창을 닫는다.

◯ 시뮬레이션

(1) Schematic 창의 메뉴에서 Simulation/Start를 선택하거나 Ctrl+T을 눌러서 시뮬레이션을 개시한다.

(2) Scope 창을 열면 시뮬레이션 결과를 확인할 수 있다. 여기서 Scope Parameters 창을 열어 Plot1~Plot4에 대하여 Title, Axis label, Y-limits등을 다음에 보이는 파형과 같이 지정해준다. 또 필요에 따라 파형의 색도 변경할 수 있다.

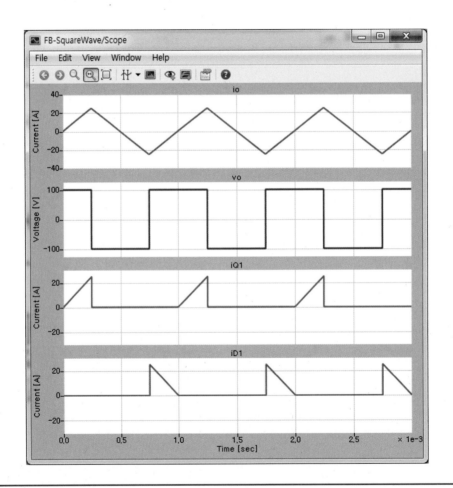

5.3.3 데드타임은 왜 필요할까?

그림 5.3.6은 단상 풀브리지 인버터에서 구형파 교류전압을 만들어 부하에 공급하려고 할 때 각각의 IGBT의 온 오프를 위한 게이팅신호이다. 여기서는 편의 상 1=ON, 0=OFF라고 한다.

그림 5.3.6에서 보듯이 $t = t_1$인 동일한 시각에 Q_1은 온상태에서 오프상태로, Q_4는 오프상태에서 온상태로 스위칭상태가 바뀌게 된다. IGBT Q_1과 Q_4는 한 폴의 상단 IGBT와 하단 IGBT이다. 이론적으로는 동시에 Q_1이 꺼지고 Q_4가 켜지는 게이팅신호가 아무런 문제가 없지만 실제의 경우는 문제가 발생할 수 있다. 만일 Q_1이 꺼지는 과정이 조금이라도 늦어지면 아직 Q_1이 켜진 상태에서 Q_4가 켜지는 사태가 발생할 수 있다. 한 폴의 상단 IGBT와 하단 IGBT가 동시에 켜지면 직류입력전원의 단락상태가 발생하여 과도한 전류로 인한 인버터의 파손이 발생한다. 그림 5.3.6에서 점선으로 표시한 부분은 모두 이러한 한 폴의 두 IGBT의 동시 턴온이 발생할 수 있는 부분들이다.

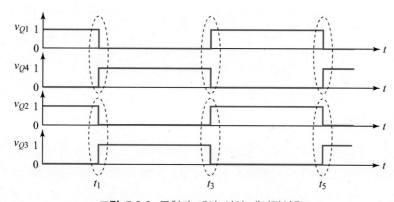

그림 5.3.6 구형파 제어 시의 게이팅신호

이러한 문제에 대한 해결책은 Q_1이 완전히 꺼진 것을 보장하는 일정한 시간 간격이 지난 다음 Q_4를 켜도록 하는 것이다. 즉, Q_1은 정해진 시각에 턴오프 하지만 Q_4의 턴온은 약간 지연(delay)시키는 것이다. 이와 같이 한 폴의 두 IGBT의 턴온과 턴오프 교체 과정에서 턴온 하는 IGBT를 약간 지연시켜 켜줄 때의 지연시간을 **데드타임**(dead time) 또는 **블랭킹 타임**(blanking time)이라고 하며, 실제의 인버터의 게이팅신호 발생 설계에서 반드시 고려하여야 할 사항이라고 할 수 있다.

그림 5.3.7은 단상 풀브리지 인버터의 안전한 동작을 위한 데드타임(t_d)을 고려한 게이팅신호를 나타낸다. 그림 5.3.7에서 보듯이 데드타임 동안 한 폴의 상하 IGBT는 모두 턴 오프된 상태로 있게 된다. 예를 들면 Q_1과 Q_4로 구성된 폴에서 [Q_1만 온]→[Q_1과 Q_4 모두 오프]→[Q_4만 온]의 과정을 거치게 되는 것이다. 데드타임동안 한 폴의 IGBT가 모두 턴오프 되어 있으므로 폴전압은 부하전류의 방향에 따라 정해지며 따라서 폴전압이 원하지 않는 전압이 될 수도 있다. 그러므로 데드타임은 가능한 짧게 두는 것이 바람직하다[8].

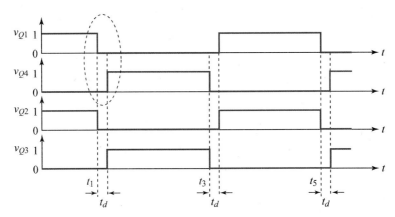

그림 5.3.7 데드타임을 고려한 게이팅신호

예제 5.3.2

예제 5.3.1과 동일한 조건에서 시뮬레이션을 하되 각각의 IGBT의 게이팅신호에서 3 μsec의 데드타임을 고려한 신호를 인가하려고 한다. 구형파 제어되는 단상 풀브리지 인버터의 회로를 PLECS로 시뮬레이션하여 부하전압 v_o, 부하전류 i_o, IGBT Q_1의 전류 i_{Q1}, 다이오드 D_1의 전류 i_{D1}의 파형을 구하라. 또, 각각의 IGBT 게이팅신호에서 3 μsec의 데드타임이 보장되는지 시뮬레이션 파형으로 확인하여라.

[풀이]

○ 기존의 파일로부터 새로운 파일의 작성

(1) Library Browser 창의 메뉴에서 File/Open을 선택하여 예제 5.3.1에서 만든 FB-SquareWave. plecs 파일을 불러온다.

---

[8] 대전력 IGBT의 경우 1 μsec~3 μsec 정도의 데드타임을 고려한다.

(2) Schematic 창의 메뉴에서 File/Save as … 을 선택하여 FB-SquareWave-deadtime의 명칭으로 파일을 저장한다.

○ 회로도의 변경

(1) Library Browser 창에서 Control/Delays/Turn-on Delay를 선택하여 Schematic 창으로 드래그&드롭한다. 또 3 μsec의 데드타임이 보장되는지 파형을 보기 위하여 다음을 추가한다.

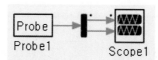

새로 가져온 소자들을 이용하여 다음과 같이 Schematic 결선도를 완성한다.

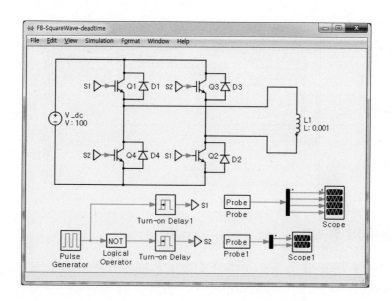

(2) Turn-on Delay 심볼을 더블 클릭하여 Block Parameters 창을 연 후, Dead time에 3e-6을 기입하고 [OK] 버튼을 누른다. Turn-on Delay 1 심볼에 대하여도 마찬가지로 Dead time에 3e-6을 기입하고 [OK] 버튼을 누른다.

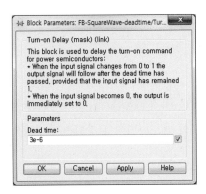

(3) Probe 1 심볼을 더블 클릭하여 Probe Editor 창을 연다. Probe Editor 창에 Turn-on Delay 1 심볼을 드래그&드롭한 다음 Component signals의 Input과 Output에 ☑ 표시한다. Close 버튼을 눌러 Probe Editor 창을 닫는다.

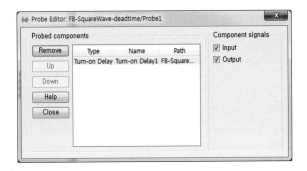

🔵 시뮬레이션 및 검토

(1) Simulation Parameters 창을 연다. Stop time을 0.003로 Max step size를 1e-6, Relative tolerance를 1e-6으로, Refine factor를 4로 변경한 다음 OK 버튼을 눌러서 창을 닫는다. Schematic 창의 메뉴에서 Simulation/Start를 선택하거나 Ctrl+T을 눌러서 시뮬레이션을 개시한다.

(2) Scope 심볼을 더블 클릭하여 부하전압 v_o, 부하전류 i_o, IGBT Q_1의 전류 i_{Q1}, 다이오드 D_1의 전류 i_{D1}의 파형을 확인한다.

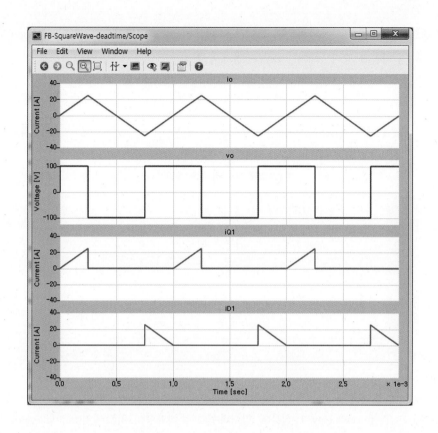

여기서 회로 각부의 파형은 예제 5.3.1의 경우와 거의 같음을 알 수 있다.

(3) Scope 1 심볼을 더블 클릭하여 Turn-on Delay 심볼의 입력파형과 출력파형을 확인한다.

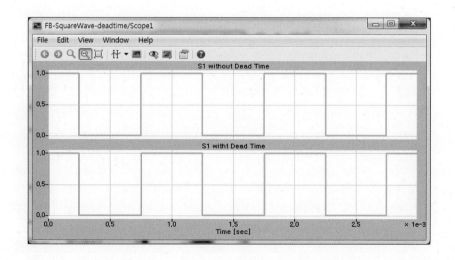

(4) 데드타임이 제대로 동작하는지 확인하기 위하여 위 파형의 상승에지(rising edge)부분을 확대하면 다음과 같다. 확대는 Scope 창에서 확대하고 싶은 부분을 마우스로 드래그&드롭하면 된다. 여기서 출력파형의 상승에지가 3 μsec 늦음을 볼 수 있다.

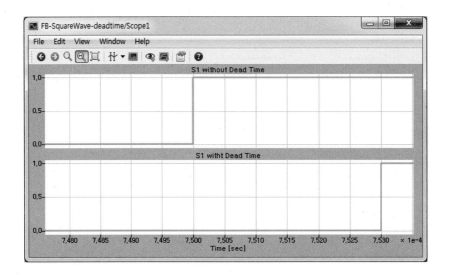

(5) 다음은 Turn-on Delay 1 심볼의 입력파형과 출력파형의 하강에지(falling edge) 부분이다. 상승에지 부분과 달리 하강에지 부분은 입력파형과 출력파형이 서로 정확히 같음을 볼 수 있다.

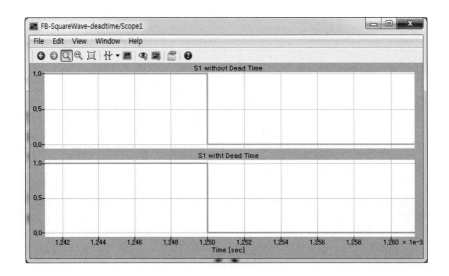

5.3.4 인버터가 공급하는 교류파형에 대하여

단상 풀브리지 인버터를 사용하면 구형파 교류전압을 부하에 공급할 수 있다. 그런데 대부분의 부하는 정현파의 교류전압를 필요로 하므로 그림 5.3.8에 보인 것처럼 수요와 공급의 불일치가 발생한다. 구형파와 정현파는 겉보기에 완전히 다른 모양의 파형이기 때문이다. 그런데도 구형파전압을 사용하는 이유는 무엇일까? 부하가 구형파 교류전압을 어떤 식으로 받아들이는지 알기 위해서 구형파에 대하여 좀 더 자세히 살펴보기로 한다.

그림 5.3.8 구형파를 공급하는 인버터와 정현파를 요구하는 부하

그림 5.3.9는 크기와 주파수가 다른 4개의 정현파전압을 나타낸다. 그림 5.3.9에 보인 4개의 정현파 파형은 다음과 같다.

① v_1 : 크기가 $4/\pi$이고 주파수 $f(=1/T)$인 정현파

② v_3 : 크기가 $4/3\pi$이고 주파수 $3f$인 정현파

③ v_5 : 크기가 $4/5\pi$이고 주파수 $5f$인 정현파

④ v_7 : 크기가 $4/7\pi$이고 주파수 $7f$인 정현파

그림 5.3.10은 v_1에 v_3, v_5, v_7을 차례로 순차적으로 더해가면서 새로운 파형이 만들어지는 과정을 보인다. 그림 5.3.10에서 보듯이 v_1에 v_3, v_5, v_7을 차례로 더하여 합성하면 점차로 구형파와 비슷한 파형이 된다. 만일 더 많은 정현파들을 더해나가면 궁극적으로 그림 5.3.11과 같은 구형파가 될 것이다. 즉, 구형파는 주파수와 크기가 다른 무한히 많은 정현파 성분들이 더해져서 만들어진 파형임을 알 수 있다.

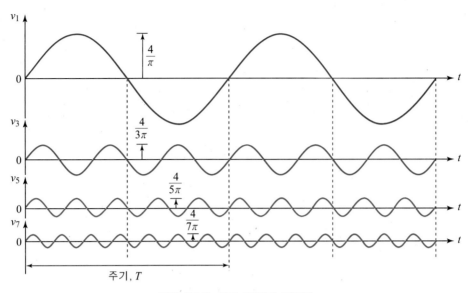

그림 5.3.9 여러 종류의 정현파

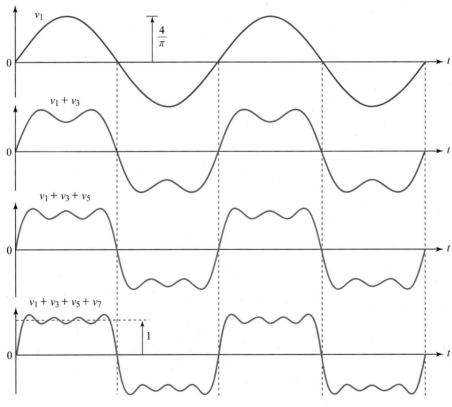

그림 5.3.10 주기적인 파형의 합성

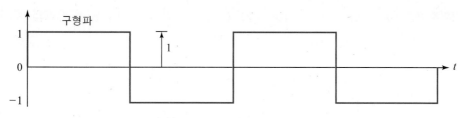

그림 5.3.11 크기가 1인 구형파

구형파를 공급하는 인버터는 부하에 수많은 정현파를 공급하는 것과 같다. 수많은 정현파 가운데는 부하에 필요한 정현파도 있고 부하가 요구하지 않았던 정현파도 있을 것이다. 그림 5.3.12는 여러 종류의 정현파를 공급하는 인버터와 한 종류의 정현파만을 필요로 하는 부하의 관계를 나타내었다. 예를 들면 그림 5.3.12에서 부하가 필요로 하는 단 한 종류의 정현파가 v_1 파형이라면, 나머지 파형 v_3, v_5, v_7 등은 부하의 요구와 관계없이 인버터가 발생하여 부하에 공급하는 파형이라고 할 수 있다.

일반적으로 구형파뿐만 아니라 모든 주기적인 비정현파형은 수많은 정현파들의 합으로 표현할 수 있다[9]. 여기서 인버터의 전압, 전류파형을 다루는데 중요한 용어를 정리하면 다음과 같다.

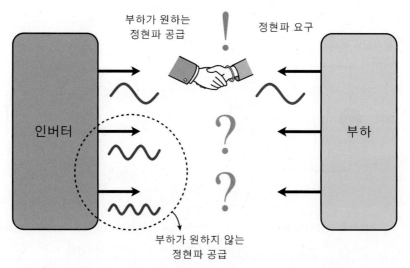

그림 5.3.12 여러 종류의 정현파를 공급하는 인버터와 한 종류의 정현파만 필요한 부하

---

9) 수학적으로 푸리에 전개(Fourier expansion) 방법에 의하여 비정현 주기파는 정현파들의 합으로 표현될 수 있다.

- **기본주파수**(fundamental frequency) f : $f = 1/T$ ($T =$ 비정현 주기파의 주기)
- **기본파**(fundamental waveform) : 비정현 주기파를 구성하는 수많은 정현파 가운데, 기본주파수와 같은 주파수를 갖는 정현파. 기본파는 부하가 인버터로부터 공급받기를 원하는 유일한 정현파이다.
- **고조파**(harmonics) : 비정현 주기파를 구성하는 수많은 정현파 가운데, 기본주파수의 정수배의 주파수를 갖는 정현파. 고조파는 부하가 공급받기 원하지 않는 정현파이다.
- **제n(차)고조파** : 기본주파수의 n배 주파수를 갖는 고조파.

다시 말하면, 정현파가 아닌 임의의 주기적인 파형은 다음과 같이 여러 개의 정현파의 합성으로 나타낼 수 있다. 즉,

$$\text{비정현 주기파} = \text{기본파} + \underbrace{\text{제2고조파} + \text{제3고조파} + \text{제4고조파} + \cdots}_{\text{전고조파}}$$

여기서, 기본파를 제외한 나머지 성분의 합을 **전고조파**(total harmonics)라고 한다.

그림 5.3.13은 구형파를 공급하는 단상 풀브리지 인버터의 등가회로를 나타낸다. 그림 5.3.13 (a)는 부하에 구형파 교류전압이 공급되는 것을 나타내었고, (b)는 기본파와

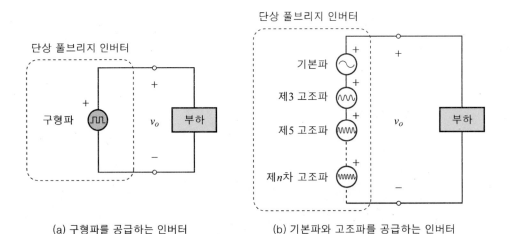

(a) 구형파를 공급하는 인버터 (b) 기본파와 고조파를 공급하는 인버터

그림 5.3.13 구형파를 공급하는 인버터의 등가회로

수많은 고조파가 부하에 한꺼번에 공급되는 모습을 나타낸다. 부하의 입장에서 (a)와 (b)는 동일한 전원이 인가된 것으로 보일 것이다.

일반적으로 전동기와 같은 AC 부하는 순수한 정현파의 교류 전압이 공급될 때 가장 효율적으로 동작한다. 그런데 인버터가 공급하는 전압파형은 구형파와 같은 비정현 주기파이며, 기본파를 제외한 나머지 고조파성분들은 원래 원하지 않았던 성분들이다.

만일 부하가 요구하는 전압은 정현파만의 교류전압인데 구형파의 전압을 부하에 공급하면 어떤 문제가 생길까? 예를 들어 KTX-산천의 유도전동기에 정현파의 교류가 아닌 구형파전압을 인가하면 무슨 문제가 있을까? 다행히도 구형파를 공급한다고 하여 유도전동기가 회전하지 않는 것은 아니다. 다만 고조파성분으로 인하여 유도전동기의 성능(performance)과 효율(efficiency)이 나빠지게 된다. 마찬가지로 **대부분의 부하는 정현파형의 전압을 인가하지 않더라도 어느 정도 동작하지만 대신 성능과 효율이 악화된다.** 그러므로 기본파성분을 제외한 고조파성분은 제거하거나 그 크기를 최소화하는 것이 바람직하다[10].

인버터의 전력반도체 스위치들을 제어하는 실질적인 목적은 인버터의 출력전압 가운데 다음 중 하나 이상을 제어하기 위한 것이다.

- 기본파의 크기
- 기본파의 주파수
- 고조파성분

마지막으로 구형파는 인버터의 동작을 설명하는데 매우 중요한 파형이므로 다음과 같이 특징을 정리하고 넘어가기로 한다.

(1) 크기가 1인 구형파의 기본파 크기는 $4/\pi(\approx 1.273)$이다.

(2) 구형파에는 1차, 3차, 5차,…와 같이 홀수차수의 고조파만 존재한다.

(3) 크기가 1인 구형파의 n차 고조파의 크기는 $4/n\pi$이다.

---

10) 인버터 출력에서의 고조파의 양은 인버터의 제어성능(control performance)의 품질을 나타내는 지수(index)로 사용될 수 있다.

예제 5.3.3

PLECS는 주기적인 파형의 주파수성분을 분석할 수 있는 툴(tool)을 갖는다. PLECS를 사용하여 크기가 1이고 주파수가 20 Hz인 구형파를 발생하고 10차까지 고조파성분의 크기를 구하라.

[풀이]

(1) Library Browser 창의 메뉴에서 File/New Model을 선택하여 비어있는 Schematic 창을 연다. Library Browser 창에서 ① Control/Sources/Pulse Generator와 ② System/Scope를 Schematic 창으로 드래그&드롭한다. 두 소자를 결선한 후 새로운 파일이름 SQ1으로 저장한다.

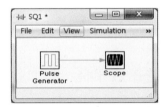

(2) Pulse Generator 심볼의 Block Parameters 창을 연 후, 다음과 같이 파라미터들을 기입한 다음 OK 버튼을 누른다. 그런 다음 Schematic 창의 메뉴에서 Simulation/Simulation Parameters…를 선택하여 Simulation Parameters 창을 연 다음 Stop time을 1/20으로 Refine factor를 4로 변경한 다음 OK 버튼을 눌러서 창을 닫는다. Ctrl+T을 눌러서 시뮬레이션을 개시한다.

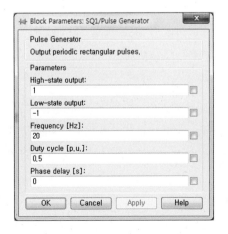
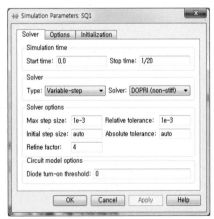

(3) Scope 창을 열면 구형파의 한 주기가 나타난다.

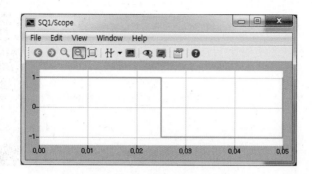

(4) Scope 창의 메뉴바에서 ▦ 아이콘을 누르면 주파수성분을 볼 수 있는 Fourier 창이 열린
다. 이때 Scope 창과 Fourier 창의 하단에 각각 Data 창이 동시에 열린 것을 볼 수 있다.

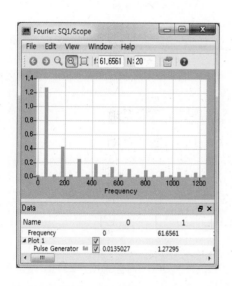

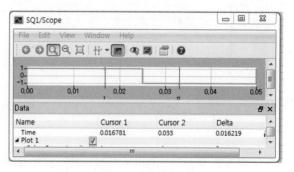

(5) 정확히 구형파의 한 주기 동안의 주파수성분을 분석하기 위하여 SQ1/Scope 창의 Cursor 1
과 Cursor 2의 위치를 한 주기 만큼 띄어 놓아야 한다. 위의 그림을 예로 들면 SQ1/Scope
의 Data 창에서 Cursor 1의 Time 값인 0.016781을 더블 클릭하면 편집할 수 있는 상태가
되는데 여기에 0을 기입한다. 같은 방법으로 Cursor 2의 Time값인 0.033을 더블 클릭한 후
0.05를 기입한다.

(6) Fourier SQ1/Scope 창에서 ⌜f:50⌟ ⌜N:20⌟ 의 f : 50은 Base Frequency를 나타내는데 이 값은 기본주파수를 의미한다. 이 f의 값이 20 Hz가 아니면 f의 값을 더블 클릭하면 Base Frequency 창이 뜨는데 여기서 Set base frequency를 선택한 후 20의 값을 적어 넣고 ⌜OK⌟ 버튼을 눌러 창을 닫는다.

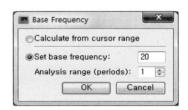

그렇게 하고 나서 주파수성분을 확인하기 위하여 Fourier SQ1/Scope 창을 확대하면 다음과 같다.

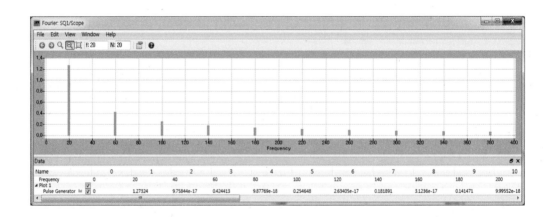

여기서 각각의 주파수성분에 대한 크기 값을 읽을 수 있다. 예를 들면 20 Hz 성분은 1.27324의 크기를 갖고 40 Hz 성분은 9.75844e-17로 거의 0이 됨을 볼 수 있다. 10차까지 고조파성분의 크기를 구하면 다음과 같다.

2차(40 Hz) = 4차(80 Hz) = 6차(120 Hz) = 8차(160 Hz) = 10차(200 Hz) ≈ 0

1차(20 Hz) = 1.27324, 3차(60 Hz) ≈ 0.424413, 5차(100 Hz) = 0.254648,

7차(140 Hz) = 0.181891, 9차(180 Hz) = 0.141471.

5.3.5 기본파의 크기를 제어하려면

단상 풀브리지 인버터가 크기가 V_{dc}인 구형파의 전압을 공급하도록 제어하면 기본파의 크기는 $(4/\pi)V_{dc} \approx 1.273\,V_{dc}$가 된다. 그림 5.3.14는 구형파와 구형파의 기본파를 나타낸다. 구형파와 그 구형파의 기본파는 주파수가 같으므로 구형파의 주파수를 조절하면 기본파의 주파수도 마찬가지로 조절된다. 그런데 구형파 제어 시 기본파의 크기를 제어하려면 V_{dc}의 크기를 바꿔주는 방법밖에 없다. 따라서 만일 직류전원 V_{dc}의 크기가 고정된 인버터를 사용하는 경우 구형파 제어하여 기본파의 크기를 바꿔줄 수 없다.

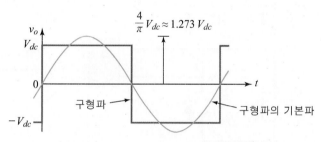

그림 5.3.14 구형파와 구형파의 기본파

그렇다면 단상 풀브리지 인버터를 어떻게 제어하여야 기본파의 크기를 제어할 수 있을까? 단상 풀브리지 인버터에서 기본파의 크기를 제어하려면 이와 관련된 제어변수가 적어도 하나 있어야 한다. 지금부터 그 변수를 찾아보기로 한다.

단상 풀브리지 인버터의 구형파전압 제어 시에는 부하에 V_{dc} 전압을 공급하거나 $-V_{dc}$ 전압을 공급하는 두 가지 스위칭상태만 사용되었다. 그런데 단상 풀브리지 인버터에는 부하에 영(0) 전압을 공급하는 스위칭상태도 있다.

그림 5.3.15는 단상 풀브리지 인버터가 부하에 영(0) 전압을 공급하는 두 가지 스위칭상태를 나타낸다. 즉, 모든 폴의 상단 IGBT를 온, 하단 IGBT를 오프하던지 아니면 그와 반대로 모든 폴의 하단 IGBT를 온, 상단 IGBT를 오프하면 부하는 단락상태가 된다. 즉, 부하에는 0 V의 전압이 인가된 것과 같다.

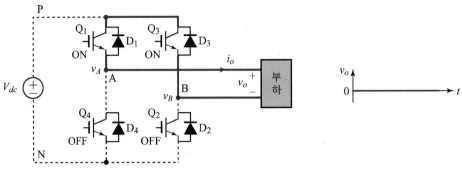

(a) 각 폴의 상단 IGBT를 모두 턴온한 상태

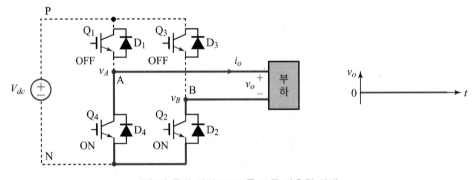

(b) 각 폴의 하단 IGBT를 모두 턴온한 상태

그림 5.3.15 부하에 영(0) 전압을 공급하는 스위칭상태

부하에 영전압이 인가되는 경우 V_{dc}는 부하와 분리된다. 예를 들면 그림 5.3.15 (a)의 경우 턴온된 Q_1에 의해서 D_4가 턴오프되고, 턴온된 Q_3에 의해서 D_2가 턴오프되며 Q_2, Q_4에는 이미 턴오프의 신호가 인가되고 있으므로 N점은 A점이나 B점 어디에도 연결되지 않는다.

단상 풀브리지 인버터로 구형파를 생성할 때 영(0)전압상태가 사용되지 않았었는데 기본파의 크기를 제어하는데는 영전압상태도 사용한다. 그림 5.3.16은 영전압상태를 포함하는 **준구형파**(quasi-square wavefrom)의 교류 출력전압(v_o)을 나타낸다. 그림 5.3.16에서 가로축은 전기각을 나타내며 준구형파 파형의 주기가 T일 때 $\omega = 2\pi/T$임에 유의한다. 여기서 α는 영전압상태의 지속간격을 나타내며 단위는 rad이다.

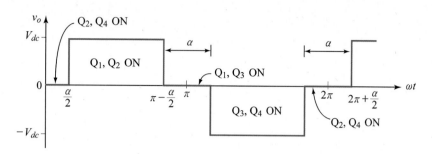

그림 5.3.16 단상 풀브리지 인버터의 준구형파 제어

그림 5.3.17은 단상 풀브리지 인버터가 그림 5.3.15와 같은 준구형파 출력전압을 발생하기 위한 각각의 IGBT에 대한 게이팅신호이다. 여기서 1=ON, 0=OFF를 의미한다. 단상 풀브리지 인버터를 구형파 제어하기 위한 게이팅신호(그림 5.3.6 참조)에서는 Q_1의 게이팅신호와 Q_3의 게이팅신호는 서로 중첩되는 구간이 존재하지 않았던 반면 준구형파 제어 시에는 Q_1에 대한 온 게이팅신호와 Q_3에 대한 온 게이팅신호가 서로 중첩(overlap)되는 α 구간이 존재한다.

준구형파 제어할 때 영전압을 발생시키는 구간간격 α는 기본파의 크기를 제어하는 제어변수가 된다. 그림 5.3.18은 α가 각각 30°, 60°, 120°인 경우 기본파의 크기를 나타낸다. 즉, $\alpha = 30$°인 경우 기본파의 크기는 $1.23 V_{dc}$이지만 $\alpha = 60$°인 경우는 $(2\sqrt{3}/\pi)V_{dc}(\approx 1.103 V_{dc})$로, $\alpha = 120$°인 경우는 $2V_{dc}/\pi(\approx 0.637 V_{dc})$로 각각 감소한다.

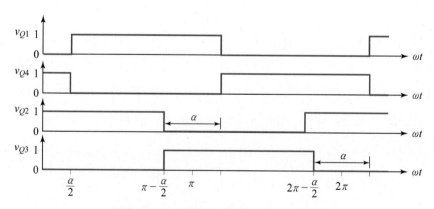

그림 5.3.17 준구형파 제어 시의 게이팅신호

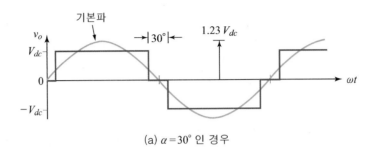

(a) $\alpha = 30°$ 인 경우

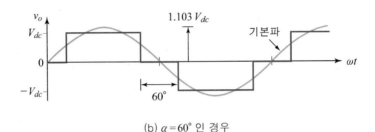

(b) $\alpha = 60°$ 인 경우

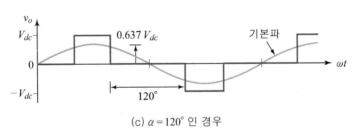

(c) $\alpha = 120°$ 인 경우

그림 5.3.18 기본파의 크기를 제어하는 경우

그림 5.3.19는 α에 따른 기본파의 크기($\widehat{V}_1$)의 변화를 나타낸다. $\alpha = 0°$인 경우는 구형파 제어하는 경우와 같으며 따라서 기본파의 크기는 구형파의 경우와 같은 $(4/\pi)\,V_{dc}$가 된다. 즉, 준구형파 제어 시 α를 0부터 $180°$까지 제어하여 $(4/\pi)\,V_{dc}$부터 0까지 교류 출력전압의 기본파 크기를 연속적으로 제어할 수 있다[11].

---

11) 준구형파 제어 시 준구형파 교류 출력전압의 고조파는 3차, 5차, 7차와 같이 홀수차수의 고조파만 존재하며 n차 고조파의 크기는 $\dfrac{4V_{dc}}{n\pi}\left|\sin\left(\dfrac{n}{2}(\pi - \alpha)\right)\right|$와 같이 표현된다.

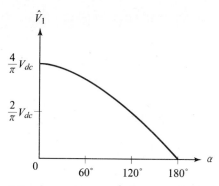

그림 5.3.19 α에 따른 기본파의 크기 변화

예 제 5.3.4

그림 5.3.17은 데드타임을 고려하지 않은 게이팅신호이다. 단상 풀브리지 인버터를 준구형
파 제어할 때 데드타임을 고려하여 각각의 IGBT에 대한 게이팅신호를 나타내어라.

[풀이]

데드타임은 턴온되는 IGBT의 턴온시간을 지연시키는 것이므로 데드타임을 고려했을 때 게이팅
신호는 그림 5.3.20과 같이 나타낼 수 있다. 여기서 $\omega = 2\pi / T$이고 T는 준구형파의 주기이다.

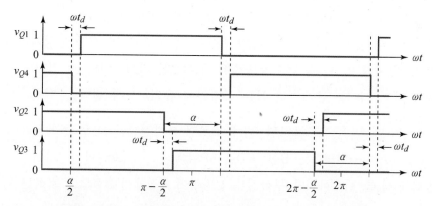

그림 5.3.20 데드타임을 고려한 준구형파 제어 시의 게이팅신호

5.3.6 준구형파 제어 시 인덕터 부하를 갖는 인버터 동작 살펴보기

준구형파의 교류전압을 인덕터 부하에 공급할 때 단상 풀브리지 인버터의 동작과 각 부의 전류파형에 대하여 살펴본다. 그림 5.3.21은 준구형파 제어 시 인덕턴스 L의 인덕터를 부하로 갖는 단상 풀브리지 인버터(그림 5.3.4 참조)의 동작파형을 나타낸다. 여기서 인덕터의 초기전류는 0이라고 가정한다. 동작파형의 구간별로 인버터의 동작을 설명하면 다음과 같다.

(1) $0 < t < t_1$ 동안 Q_1과 Q_2를 턴온하면 인덕터의 양단에는 $v_o = V_{dc}$가 인가되므로 $di_o/dt = V_{dc}/L$의 기울기로 인덕터전류가 선형적으로 증가한다. 이 구간 동안 전류는 P점 → Q_1 → A점 → 인덕터 → B점 → Q_2 → N점의 순서로 흐르며 전원으로부터 부하로 에너지가 전달되어 인덕터의 에너지가 증가하는 전력공급동작(powering operation)을 한다.

(2) $t = t_1$일 때 Q_2를 턴오프하면 Q_2에 흐르던 부하전류는 D_3로 전환되고 부하전류는 P점 → Q_1 → A점 → 인덕터 → B점 → D_3 → P점으로 이어지는 루프(loop) 내를 **환류**(freewheeling)한다. 여기서 Q_2를 턴오프함과 동시에 Q_3를 턴온하지만 환류되는 전류의 방향이 Q_3의 전류방향과 반대이므로 Q_3에는 전류가 흐르지 않는다. 또한 부하의 양단에는 영전압이 인가되므로 전류는 더 이상 증가하지도 감소하지도 않고 일정한 값을 유지한다. D_3와 Q_1을 통한 부하전류의 환류는 $v_o = - V_{dc}$의 전압을 얻기위하여 $t = t_2$인 순간 Q_1을 턴오프, Q_4를 턴온함으로써 종료된다. 단상 풀브리지 인버터의 환류동작은 구형파 제어 시에는 존재하지 않는 동작임에 유의하도록 한다.

(3) $t = t_2$일 때 Q_1을 턴오프하면 Q_1에 흐르던 부하전류는 D_4로 전환되고 부하전류는 N점 → D_4 → A점 → 인덕터 → B점 → D_3 → P점의 순서로 흐른다. 여기서 Q_1을 턴오프함과 동시에 Q_4를 턴온하지만 부하전류의 방향이 A점에서 B점으로 흐르는 방향이므로 전류는 D_4와 D_3를 통하여 흐르고 온 되어 있는 Q_4와 Q_3에는 전류가 흐르지 않는다. $t_2 < t < t_3$ 동안 인덕터의 양단에는 $v_o = - V_{dc}$가 인가되므로 $di_o/dt = - V_{dc}/L$의 기울기로 인덕터전류가 선형적으로 감소하며 인버터는 부하에서 전원으로 에너지를 되돌리는 회생동작을 한다.

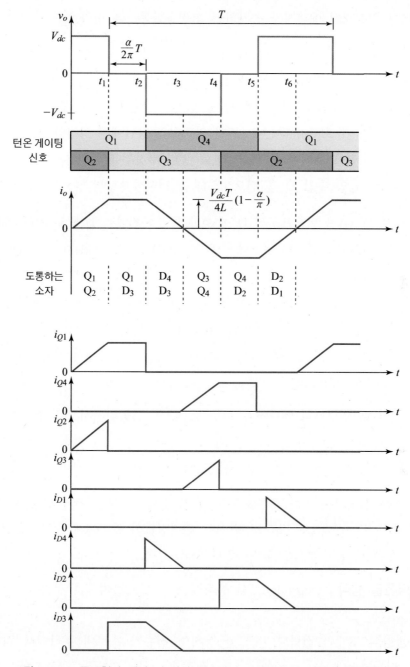

그림 5.3.21 준구형파 제어 시 단상 풀브리지 인버터의 동작파형 (인덕터 부하)

(4) $t = t_3$일 때 인덕터의 에너지가 모두 전원으로 되돌려져서 부하전류가 0이 되면 Q_3와 Q_4를 통하여 부하전류는 B점에서 A점으로 흐르기 시작하며 다시 증가한다. $t_3 < t < t_4$ 동안 전류는 P점 → Q_3 → B점 →인덕터 → A점 → Q_4 → N점의 순서로 흐르

며 인버터는 인덕터의 에너지가 증가하는 전력공급동작을 한다.

(5) $t = t_4$일 때 Q_3를 턴오프하면 Q_3에 흐르던 부하전류는 D_2로 전환되고 부하전류는 N점 → D_2 → B점 → 인덕터 → A점 → Q_4 → N점으로 이어지는 루프(loop) 내를 환류한다. 여기서 Q_3를 턴오프함과 동시에 Q_2를 턴온하지만 환류되는 전류의 방향이 반대이므로 Q_2에는 전류가 흐르지 않는다. 또한 인덕터의 양단에는 영전압이 인가되므로 인덕터전류는 일정한 값을 유지한다. D_2와 Q_4를 통한 부하전류의 환류는 $v_o = V_{dc}$의 전압을 얻기 위하여 $t = t_5$인 순간 Q_4을 턴오프, Q_1를 턴온함으로써 종료된다.

(6) $t = t_5$일 때 Q_4을 턴오프하면 Q_4에 흐르던 부하전류는 D_1으로 전환되고 부하전류는 N점 → D_2 → B점 → 인덕터 → A점 → D_1 → P점의 순서로 흐른다. 여기서 Q_4을 턴오프함과 동시에 Q_1을 턴온하지만 부하전류의 방향이 B점에서 A점으로 흐르는 방향이므로 전류는 D_2와 D_1을 통하여 흐르고 온 되어 있는 Q_2와 Q_1에는 전류가 흐르지 않는다. $t_5 < t < t_6$ 동안 인덕터의 양단에는 $v_o = V_{dc}$가 인가되므로 B점에서 A점으로 흐르는 인덕터전류의 크기는 선형적으로 감소하며 인버터는 부하에서 전원으로 에너지를 되돌리는 회생동작을 한다.

(7) $t = t_6$일 때 인덕터의 에너지가 모두 전원으로 되돌려져서 B점에서 A점으로 흐르던 부하전류가 0이 된다. $t = t_6$일 때 회로의 상태는 $t = 0$일 때와 같으며 $t > t_6$일 때 Q_1와 Q_2를 통하여 부하전류는 A점에서 B점으로 흐르기 시작하며 다시 증가한다.

표 5.3.2는 위에서 설명한 준구형파 제어 시 인덕터부하를 갖는 단상 풀브리지 인버터의 동작을 시간 구간별로 정리한 것이다. 전력전달의 관점에서 준구형파 제어되는 단상 풀브리지 인버터의 동작을 정리하면 다음과 같다.

(1) **전력전달 동작** : 2개의 IGBT를 통하여 전류가 흐르며 직류전원에서 부하로 에너지가 전달된다.

(2) **회생동작** : 2개의 전력다이오드를 통하여 전류가 흐르며 부하에서 직류전원으로 에너지가 되돌려진다.

(3) **환류동작** : 1개의 IGBT와 1개의 전력다이오드를 통하여 전류가 흐르며 직류전원과 부하사이에 에너지의 수수가 발생하지 않는다. 이때 부하는 전원으로부터 분리된 상태가 된다.

표 5.3.2 준구형파 제어 시 인덕터 부하를 갖는 단상 풀브리지 인버터의 동작 정리

시 간 항 목	$0 \sim t_1$	$t_1 \sim t_2$	$t_2 \sim t_3$	$t_3 \sim t_4$	$t_4 \sim t_5$	$t_5 \sim t_6$
턴온신호가 인가된 IGBT	Q_1, Q_2	Q_1, Q_3	Q_4, Q_3	Q_4, Q_3	Q_4, Q_2	Q_1, Q_2
실제로 도통하는 전력반도체 소자	Q_1, Q_2	Q_1, D_3	D_4, D_3	Q_4, Q_3	Q_4, D_2	D_2, D_1
인덕터 양단의 전압 (v_o)	V_{dc}	0	$-V_{dc}$	$-V_{dc}$	0	V_{dc}
인덕터전류(=부하전류)	양(+)으로 증가	변동없음	감소	음(−)으로 증가	변동없음	감소
인버터 동작상태	전력공급 동작	환류동작	회생동작	전력공급 동작	환류동작	회생동작

그림 5.3.21에는 준구형파 제어 시 인덕터부하를 갖는 단상 풀브리지 인버터의 각각의 IGBT와 다이오드에 흐르는 전류파형이 나타내져 있다. 이 경우 각 전력반도체소자에 흐르는 전류의 평균값은 서로 같지 않다. 즉, Q_1, Q_4에 흐르는 전류의 평균값은 Q_2, Q_3에 흐르는 전류의 평균값보다 크고, D_2, D_3에 흐르는 전류의 평균값은 D_1, D_4에 흐르는 전류의 평균값보다 크다는 것에 유의하도록 한다.

그림 5.3.21에 준구형파 제어 시 턴온 게이팅신호를 받는 각각의 IGBT가 나타내져 있는데, 같은 폴의 상단 IGBT와 하단 IGBT에는 각각 반주기 동안만 턴온신호가 인가되며, 서로 다른 폴의 상단(또는 하단) IGBT 게이팅신호끼리는 α만큼 어긋난 위상차가 있음을 알 수 있다. 예를 들면, 구형파 제어할 때는 서로 다른 폴에 속한 Q_1과 Q_2가 동시에 켜지고 꺼지지만 준구형파 제어 시에는 Q_2가 $(\alpha/2\pi)T$ 만큼 먼저 꺼지게 된다. 그러나 단상 풀브리지 인버터에서 구형파 제어할 때와 준구형파 제어할 때 한주기 동안의 각 IGBT 스위치의 스위칭 빈도수, 즉, 스위칭주파수는 서로 같음에 유의하도록 한다.

예제 5.3.5

인덕터 부하를 갖는 단상 풀브리지 인버터를 준구형파 제어할 때 부하전압 v_o, 부하전류 i_o, IGBT Q_1의 전류 i_{Q1}, 다이오드 D_1의 전류 i_{D1}의 파형을 PLECS로 시뮬레이션하여 구하라. 단, 직류입력전압 V_{dc}는 100 V, 인덕터의 인덕턴스는 1 mH, 준구형파의 주기는 1 kHz이며 준구형파의 제어변수가 되는 $\alpha = 60°$이다.

[풀이]

◯ 기존의 PLECS 파일을 불러와서 새로운 파일을 작성

(1) Library Browser 창에서 File/Open을 선택하여 예제 5.3.2에서 만든 FB-SquareWave
-deadtime.plecs 파일을 불러온다. Schematic 창의 메뉴에서 File/Save as…을 선택하여
FB-QuasiSWave의 새로운 명칭으로 파일을 저장한다.

(2) Schematic 창에서 Pulse Generator 심볼을 선택한 후 Del 키를 눌러 삭제한다. Library
Browser 창에서 ① Control/Sources/Constant, ② System/Signal Multiplexer, ③ System/
Signal Demultiplexer, ④ Control/Functions & Tables/C-Script 소자들을 Schematic 창으로
드래그&드롭한다.

(3) 필요한 소자가 있다면 Schematic 창 내에서 적절히 복사하여 사용하며 다음과 같이
Schematic을 완성한다.

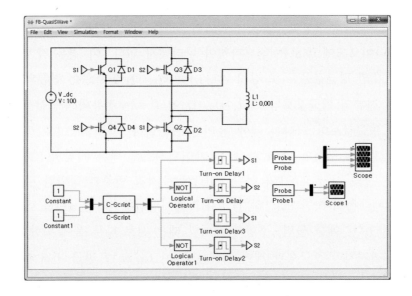

(4) Constant 심볼의 Constant를 f [Hz]로 변경하고, Constant 1 심볼의 Constant 1을 alpha [deg]
로 변경한다.

그리고 나서 f [Hz] 심볼의 파라미터값을 1000으로, alpha [deg] 심볼의 파라미터값을 60으로
각각 설정한다.

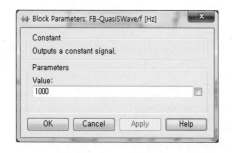
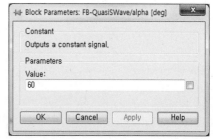

(5) Signal Goto 심볼과 Signal From 심볼의 값들을 다음과 같이 변경한다.

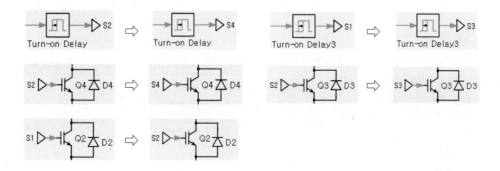

(6) C-Script 블록을 더블 클릭하여 C-Script parameters 창을 연 후, Setup pane을 다음과 같이
설정한다.

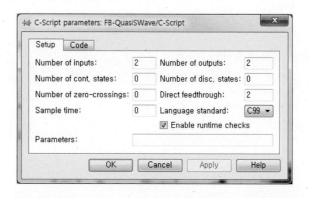

(7) C-Script 블록의 Code pane에서 Code declarations와 Output function code에 다음과 같이 작성한다.

〈Code declarations〉

```
#include 〈math.h〉
#define T (1/Input(0))
#define alpha Input(1)
#define S1 Output(0)
#define S3 Output(1)

double t, t1, t2, t4, t5;
```

⇨

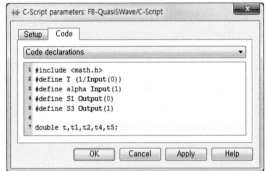

〈Output function code〉

```
//Calculation of Event times
t1=T/4.-alpha*T/720.;
t2=t1+alpha*T/360.;
t4=t1+T/2.;
t5=t2+T/2.;

//Current time within 0〈t〈T
t=fmod(CurrentTime,T);

if((t〈t2)||(t〉t5)) S1=1;
else S1=0;
if((t1〈t)&&(t〈t4)) S3=1;
else S3=0;
```

⇨

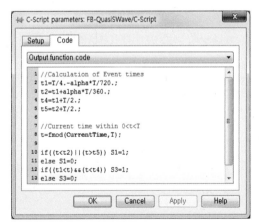

(8) Probe 1 심볼을 더블 클릭하여 Probe Editor 창을 연다. Probe Editor 창에 C-Script 심볼을 드래그&드롭한 다음 Output에 ☑ 표시한다. Close 버튼을 눌러 Probe Editor 창을 닫는다.

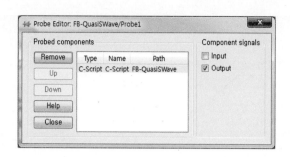

(9) Scope 1 심볼을 더블 클릭하여 Scope 창을 연 후 메뉴에서 File/Scope Parameters를 선택하면 Scope Parameters 창이 열린다. Scope Parameters 창에서 Plot 1 탭의 Title에 S1, Plot 2 탭의 Title에 S3를 기입하고 OK 버튼을 눌러 Scope Parameters 창을 닫는다.

(10) 다음과 같이 준구형파 제어되는 단상 풀브리지 인버터의 Schematic 파일을 완성한다.

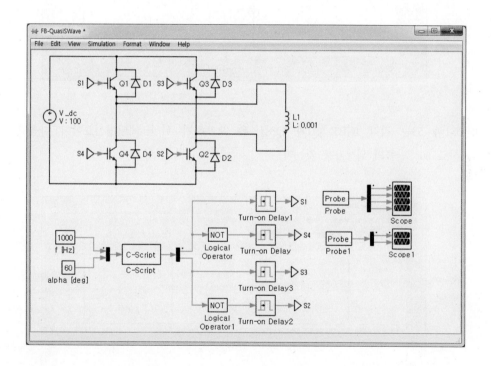

🔵 시뮬레이션 및 파형 보기

(1) Simulation Parameters 창을 연다. Stop time을 0.002로 Max step size를 1e-6, Relative tolerance를 1e-6으로, Refine factor를 4로 변경한 다음 OK 버튼을 눌러서 창을 닫는다. Schematic 창에서 Ctrl+T을 눌러서 시뮬레이션을 개시한다.

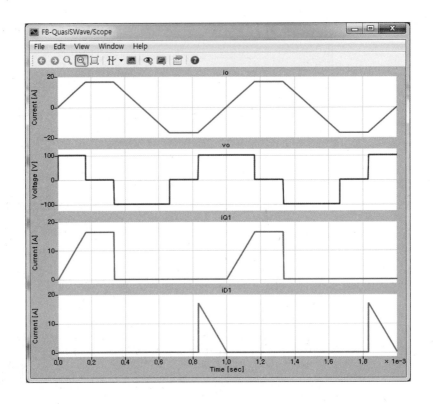

(2) S1과 S3는 각각 IGBT Q1과 Q3를 온 오프하기 위한 게이팅신호이며 다음과 같이
서로 60° 만큼의 위상차를 갖는다.

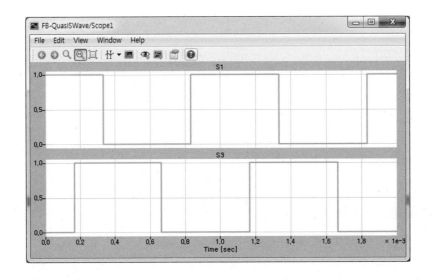

5.3.7 펄스폭 변조(PWM)에 대한 개념잡기

단상 풀브리지 인버터를 준구형파 제어하면 제어변수인 α를 조절하여 기본파의 크기를 0부터 약 $1.273\,V_{dc}$까지 연속적으로 조절할 수 있다. 그런데 제어변수인 α와 기본파의 크기의 관계가 그림 5.3.19에 보인 것처럼 선형적이지 않다. 또 3차, 5차와 같이 낮은 차수의 고조파성분의 크기가 비교적 큰 단점이 있다. 높은 차수의 고조파성분은 대부분 부하에 큰 영향을 미치지 않지만 3차, 5차와 같은 저차고조파는 부하의 동작에 악영향을 줄 가능성이 있다. 지금부터는 기본파의 크기를 선형적으로 제어할 수 있으며 저차고조파의 크기도 저감시킬 수 있는 단상 풀브리지 인버터 제어방법을 소개하고자 한다.

단상 풀브리지 인버터가 부하에 $60\,\text{Hz}$의 교류전압을 공급한다고 할 때 준구형파 제어 시 모든 IGBT는 한 주기에 2차례의 스위칭을 하므로 $60\,\text{Hz}$의 스위칭주파수로 동작을 한다. IGBT의 스위칭 능력을 고려하면 $60\,\text{Hz}$의 스위칭주파수는 매우 낮은 것이다. 일반적으로 전력용량에 따라 다소 차이가 있지만 상용 IGBT는 수십 kHz까지 스위칭동작이 가능하다. 인버터의 교류 출력전압파형에서 저차 고조파를 줄이는 방법[12] 가운데 별도의 하드웨어를 추가하지 않고 주어진 자원을 최대로 활용하는 방법은 인버터를 구성하는 IGBT의 턴온과 턴오프에 대한 스위칭의 빈도, 즉 스위칭주파수를 가능한 높게 해서 동작시키는 것이다. 스위칭주파수를 높이면 출력전압에 포함된 지배적인 고조파성분의 차수도 덩달아 높아지고 낮은 차수의 고조파성분은 대체로 크기가 줄어드는 효과를 갖는다.

그림 5.3.22는 주기적으로 교번 스위칭하는 인버터 폴의 등가회로와 폴전압을 나타낸다. 여기서는 단상 풀브리지 인버터의 2개의 인버터 폴 가운데 A폴의 경우를 예로 든다. 그림 5.3.22에서 (a)는 IGBT와 전력다이오드로 구성된 인버터 폴을 보이고, (b)는 SPDT 스위치(Single-Pole Double Throw switch)를 사용하여 인버터 폴의 동작을 나타낸 등가회로이며, (c)는 주기적으로 0과 V_{dc}의 값을 반복하는 펄스(pulse) 형태의 폴전압을 나타낸다. 여기서 폴전압 v_A의 주기는 T_s이며 스위칭주파수는 $f_s = 1/T_s$가 된다. 또 폴전압에서 V_{dc}가 지속되는 시간은 T_u, 0 전압이 지속되는 시간은 T_d라고 할 때 $T_u + T_d = T_s$이다.

---

12) 인버터의 출력과 부하 사이에 전력 필터(filter)를 두어 고조파성분을 필터링하는 방법도 있다.

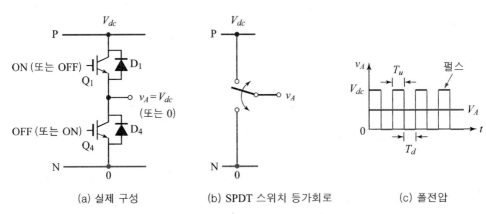

(a) 실제 구성   (b) SPDT 스위치 등가회로   (c) 폴전압

그림 5.3.22 상단 IGBT와 하단 IGBT의 주기적인 교변 스위칭 시 인버터 폴전압

펄스 형태의 폴전압은 두 레일전압 V_{dc}와 0 중에서 정해지므로 매순간 V_{dc} 또는 0이
지만 T_s 동안의 평균값 V_A는 0과 V_{dc} 사이의 일정한 값이 된다. 평균 폴전압 V_A가 가
장 큰 경우는 그림 5.3.23과 같이 V_{dc}의 레일전압을 선택한 후 그 상태를 계속 유지하
는 경우이며 $V_A = V_{dc}$이 된다. 마찬가지로 평균 폴전압 V_A가 가장 작은 경우는 그림
5.3.24와 같이 0의 레일전압을 선택한 후 그 상태를 계속 유지하는 경우이며 $V_A = 0$이
된다.

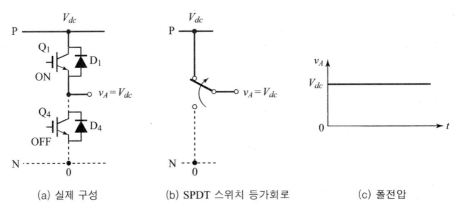

(a) 실제 구성   (b) SPDT 스위치 등가회로   (c) 폴전압

그림 5.3.23 최대전압을 출력하는 인버터 폴의 스위칭상태

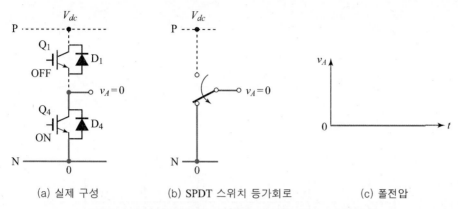

(a) 실제 구성   (b) SPDT 스위치 등가회로   (c) 폴전압

그림 5.3.24 최소전압을 출력하는 인버터 폴의 스위칭상태

폴전압의 평균값 V_A는 한 주기 가운데 레일전압 V_{dc}를 선택하는 시간(T_u)이 커질수록 크다. 그러므로 T_u를 제어하면 평균 폴전압 V_A를 제어할 수 있다. 그러나 T_u를 직접 제어해주는 것보다 평균 폴전압의 기준값(v_r)을 사용하여 T_u가 정해지도록 하는 방법이 더 효과적이다.

그림 5.3.25는 평균 폴전압의 기준값 v_r을 사용하여 펄스형태의 폴전압을 발생하는 방법을 나타낸다. 평균 폴전압의 기준값 v_r은 0과 V_{dc} 사이의 값이며 **기준전압 v_r은 레일전압 V_{dc}와 0을 사용하여 합성(synthesis)된다.** 여기서 레일전압 V_{dc}를 선택하는 시간과 레일전압 0을 선택하는 시간은 폴전압의 기준값 v_r을 삼각파 v_c와 비교함으로써 결정된다. v_c는 V_{dc}와 0 사이를 스윙(swing)하는 삼각파이며 $f_s(=1/T_s)$의 주파수를 갖는다.

한 스위칭주기(T_s) 동안 두 레일전압을 사용하여 폴전압의 기준전압을 합성하는 방법은 다음과 같다. 즉, v_r을 매순간 v_c와 비교하여 $v_r > v_c$이면 폴전압이 V_{dc}가 되도록 스위칭하고, $v_r < v_c$이면 폴전압이 0이 되도록 스위칭한다. A폴의 경우를 예로 들면 v_A는 다음과 같다.

$$v_A = \begin{cases} V_{dc} & (v_c < v_r) \\ 0 & (v_c > v_r) \end{cases} \tag{5.3.1}$$

그림 5.3.25에서 폴전압 v_A가 V_{dc}인 시간간격, 즉 펄스폭 T_u는 다음과 같다.

$$T_u = \frac{v_r}{V_{dc}} T_s \tag{5.3.2}$$

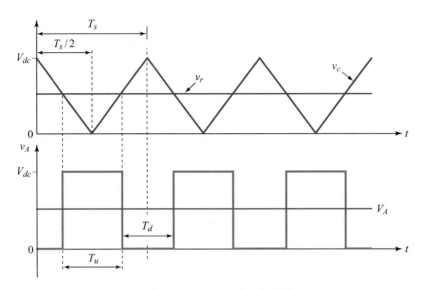

그림 5.3.25 PWM 제어의 원리

v_r은 $0 < v_r < V_{dc}$이므로 T_u도 $0 < T_u < T_s$가 되며 T_u는 v_r에 정비례함을 알 수 있다. 이와 같이 아날로그값인 v_r의 값을 변화시키면 펄스 파형인 v_A의 펄스폭 T_u가 변하도록 인버터 폴을 스위칭하는 방식을 **펄스폭변조**(PWM : Pulse Width Modulation)라고 한다. 그림 5.3.25에서 펄스폭 변조된 전압파형 v_A의 평균값 V_A는 $T_u V_{dc}/T_s$가 되며 식 (5.3.2)로부터 $v_r = T_u V_{dc}/T_s$이므로 $V_A = v_r$이다. 즉, v_A의 평균값이 폴전압의 기준값 v_r이 됨을 확인할 수 있다.

PWM은 원래 통신에서 비교적 저주파의 정보신호를 **반송파**(carrier wave)에 실어서 고주파신호로 만들어 전송하기 위하여 사용하던 변조방식이다. 여기서 저주파의 정보신호는 아날로그 전압인 기준파(v_r)에 해당하고 변조된 고주파 전송신호는 실제 스위칭하

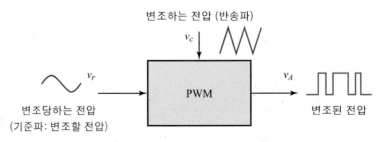

그림 5.3.26 전력전자공학에서 사용되는 PWM의 블록다이어그램

여 만들어진 펄스 형태의 폴전압(v_A)에 해당된다고 볼 수 있다. 삼각파(v_c)는 기준파 v_r을 변조하는데 사용되며 따라서 반송파에 해당한다. 그림 5.3.26은 전력전자공학의 관점에서 바라보는 PWM에 사용되는 전압의 관계를 나타낸다.

5.3.8 정현파 PWM 제어로 보다 정현파에 가까운 교류를 얻어보자

인버터 폴을 PWM 제어할 때 평균 폴전압의 기준값이 일정할 때는 폴전압파형의 펄스폭이 일정하다. 그림 5.3.25에서 만일 v_r의 값을 증가 또는 감소시키면 v_A 전압파형의 펄스폭도 증가 또는 감소될 것이며 v_A 전압파형을 T_s마다 평균한 이동평균값[13]도 마찬가지로 변화하여 v_r의 값을 추종할 것이다.

그림 5.3.27은 평균 폴전압의 기준값 v_r을 정현파형으로 변화시킬 때 펄스폭이 변하는 폴전압 v_A를 나타낸다. 여기서 폴전압 v_A의 이동평균은 근사적으로 v_r과 같다. 이와 같이 기준값 v_r이 정현파형인 PWM 제어를 **정현파 PWM**(sinusoidal PWM) 제어라고 한다. 그림 5.3.27에서 기준파 v_r의 진폭과 관련된 변수 m_a를 정현파 PWM의 **진폭변조지수**(amplitude modulation index)라고 하며

$$m_a = \frac{\text{기준파 } v_r \text{의 스윙폭}}{\text{삼각파 } v_c \text{의 스윙폭}} \tag{5.3.3}$$

와 같이 정의된다.

정현파 PWM과 관련된 중요한 지수가 하나 더 있는데 이를 **주파수변조지수**(frequency modulation index) m_f라고 하며

$$m_f = \frac{\text{삼각파 } v_c \text{의 주파수}(f_s)}{\text{기준파 } v_r \text{의 주파수}(f)} \tag{5.3.4}$$

와 같이 정의된다. 그림 5.3.27에서 $m_f = 9$이다.

---

13) 이동평균(moving average)은 파형 전체에 대하여 평균을 내는 것이 아니라 일정한 시간간격 T_s 마다 평균을 계산하므로 이러한 평균값은 T_s 마다 새롭게 정해진다.

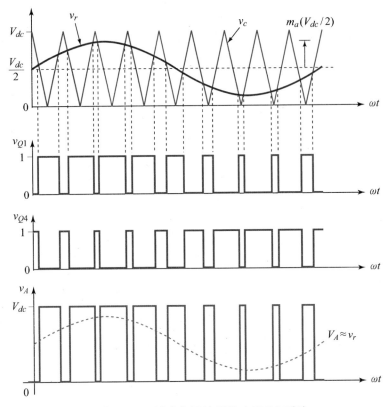

그림 5.3.27 인버터 폴의 정현파 PWM 제어

정현파 PWM 제어에서 기준파의 주파수는 부하에 공급하고자 하는 교류전압의 기본 주파수와 같다. $0 < m_a < 1$이면 기준파 한 주기가 진행되는 동안 삼각파의 매주기마다 2개의 교점이 생기므로 $2m_f$개의 교점이 생기며 이러한 교점의 순간마다 A폴의 스위칭 상태가 변하게 된다. 여기서 m_f의 값을 충분히 크게 정하면 정현파 PWM 제어로 만들어진 폴전압파형에서 3차와 5차 같은 저차 고조파성분의 크기가 줄어드는 장점이 있다.

그림 5.3.28은 단상 풀브리지 인버터의 정현파 PWM 제어방법을 나타낸다. 단상 풀브리지 인버터는 2개의 폴로 구성되므로 각각의 폴을 정현파 PWM 제어하기 위하여 2개의 기준파(v_{rA}, v_{rB})가 필요하다.

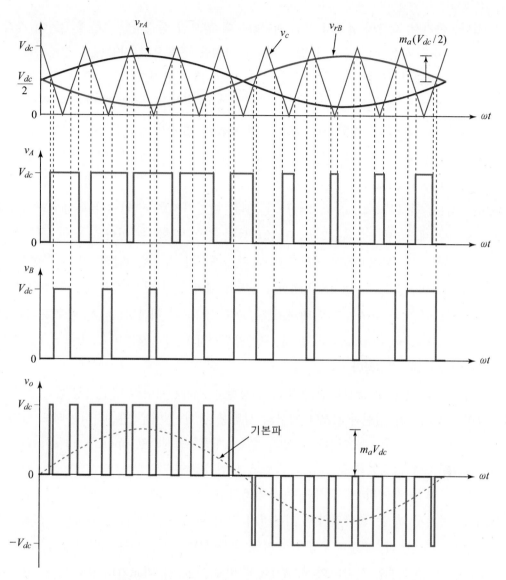

그림 5.3.28 단상 풀브리지 인버터의 정현파 PWM 제어

그림 5.3.28에서 v_{rA}는 A폴의 기준파를, v_{rB}는 B폴의 기준파를 각각 나타내며

$$\begin{cases} v_{rA} = \dfrac{V_{dc}}{2} + \dfrac{V_{dc}}{2} m_a \sin\left(2\pi ft\right) \\[4mm] v_{rB} = \dfrac{V_{dc}}{2} - \dfrac{V_{dc}}{2} m_a \sin\left(2\pi ft\right) \end{cases}$$

$$(5.3.5)$$

와 같다. 여기서 각각의 폴을 PWM 제어하는데 필요한 삼각파는 A폴과 B폴에 각각 별도의 삼각파를 사용해도 좋고 동일한 삼각파파형을 공통으로 사용해도 무방하다. 대부분의 경우 단순한 구성을 위하여 단일 삼각파(v_c)를 사용한다.

그림 5.3.28에 폴전압 v_A와 v_B가 나타내져 있다. 이러한 펄스폭 변조된 폴전압을 스위칭주기마다 평균을 구하면 매 스위칭주기 평균의 변화가 기준전압과 거의 같게 될 것이다. 즉, m_f가 충분히 크다면 (v_A의 이동평균) $\approx v_{rA}$가 되고, 마찬가지로 (v_B의 이동평균) $\approx v_{rB}$가 된다. 따라서 v_A의 기본파성분은 v_{rA}에서 직류성분인 $V_{dc}/2$를 제거한 나머지 성분, 즉 $(V_{dc}/2)m_a \sin(2\pi ft)$가 된다. 마찬가지로 v_B의 기본파성분도 v_{rB}에서 직류성분을 제거하여 $-(V_{dc}/2)m_a \sin(2\pi ft)$와 같이 구할 수 있다.

단상 풀브리지 인버터에서 출력전압(v_o)은 매순간 두 폴전압의 차로 구한다. 즉, $v_o = v_A - v_B$이다. 그림 5.3.28에 정현파 PWM 제어할 때 단상 풀브리지 인버터가 공급하는 출력전압 v_o의 파형이 나타내져 있다. 여기서 (v_o의 기본파) = (v_A의 기본파) − (v_B의 기본파) $\approx V_{dc} m_a \sin(2\pi ft)$가 된다. 즉, **출력전압 v_o의 기본파의 크기는 $m_a V_{dc}$가 되며 m_a에 선형적으로 비례한다.**

그림 5.3.29는 단상 풀브리지 인버터의 정현파 PWM 제어의 구현과정을 나타내는 블록다이아그램이다. 정현파 PWM 제어의 강점은 구현이 매우 단순하다는데도 있다. 실제로 그림 5.3.29는 피드백신호가 필요 없는 개방루프시스템(open loop system)이며 아날로그회로나 디지털회로 어느 쪽으로도 구현 가능하다.

정현파 PWM 제어의 첫 단계는 진폭변조지수 m_a와 주파수변조지수 m_f를 정해주는 것이다. 여기서 m_a는 출력전압의 기본파의 크기($m_a V_{dc}$)를 결정하고 m_f는 스위칭주파수($m_f f$)를 결정한다. 기준파발생기는 서로 위상이 반대인 2개의 기준파 v_{rA}, v_{rB}를 만들고 각각은 반송파인 삼각파와 비교기에서 비교된다. 각 비교기의 출력은 인버터 폴의 상단 IGBT를 제어하기 위한 로직신호가 되는데 각 폴의 하단 IGBT는 비교기의 출력을 반전하여 얻는 로직신호로 제어된다.

그림 5.3.29의 **기준파발생기나 삼각파발생기에서 입력전압 V_{dc}에 대한 정보를 사용하지 않음**에 유의하도록 한다. 그림 5.3.28에서 비교되는 전압들 v_{rA}, v_{rB}, v_c는 0과 V_{dc} 사이의 값을 갖지만 식 (5.3.1)의 식에서 알 수 있듯이 기준파와 삼각파를 V_{dc}로 나누어주어도 기준파와 삼각파 중 어느 것이 더 큰가 판단을 내리는 데는 변함이 없게 되기 때문이다.

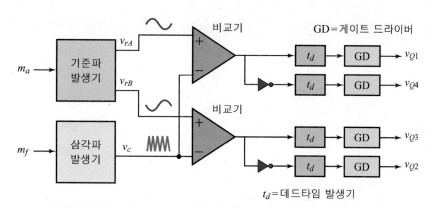

그림 5.3.29 단상 풀브리지 인버터를 위한 정현파 PWM 제어기의 구현

예를 들면 $v_c < v_{rA}$ 의 부등식은 $v_c < V_{dc}/2 + m_a(V_{dc}/2)\sin(2\pi f t)$ 인데 양변을 V_{dc} 로 나누어 주면 $(v_c/V_{dc}) < 1/2 + (m_a/2)\sin(2\pi f t)$ 가 되는데 $0 < v_c/V_{dc} < 1$ 이 되므로 $0 < m_a < 1$ 인 경우 기준파와 반송파전압은 모두 0과 1 사이에 놓이게 된다.

정현파 PWM 제어에서 m_a 가 1보다 크게 되면 기준파와 삼각파와의 교점이 생기지 않는 부분이 발생하여 출력전압의 기본파의 크기는 더 이상 m_a 에 선형적으로 비례하는 관계가 되지 않는다. 여기서 $0 < m_a < 1$ 인 경우를 **선형변조**(linear modulation)라고 하고 $m_a > 1$ 인 경우를 **과변조**(overmodulation)이라고 한다. m_a 가 1 이상인 과변조가 되면 출력전압 기본파의 크기는 V_{dc} 이상으로 증가하지만 m_a 의 증가에 대하여 비선형적으로 증가하며, m_a 가 일정한 값 이상으로 되면 출력전압은 구형파가 되어 기본파의 크기는 $4V_{dc}/\pi(\approx 1.273\,V_{dc})$ 가 된다.

그림 5.3.28에서 출력전압(v_o)은 반주기 동안 극성의 변화가 없는 **단극성 파형**(unipolar waveform)이다. 즉, 출력전압파형은 양(+)의 반주기 동안 0 또는 V_{dc}, 음(−)의 반주기 동안 0 또는 $-V_{dc}$ 의 전압 레벨을 갖는다. V_{dc} 와 $-V_{dc}$ 사이의 직접적인 천이 (transition)는 A폴과 B폴에서의 동시적인 스위칭을 필요로 하지만 0과 V_{dc} 또는 0과 $-V_{dc}$ 사이의 스위칭은 한쪽 폴의 스위칭상태를 고정시키고 다른 쪽 폴의 스위칭만으로 이루어진다. 따라서 단극성 정현파 PWM 제어는 A폴과 B폴에서 동시에 발생하는 스위칭을 피함으로써 결과적으로 출력전압파형의 스위칭주파수가 각 폴전압파형의 스위칭주파수의 2배가 되는 효과를 갖는다. 또 V_{dc} 와 $-V_{dc}$ 사이의 직접적인 천이를 피함으로써 부하에서의 전압충격도 다소 완화된다.

5.3.9 PLECS로 구현한 정현파 PWM 제어

PLECS의 C-Script 블록을 사용하여 제어알고리즘을 구현하면 복잡한 다수의 블록들과 그것들의 연결선을 사용하여 나타내는 것보다 간단하고 읽기 쉽다. 앞서 예제 5.3.5에서 C-Script 블록을 사용하여 비교적 단순한 준구형파 제어기를 구현하였는데 여기서는 C-Script의 사용에 대하여 보다 자세히 다룬다. C-Script는 응용 분야에 따라 크게 세 가지 목적으로 사용된다.

(1) 복잡한 알고리즘을 C-Script 블록에 구현함으로써 전체 구성을 단순화시킴
(2) 정확한 시간간격으로 실행해야 하는 프로그램의 구현
(3) C 언어로 작성된 기존의 프로그램을 PLECS에서 활용

정현파 PWM 제어되는 단상 풀브리지 인버터를 시뮬레이션할 때 C-Script를 사용하여 구현하는 경우 다음 두 가지 구현방법이 있다.

(1) 아날로그 구현

매 순간 기준값, 반송파 신호의 값 등의 주어진 아날로그값들로부터 매 순간 비교하여 스위칭상태를 결정하는 방법이다. 참고로 그림 5.3.28은 정현파 PWM 제어의 아날로그 구현을 나타낸다.

(2) 디지털 구현

매 스위칭주기의 초기에 샘플링(sampling)된 기준값, 센싱된 값 등의 데이터로부터 한 스위칭주기 동안에 발생할 스위칭 이벤트시간(event time)을 한꺼번에 계산 후 정해진 시각에 스위칭상태를 변경하는 방법이다.

요즈음 인버터는 DSP와 마이크로프로세서를 포함하는 제어기로 이루어져 있으므로 대부분의 정현파 PWM 제어는 디지털로 구현되고 있다. 여기서는 2개의 예제를 통하여 C-Script를 중심으로 먼저 아날로그 구현을 보이고 다음은 디지털 구현을 보일 것이다.

예 제 5.3.6

$R-L$ 부하를 갖는 단상 풀브리지 인버터가 정현파 PWM 제어되고 있다. 여기서 직류전압 $V_{dc} = 100$ V, 부하저항 $R = 2\,\Omega$, 부하인덕터의 인덕턴스 $L = 5$ mH이고 정현파 PWM의 진폭변조지수 $m_a = 0.8$, 주파수변조지수 $m_f = 21$이며 인버터주파수는 60 Hz이다. $R-L$ 부하의 양단에 인가되는 인버터의 출력전압 v_o, 부하에 흐르는 전류 i_o, A 상 폴전압

v_A, 직류전원이 공급하는 전류 i_{dc}의 파형을 PLECS로 시뮬레이션하여 구하라. 단 데드타임은 3 μsec이다.

[풀이]

◉ 기존의 PLECS 파일을 불러와서 새로운 파일을 작성

(1) Library Browser 창에서 File/Open을 선택하여 예제 5.3.5에서 만든 FB-QuasiSWave.plecs 파일을 불러온다. Schematic 창의 메뉴에서 File/Save as … 을 선택하여 FB-SPWM-Analog 의 새로운 명칭으로 파일을 저장한다.

(2) Schematic 창에서 단상 풀브리지 인버터 부분을 다음과 같이 완성한다.

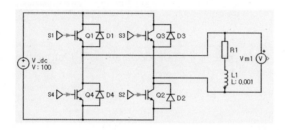

(3) R1 심볼을 더블 클릭하여 Block Parameters 창을 연 후 Resistance를 2로 변경하고 ☑ 표시한 다음 OK 버튼을 누른다. 또, L1 심볼을 더블 클릭하여 Block Parameters 창을 연 후 Inductance를 0.005로 변경하고 OK 버튼을 누른다.

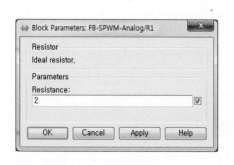
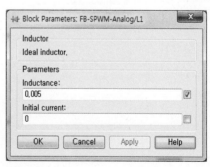

(4) Constant 블록의 명칭과 값을 다음과 같이 변경한다.

(5) C-Script 블록을 더블 클릭하여 C-Script parameters 창을 연 후 Setup pane에서 Parameters 에 mf를 기입한다.

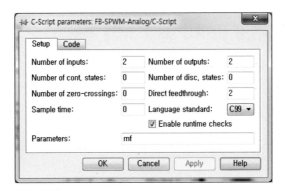

(6) C-Script 블록의 Code pane에서 Code declarations와 Output function code에 다음과 같이 작성한다.

⟨Code declarations⟩

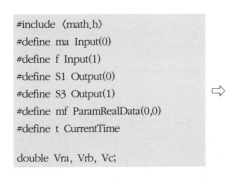

```
#include ⟨math.h⟩
#define ma Input(0)
#define f Input(1)
#define S1 Output(0)
#define S3 Output(1)
#define mf ParamRealData(0,0)
#define t CurrentTime

double Vra, Vrb, Vc;
```

⇨

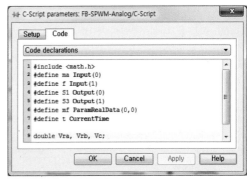

⟨Output function code⟩

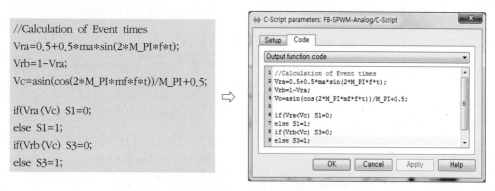

```
//Calculation of Event times
Vra=0.5+0.5*ma*sin(2*M_PI*f*t);
Vrb=1-Vra;
Vc=asin(cos(2*M_PI*mf*f*t))/M_PI+0.5;

if(Vra<Vc) S1=0;
else S1=1;
if(Vrb<Vc) S3=0;
else S3=1;
```

(7) C-Script 블록을 선택 후 마우스의 오른쪽 버튼을 눌러 Create Subsystem을 선택함으로써 C-Script 블록만을 단독으로 포함하는 서브시스템을 생성한다. 이때 생성되는 서브시스템의 명칭이 Sub이고 1과 2는 입출력 단자의 번호이다. 서브시스템의 명칭 Sub를 더블 클릭하여 선택 후 SPWM으로 변경한다.

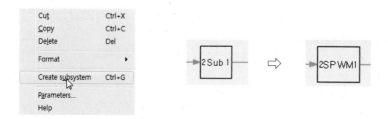

(8) SPWM 블록을 더블 클릭하여 서브시스템 창을 연다. 1과 2의 입출력단자의 번호를 보이지 않게 한다. 먼저 입력단자 심볼 위에 커서를 위치시키고 마우스를 오른쪽 클릭하면 Format 메뉴가 보이고 다시 Format 메뉴 위에 커서를 위치시키면 하위 메뉴가 팝업된다. 여기서 Show name의 체크박스를 해제한다. 출력단자의 명칭도 마찬가지로 보이지 않게 한다.

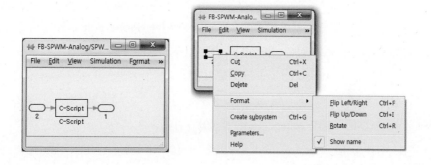

(9) SPWM 블록 위에 마우스를 위치시키고 마우스를 오른쪽 클릭하면 Subsystem 메뉴가 보이고 다시 Subsystem 메뉴 위에 커서를 위치시키면 하위 메뉴가 팝업된다. 여기서 Create mask를 선택하면 Mask Editor 창이 뜬다.

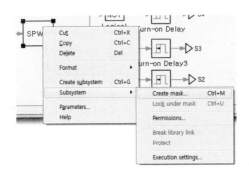

(10) Mask Editor 창에서 Parameters pane을 선택한 후 [Add] 버튼을 누른다. 여기서 Prompt 란에 Frequency modulation index을 써넣고, Variable란에 mf 라고 기입한다. 그런 다음 OK를 눌러서 Mask Editor 창을 닫는다. 그런 다음에 Schematic 창에서 SPWM 심볼을 더블 클릭하면 마스크된 Block Parameters 창이 열리는데 여기에 Frequency modulation index 를 21이라고 기입한다.

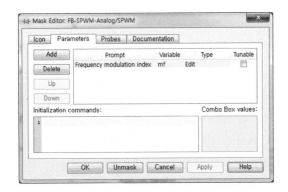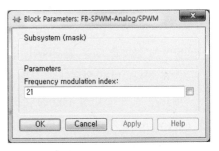

(11) Probe 심볼을 더블 클릭하여 Probe Editor 창을 연다. Probe Editor 창에 다음의 심볼들을 드래그&드롭하고 보고 싶은 전압이나 전류에 체크한다.

- Vm1 심볼 ⇨ ☑ Measured voltage (출력전압 v_o)
- L1 심볼 ⇨ ☑ Inductor current (출력전류 i_o)
- Q4 심볼 ⇨ ☑ IGBT voltage (A상 폴전압 v_A)
- V_dc 심볼 ⇨ ☑ Source current (직류측 전원의 양극에서 나오는 전류 i_{dc})

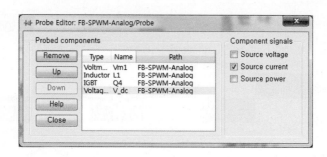

⑿ Scope 심볼을 더블 클릭하여 Scope 창을 연 후 메뉴에서 File/Scope Parameters를 선택하면 Scope Parameters 창이 열린다. Scope Parameters 창에서 Plot 1 탭의 Title에 vo, Plot 2 탭의 Title에 io, Plot 3 탭의 Title에 VA, Plot 4 탭의 Title에 idc을 기입하고 OK 버튼을 눌러 Scope Parameters 창을 닫는다.

⒀ Probe 1과 Scope 1은 관련된 Demultiplxer와 함께 삭제한다. 다음과 같이 정현파 PWM 제어되는 단상 풀브리지 인버터의 Schematic 파일을 완성한다.

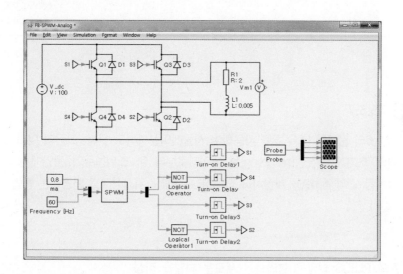

◎ 시뮬레이션 및 파형 보기

⑴ Simulation Parameters 창을 연다. Stop time을 0.05로 Max step size를 1e-6, Relative tolerance를 1e-6으로, Refine factor를 4로 변경한 다음 OK 버튼을 눌러서 창을 닫는다. Schematic 창에서 Ctrl+T을 눌러서 시뮬레이션을 개시한다.

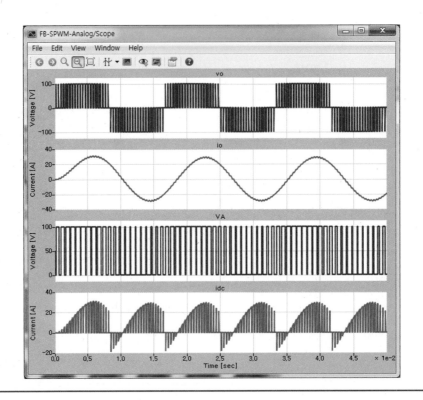

예제 5.3.7

예제 5.3.6의 문제를 PLECS로 사용하여 시뮬레이션하려고 한다. 그런데 여기서는 매 스위 칭주기의 초기에 샘플링(sampling)된 데이터로부터 한 스위칭주기 동안에 발생할 스위칭 이벤트시간(event time)을 계산하고 정해진 시각에 스위칭상태를 변경하는 방법으로 구현하 도록 하라.

[풀이]

◯ 기존의 PLECS 파일을 불러와서 새로운 파일을 작성

(1) Library Browser 창에서 File/Open을 선택하여 예제 5.3.6에서 만든 FB-SPWM-Analog. plecs 파일을 불러온다. Schematic 창의 메뉴에서 File/Save as … 을 선택하여 FB-SPWM- Digital의 새로운 명칭으로 파일을 저장한다.

(2) SPWM 블록 위에 마우스를 위치시키고 마우스를 오른쪽 클릭하면 Subsystem 메뉴가 보이 고 다시 Subsystem 메뉴 위에 커서를 위치시키면 하위 메뉴가 팝업된다. 여기서 Look under mask를 선택하면 C-Script 블록을 포함하는 서브시스템 창이 뜬다.

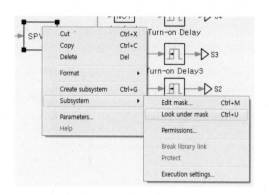

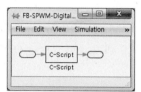

(3) Subsystem 창에서 C-Script 블록을 더블 클릭하면 C-Script parameters 창이 열리는데 Setup pane에서 Number of disc. states를 1로 Sample time을 [-2, 0]으로 변경한다.

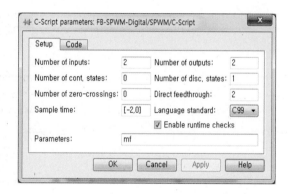

C-Script를 사용하는데 도움이 되는 Sample Time에 대한 내용을 정리하면 다음과 같다.

① PLECS의 모든 블록은 각 블록마다 Sample Time을 갖는다. 대부분의 블록은 Sample Time을 별도로 설정하지 않아도 PLECS가 알아서 자동으로 지정해주지만, C-Script 블록은 Sample Time을 반드시 지정해 주어야 동작한다.

② Discrete-Variable Sample Time, 즉 비주기적 이산 샘플링시간마다 어떤 이벤트(event)를 처리하고자 하는 경우 Setup pane의 Sample time에서 [-2,0]으로 지정해주어야 한다.

③ Discrete-Variable Sample Time을 갖는 C-Script 블록이 실행되는 시간은 NextSampleHit로 지정되는 시각이다. 여기서 NextSampleHit는 Discrete-Variable Sample Time을 갖는 C-Script 블록에서만 사용되는 변수임에 유의한다.

④ C-Script 블록에서 프로그래머는 C-Script 블록이 호출 및 실행되는 다음 시각을 NextSampleHit에 기록한다. 또 NextSampleHit 시간에 대한 업데이트 내용을 Output function code 또는 Update function code에 포함시킨다.

(4) 정현파 PWM을 디지털 구현하는 경우 스위칭주기 동안 기준파의 값 v_{rA}, v_{rB}는 일정하다고 가정한다. 그림 5.3.30은 정현파 PWM 제어 시 한 스위칭주기동안 기준파와 반송파 및 게이팅신호 S_1, S_3를 나타낸다. 여기서 S_1은 IGBT Q_1에 대한 게이팅신호이며, S_3는 IGBT Q_3에 대한 게이팅신호이다. $T_1 \sim T_4$, T_e는 정현파 PWM에서 스위칭상태가 변하는 이벤트 시간이다. 기준파의 값 v_{rA}, v_{rB}의 크기에 따라 T_{1a}와 T_{1b}의 순서가 정해지는데 T_1은 T_{1a}와 T_{1b} 가운데 먼저 오는 시간으로 한다.

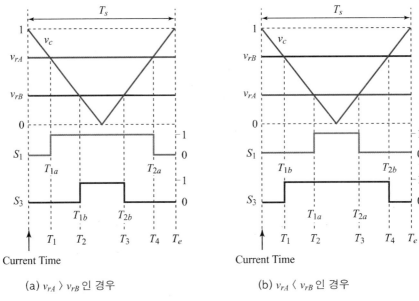

(a) $v_{rA} \rangle v_{rB}$ 인 경우　　　　(b) $v_{rA} \langle v_{rB}$ 인 경우

그림 5.3.30 정현파 PWM의 한 스위칭주기 동안의 파형

C-Script parameters 창의 Code pane에는 다음 네 가지 코드를 작성하여 넣는다.

〈Code declarations〉

```
#include 〈math.h〉

#define ma Input(0)
#define f Input(1)
#define mf ParamRealData(0,0)
#define S1 Output(0)
#define S3 Output(1)
#define STATE DiscState(0)

typedef enum {
          Start,
          HighLow1,
          HighHigh,
          HighLow2,
          LowLow,
} state_type;
static state_type NEXT_STATE;

double VrA, VrB, Ts;
static double T1, T2, T3, T4, T1a, T2a, T1b, T2b, Te;
```

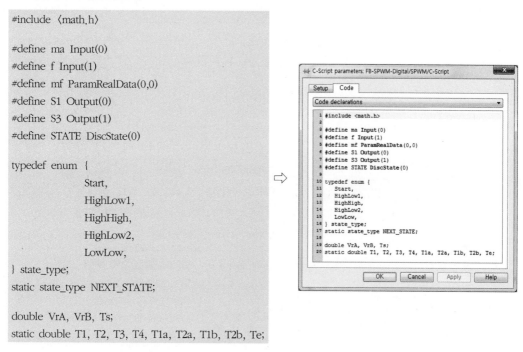

여기서 math.h는 삼각함수를 사용하기 위하여 포함시킨다.

〈Start function code〉

Start function code는 시뮬레이션이 시작될 때 단 한번 실행되며, 시뮬레이션이 시작되는 시각(time)과 상태(state)를 나타낸다. Discrete-Variable Sample Time만을 갖는 C-Script 블록이라면 반드시 Start function code에 언제가 최초의 sample hit 시간인지를 지정해 주어야 한다. 그렇지 않으면 C-Script 블록은 결코 호출되지 않기 때문이다.

```
STATE=Start;
NextSampleHit=0;
```

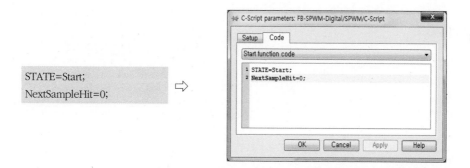

〈Output function code〉

```
switch((state_type)STATE)
{
case Start :
//Calculation of Event times
    VrA=0.5+0.5*ma*sin(2*M_PI*f*CurrentTime);
    VrB=0.5-0.5*ma*sin(2*M_PI*f*CurrentTime);
    Ts=1/(mf*f);
    T1a=CurrentTime+0.5*Ts*(1-VrA);
    T2a=CurrentTime+0.5*Ts*(1+VrA);
    T1b=CurrentTime+0.5*Ts*(1-VrB);
    T2b=CurrentTime+0.5*Ts*(1+VrB);
    T1=(T1a<T1b) ? T1a : T1b;
    T2=(T1a>T1b) ? T1a : T1b;
    T3=(T2b<T2a) ? T2b : T2a;
    T4=(T2b>T2a) ? T2b : T2a;
    Te=CurrentTime+Ts;
    //
    S1=0;
    S3=0;
    NEXT_STATE=HighLow1;
    if(T1 == T2) NEXT_STATE=HighHigh;
    NextSampleHit=T1;
    break;

case HighLow1 :
    S1=(T1a<T1b) ? 1 : 0;
    S3=(T1a>T1b) ? 1 : 0;
    NEXT_STATE=HighHigh;
    NextSampleHit=T2;
    break;
case HighHigh :
    S1=1;
    S3=1;
    NEXT_STATE= HighLow2;
    if(T3 == T4) NEXT_STATE=LowLow;
    NextSampleHit=T3;
    break;
case HighLow2 :
    S1=(T2b<T2a) ? 1 : 0;
    S3=(T2b>T2a) ? 1 : 0;
    NEXT_STATE=LowLow;
    NextSampleHit=T4;
    break;
case LowLow :
    S1=0;
    S3=0;
    NEXT_STATE=Start;
    NextSampleHit=Te;
    break;
}
```

⇨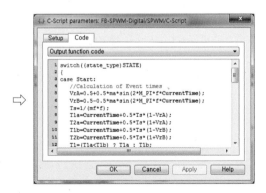

만일 v_{rA}와 v_{rB}가 같은 값이 되는 경우는 $T_1 = T_2$, $T_3 = T_4$가 된다. C-Script에서는 적어도 Update function code가 실행된 후 NextSampleHit의 값이 현재 시뮬레이션 시간보다는 커야 하며 그렇지 않은 경우 시뮬레이션 에러가 발생하고 시뮬레이션이 멈추게 된다. 그러므로 $T_1 = T_2$인 경우 S1과 S3가 $T_1(=T_2)$인 시각에 동시에 1인 상태가 되도록 다음과 같이 코딩한다.

NEXT_STATE=HighLow1;

if(T1 == T2) NEXT_STATE=HighHigh;

마찬가지로 $T_3 = T_4$인 경우, S1과 S3가 $T_3(=T_4)$인 시각에 동시에 0인 상태가 되도록 다음과 같이 코딩한다.

NEXT_STATE= HighLow2;

if(T3 == T4) NEXT_STATE=LowLow;

〈Update function code〉

STATE=NEXT_STATE; ⇨

🔵 시뮬레이션 및 파형 보기

(1) Simulation Parameters 창을 연다. Stop time이 0.05, Max step size가 1e-6, Relative tolerance가 1e-6, Refine factor가 4인지 확인한 후 OK 버튼을 눌러서 창을 닫는다. Schematic 창에서 [Ctrl]+[T]을 눌러서 시뮬레이션을 개시한다.

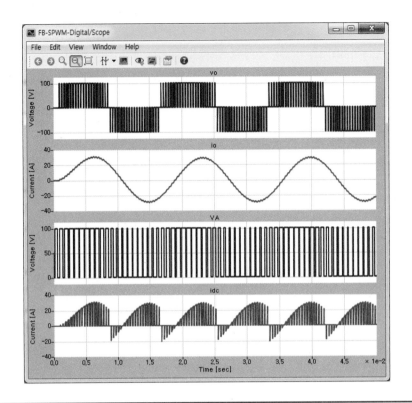

5.4 3상의 교류를 만들기 위한 하드웨어는?

5.4.1 3상 인버터가 공급하는 3상 전압들

3상 인버터(three-phase inverter)는 직류 입력전원으로부터 3상교류 출력전압을 발생하여 3상 부하에 공급하는 기능을 갖는다. 그림 5.4.1은 직류전원 V_{dc}로부터 부하에 3상의 선간 교류전압 v_{AB}, v_{BC}, v_{CA}를 공급하는 3상 인버터의 회로구성을 나타낸다. 그림 5.4.1에서 3상 부하는 임피던스 Z의 평형 3상부하인 경우를 보인다.

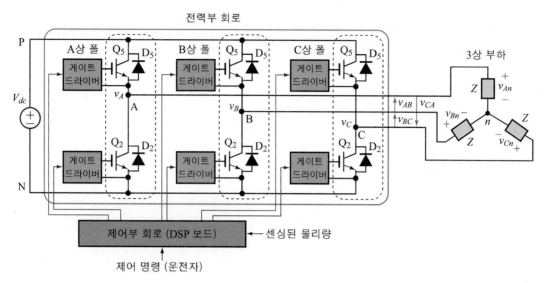

그림 5.4.1 3상 인버터의 회로구성

3상 인버터는 서로 독립적으로 동작할 수 있는 3개의 폴로 구성되며 각 폴은 A상, B상, C상의 폴전압 v_A, v_B, v_C를 발생한다. 여기서 각 폴전압의 기준전위는 직류입력전원의 음극에 해당하는 N점의 전위로 정한다. 이 경우 각각의 폴전압은 매순간 V_{dc} 또는 0이 된다. 부하에 공급되는 3상교류전압의 선간전압은 $v_{AB} = v_A - v_B$, $v_{BC} = v_B - v_C$, $v_{CA} = v_C - v_A$이므로 폴전압이 $\{V_{dc}, 0\}$의 두 가지 값 가운데 하나를 갖는 반면 3상의 선간전압은 $\{V_{dc}, 0, -V_{dc}\}$의 3가지 값 중의 하나가 될 수 있다.

예를 들어 그림 5.4.2는 부하의 A상은 V_{dc}의 레일전압에 연결되고, 부하의 B상과 C상은 0의 레일전압에 연결된 회로상태를 나타낸다. 여기서 굵은 선은 전류가 흐르는 길을 나타내고 점선은 전류가 흐르지 않는 길이다. 그림 5.4.2에서 인버터가 공급하는 각 상의 폴전압은 $v_A = V_{dc}$, $v_B = 0$, $v_C = 0$가 되고 3상의 선간전압은 $v_{AB} = v_A - v_B = V_{dc}$, $v_{BC} = v_B - v_C = 0$, $v_{CA} = v_C - v_A = -V_{dc}$가 된다.

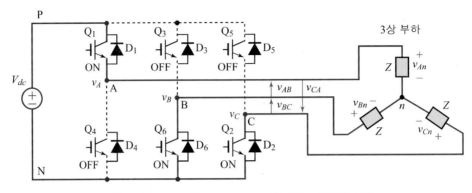

그림 5.4.2 $v_A = V_{dc}$, $v_B = v_C = 0$인 경우 회로의 상태

다음은 부하가 평형 3상인 경우 3상 인버터로부터 부하의 각 상에 공급되는 전압 (v_{An}, v_{Bn}, v_{Cn})에 대하여 살펴보자. 3상 인버터는 2개의 레일전압 V_{dc}와 0을 갖는데 3상 부하의 각각의 상은 이 2개의 레일전압 가운데 어느 하나에 연결된다. 부하의 각각의 상에 인가된 전압을 구하기 위해서는 **부하의 각 상이 어느 레일전압에 연결되었는지** 확인할 필요가 있다.

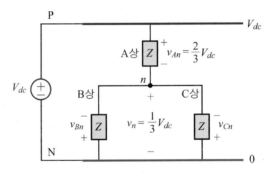

그림 5.4.3 $v_A = V_{dc}$, $v_B = v_C = 0$인 경우 부하의 연결상태

예를 들어 그림 5.4.3은 $v_A = V_{dc}$, $v_B = 0$, $v_C = 0$인 경우 부하의 연결상태를 나타낸다. 그림 5.4.3에서 n은 부하의 중성점이며 중성점의 전위 v_n은 $v_n = V_{dc}/3$이다. 따라서 $v_{An} = V_{dc} - v_n = 2V_{dc}/3$이고 $v_{Bn} = v_{Cn} = 0 - v_n = -V_{dc}/3$이다.

3상 인버터는 3개의 폴로 구성되었고 각 폴은 V_{dc}의 레일 전압을 선택하든가 0의 레일전압을 선택하든가의 두 가지 스위칭상태를 갖는다. 따라서 3상 인버터 전체로 보면 $2 \times 2 \times 2 = 8$가지 스위칭상태가 존재한다. 이 8가지 스위칭상태는 다음 네 가지 그룹 (group)으로 나누어 볼 수 있다.

그룹 1. 부하의 각 상이 모두 0의 레일전압에 연결된 스위칭상태

그룹 2. 부하의 각 상이 모두 V_{dc}의 레일전압에 연결된 스위칭상태

그룹 3. 부하의 한 상은 V_{dc}의 레일전압에 나머지 두 상은 0의 레일전압에 연결된 스위칭상태

그룹 4. 부하의 두 상은 V_{dc}의 레일전압에 나머지 한 상은 0의 레일전압에 연결된 스위칭상태

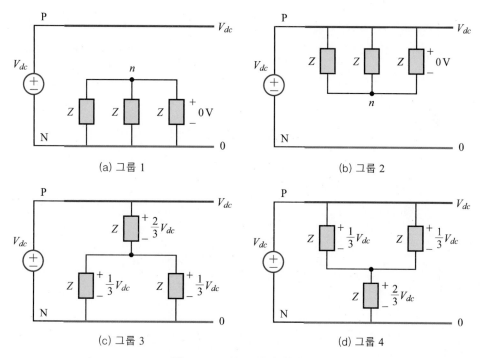

그림 5.4.4 3상 부하의 연결상태

그림 5.4.4는 3상 부하의 연결상태를 각 그룹별로 나타낸다.

그룹 1은 Q_4, Q_6, Q_2가 턴온되어 부하의 모든 상이 영(0)전위의 레일전압에 연결된 상태이다. 이 경우 모든 폴전압과 선간전압은 0이 되고, 부하의 각 상에 인가되는 전압도 0이 된다. 또 3상 부하는 단락된 상태가 되며 입력전원 V_{dc}로부터 분리된 상태가 된다. 여기서 부하 중성점의 전위는 $v_n = 0$이다.

그룹 2는 Q_1, Q_3, Q_5가 턴온되어 부하의 모든 상이 V_{dc} 전위의 레일전압에 연결된 상태이다. 이 경우 모든 폴전압은 V_{dc}가 되므로 선간전압은 모두 0이 된다. 또 부하는 직류전원과 분리되고 단락상태가 되므로 부하의 각 상에 인가되는 전압도 0이 된다. 그

룹 2의 연결상태에서 부하 중성점의 전위는 $v_n = V_{dc}$가 됨에 유의한다.

그룹 3은 그림 5.4.4 (c)에 보인 것처럼 부하의 한 상은 V_{dc}의 레일전압에 나머지 두 상은 0의 레일전압에 연결된 스위칭상태이며 $[Q_1 Q_3 Q_5]$ = [100], [010], [001]의 세 가지 경우가 그룹 3의 스위칭상태에 속한다. 여기서 1=ON, 0=OFF를 의미하며 동일한 폴에 속한 나머지 IGBT는 반대로 스위칭한다. 예를 들면 Q_1 = 1이면 Q_4 = 0이다. 앞서 그림 5.4.2는 A상이 V_{dc} 레일전압에 연결된 그룹 3에 속하는 스위칭상태이다. 그룹 3 의 스위칭상태에서 V_{dc}의 레일전압은 선택한 폴의 폴전압은 V_{dc}이며 나머지 두 폴의 폴전압은 0이다. 또 그림 5.4.4 (c)에서 중성점의 전압 $v_n = V_{dc}/3$가 되어 V_{dc}의 레일 전압에 접속된 상의 부하 상전압은 $2V_{dc}/3$이고 나머지 0의 레일전압에 접속된 상의 부하 상전압은 $-V_{dc}/3$가 된다.

그룹 4는 그림 5.4.4 (d)에 보인 것처럼 부하의 두 상은 V_{dc}의 레일전압에 나머지 한 상은 0의 레일전압에 연결된 스위칭상태이며 $[Q_1 Q_3 Q_5]$=[110], [011], [101]의 세 가지 경우가 그룹 4의 스위칭상태에 속한다. 그룹 4의 스위칭상태에서 V_{dc}의 레일전압은 선택한 두 폴의 폴전압은 V_{dc}이며 나머지 한 폴의 폴전압은 0이다. 또 그림 5.4.4 (d)에서 중성점의 전압 $v_n = 2V_{dc}/3$가 되어 V_{dc}의 레일전압에 접속된 상의 부하 상전압은

표 5.4.1 3상 인버터의 스위칭상태표

인버터 상태 k	스위치상태 $[Q_1 Q_3 Q_5]$	폴전압			선간전압			부하 상전압		
		v_A	v_B	v_C	v_{AB}	v_{BC}	v_{CA}	v_{An}	v_{Bn}	v_{Cn}
0	[000]	0	0	0	0	0	0	0	0	0
1	[100]	V_{dc}	0	0	V_{dc}	0	$-V_{dc}$	$\frac{2}{3}V_{dc}$	$-\frac{1}{3}V_{dc}$	$-\frac{1}{3}V_{dc}$
2	[110]	V_{dc}	V_{dc}	0	0	V_{dc}	$-V_{dc}$	$\frac{1}{3}V_{dc}$	$\frac{1}{3}V_{dc}$	$-\frac{2}{3}V_{dc}$
3	[010]	0	V_{dc}	0	$-V_{dc}$	V_{dc}	0	$-\frac{1}{3}V_{dc}$	$\frac{2}{3}V_{dc}$	$-\frac{1}{3}V_{dc}$
4	[011]	0	V_{dc}	V_{dc}	$-V_{dc}$	0	V_{dc}	$-\frac{2}{3}V_{dc}$	$\frac{1}{3}V_{dc}$	$\frac{1}{3}V_{dc}$
5	[001]	0	0	V_{dc}	0	$-V_{dc}$	V_{dc}	$-\frac{1}{3}V_{dc}$	$-\frac{1}{3}V_{dc}$	$\frac{2}{3}V_{dc}$
6	[101]	V_{dc}	0	V_{dc}	V_{dc}	$-V_{dc}$	0	$\frac{1}{3}V_{dc}$	$-\frac{2}{3}V_{dc}$	$\frac{1}{3}V_{dc}$
7	[111]	V_{dc}	V_{dc}	V_{dc}	0	0	0	0	0	0

$V_{dc}/3$이고 나머지 0의 레일전압에 접속된 상의 부하 상전압은 $-2V_{dc}/3$가 된다.

표 5.4.1은 지금까지 설명한 인버터의 스위칭상태에 따른 각 상의 폴전압, 3상의 선간전압, 부하의 각 상에 인가되는 부하 상전압을 정리한 것이다. 표 5.4.1에서 보듯이 인버터의 각 스위칭상태는 0부터 7까지 번호 매겨지는 숫자 k로 구분하며, k에 따른 각 폴의 제어방법은 $[Q_1 Q_3 Q_5]$로 나타낸 스위치상태에 따라 각 폴의 상단 IGBT를 온 또는 오프 함으로써 구현할 수 있다. 여기서 하단의 IGBT는 해당 폴의 상단 IGBT와 언제나 반대로 스위칭함을 잊지 않도록 한다.

5.5 3상의 교류를 만들기 위한 제어방법은?

5.5.1 3상교류전압을 만드는 가장 간단한 방법은?

먼저 다음과 같은 질문에서 3상 인버터의 제어에 대한 논의를 시작한다. 3상 인버터에서 3상의 교류를 만드는 가장 간단한 방법은 무엇일까? 3상 인버터는 3개의 폴로 구성되며 3상의 전압을 만들기 위하여 각각의 폴전압은 서로 120° 위상차가 나도록 제어된다. 여기서 각각의 폴전압을 제어하는 가장 간단한 방법은 폴전압이 구형파가 되도록 제어하는 것이다. 단, 폴전압은 0 또는 V_{dc} 전압 가운데 하나가 될 것이므로 폴전압은 0 또는 V_{dc} 전압을 갖는 펄스(pulse) 파형이 될 것이다. 이와 같이 3상 인버터를 제어하는 방법을 **6-스텝 제어**(6-step control)라고 하며, 3상 인버터를 제어하는 가장 간단한 방법이라고 할 수 있다.

그림 5.5.1은 6-스텝 제어를 위한 각각의 IGBT에 대한 게이팅신호와 구간별 폴전압을 나타낸다. 3상 인버터를 6-스텝 제어할 때 턴온된 IGBT는 $[Q_5 Q_6 Q_1] \rightarrow [Q_6 Q_1 Q_2] \rightarrow [Q_1 Q_2 Q_3] \rightarrow [Q_2 Q_3 Q_4] \rightarrow [Q_3 Q_4 Q_5] \rightarrow [Q_4 Q_5 Q_6] \rightarrow [Q_5 Q_6 Q_1]$의 순서로 60° 구간 마다 변한다. 그림 5.4.1에서 IGBT에 대한 넘버링(numbering)은 이러한 6-스텝 제어 시의 IGBT의 턴온 게이팅 순서를 고려하여 정한 것임을 알 수 있다.

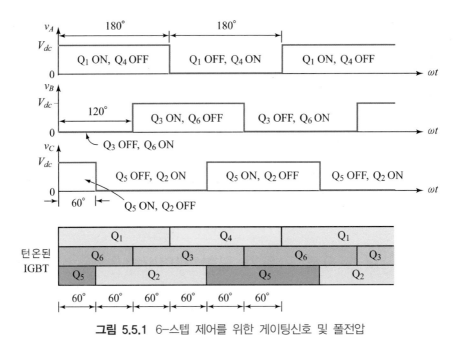

그림 5.5.1 6-스텝 제어를 위한 게이팅신호 및 폴전압

예제 5.5.1

3상 인버터가 그림 5.5.1과 같이 6-스텝 제어될 때 출력의 한 사이클 동안 인버터의 상태
k는 어떻게 변화하는지 설명하라.

[풀이]

3상 인버터를 6-스텝 제어할 때 턴온된 IGBT는 $[Q_5 Q_6 Q_1] \rightarrow [Q_6 Q_1 Q_2] \rightarrow [Q_1 Q_2 Q_3] \rightarrow [Q_2 Q_3 Q_4] \rightarrow [Q_3 Q_4 Q_5] \rightarrow [Q_4 Q_5 Q_6] \rightarrow [Q_5 Q_6 Q_1]$의 순서로 60° 구간 마다 변하므로, 3상 인버터의 상단 IGBT $[Q_1 Q_3 Q_5]$의 스위치상태는 $[101] \rightarrow [100] \rightarrow [110] \rightarrow [010] \rightarrow [011] \rightarrow [001] \rightarrow [101]$의 순서로 60° 구간 마다 변한다. 따라서 표 5.4.1로부터 인버터상태 k는 60° 구간 마다 $6 \rightarrow 1 \rightarrow 2 \rightarrow 3 \rightarrow 4 \rightarrow 5 \rightarrow 6 \rightarrow \cdots$와 같이 변한다. 6-스텝 제어하면 인버터상태 $k=0$과 $k=7$은 선택되지 않음에 유의한다.

5.5.2 6-스텝 제어할 때 인버터가 만드는 3상 전압의 파형

그림 5.5.2는 6-스텝 제어할 때 구형파의 전원으로 표시된 3상 인버터와 Y-결선된 부하의 등가회로를 나타내며 폴전압, 선간전압, 부하의 상전압이 나타내져 있다. 폴전압을 알면 선간전압은 $v_{AB} = v_A - v_B$, $v_{BC} = v_B - v_C$, $v_{CA} = v_C - v_A$의 관계식으로부터 구한다. 그림 5.5.3은 3상 인버터를 6-스텝 제어할 때 폴전압과 선간전압을 나타낸다.

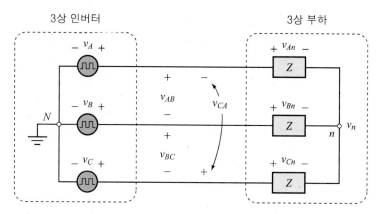

그림 5.5.2 3상 인버터와 부하의 등가회로

선간전압의 기본파성분 : 그림 5.5.3에서 보듯이 폴전압은 $V_{dc}/2$의 오프셋을 갖고 peak-to-peak의 값이 V_{dc}인 구형파임에 반하여 선간전압은 영(0)전압의 구간이 60°인 준구형파의 파형이다. 그림 5.3.18 (b)에서 보듯이 영(0)전압의 구간이 60°인 준구형파의 기본파의 크기는 $(2\sqrt{3}/\pi)\,V_{dc}(\approx 1.103\,V_{dc})$이다.

선간전압의 고조파성분 : 오프셋을 제외하면 폴전압은 구형파이며 구형파의 고조파성분은 3차, 5차, 7차, 9차, …와 같이 홀수차수의 고조파만 존재한다. 그림 5.5.4는 각 상의 폴전압에서 기본파와 3차 고조파만 나타낸 것이다. 각 상의 폴전압은 서로 120도 위상차가 존재하므로 각 상 폴전압의 3차 고조파성분은 모두 같은 파형이 된다. 그런데 선간전압은 두 폴전압의 차로 정해지므로 동일한 파형의 고조파성분은 서로 상쇄되어 선간전압에 나타나지 않는다. 예를 들면 $v_{AB} = v_A - v_B$이므로 선간전압 v_{AB}에는 3차 고조파가 존재하지 않게 된다. 이러한 선간전압에서 고조파성분의 제거는 3차 고조파 이외에도 홀수이며 3의 배수인 9차, 15차, 21차, …의 고조파성분에 대하여도 마찬가지로 적용되어 9차, 15차, 21차, …의 고조파성분은 선간전압에 포함되지 않는다. 결론적

으로 6-스텝 제어할 때 인버터가 공급하는 선간전압은 $6h \pm 1 (h = 1, 2, 3, \cdots)$ 차수의 고조파성분만을 포함한다는 점에 유의한다.

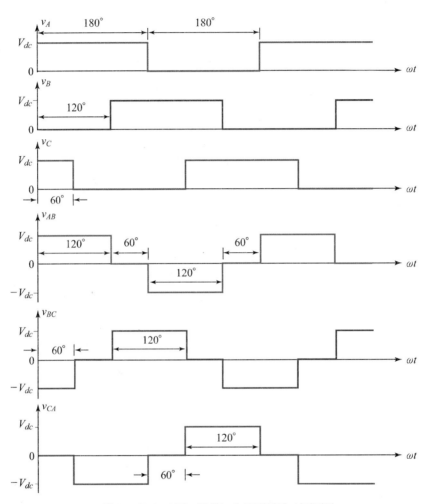

그림 5.5.3 6-스텝 제어할 때 폴전압과 선간전압

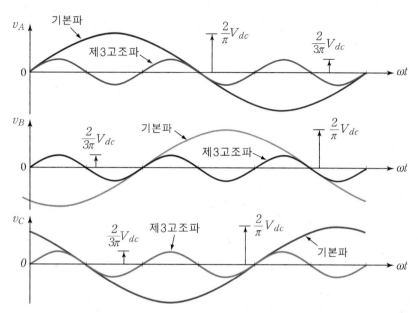

그림 5.5.4 각 상 폴전압의 기본파와 3차 고조파

부하 중성점의 전압 : 3상 인버터와 부하의 등가회로(그림 5.5.2)에서 N점을 기준으로 하는 부하 중성점(n점)의 전위 v_n은 밀만(Millman)의 정리를 사용하여 나타내면 다음과 같다.

$$v_n = \frac{\dfrac{v_A}{Z} + \dfrac{v_B}{Z} + \dfrac{v_C}{Z}}{\dfrac{1}{Z} + \dfrac{1}{Z} + \dfrac{1}{Z}} = \frac{1}{3}\left(v_A + v_B + v_C\right) \tag{5.5.1}$$

6-스텝 제어할 때 3상의 폴전압은 다음 두 가지 경우 중의 하나가 된다.

① 임의의 두 상의 폴전압이 V_{dc}의 전압이고 나머지 한 상의 폴전압은 0인 경우,
② 임의의 한 상의 폴전압이 V_{dc}이고 나머지 두 상의 폴전압이 0인 경우.

그러므로 v_n은 식 (5.5.1)로부터 $\dfrac{2}{3}V_{dc}$ [①인 경우] 또는 $\dfrac{1}{3}V_{dc}$ [②인 경우]가 된다. 그림 5.5.5는 폴전압(v_A, v_B, v_C)과 부하 중성점의 전압(v_n), 부하 상전압(v_{An}, v_{Bn}, v_{Cn})을 나타낸다. 여기서 부하 중성점의 전압은 매 60° 구간마다 바뀌며 $\dfrac{2}{3}V_{dc}$ 또는 $\dfrac{1}{3}V_{dc}$가 된다.

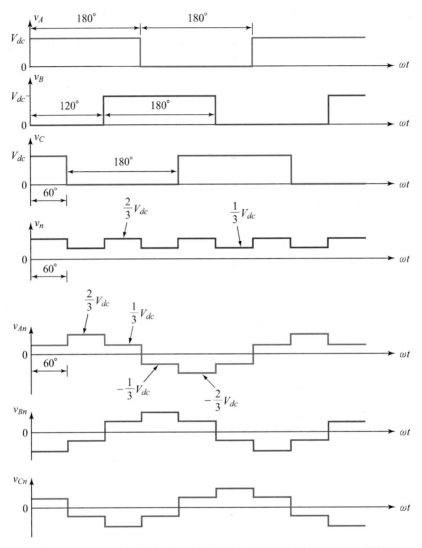

그림 5.5.5 6-스텝 제어할 때 폴전압, 부하 중성점의 전압 및 부하 상전압

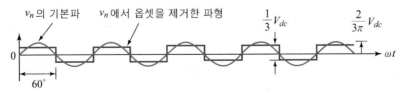

그림 5.5.6 부하 중성점의 전압의 기본파성분

부하 중성점 전압의 기본파와 고조파성분 : 부하 중성점의 전압 v_n은 $V_{dc}/2$의 오프셋을 갖고 peak-to-peak의 값이 $V_{dc}/3$인 구형파이다. 그림 5.5.6은 고조파성분을 살펴보기 위하여 직류성분인 오프셋을 제거한 v_n파형과 v_n의 기본파를 보인다. v_n의 기본파는 크기가 $(2/3\pi)V_{dc}$이고 주파수는 $3f$가 된다. 여기서 f는 인버터의 기본주파수, 즉 폴전압 또는 선간전압의 주파수이다. 또, v_n의 고조파성분은 홀수 × $(3f)$의 주파수만 갖는다.

부하 상전압 개요 : 부하 상전압은 각 상의 폴전압과 부하 중성점 전압의 차로 구할 수 있다. 즉, $v_{An} = v_A - v_n$, $v_{Bn} = v_B - v_n$, $v_{Cn} = v_C - v_n$과 같다. 그림 5.5.5에는 6-스텝 제어할 때 폴전압, 부하 중성점의 전압, 부하 상전압을 보인다. 부하 상전압은 60° 구간마다 변하며 따라서 한 사이클 동안 6차례 변한다[14].

부하 상전압의 기본파성분 : 폴전압의 기본파성분을 v_{Af}, v_{Bf}, v_{Cf}, 부하 상전압의 기본파성분을 v_{Anf}, v_{Bnf}, v_{Cnf}라고 할 때 $v_{Anf} = v_{Af} - v_{nf}$, $v_{Bnf} = v_{Bf} - v_{nf}$, $v_{Cnf} = v_{Cf} - v_{nf}$과 같다. 여기서 v_{nf}는 주파수 f인 v_n의 고조파성분이다. 그런데 v_n의 기본주파수는 $3f$이므로 $v_{nf} = 0$이 된다. 따라서 **폴전압의 기본파성분과 부하의 해당 상전압의 기본파성분은 서로 완전히 같다.** 그러므로 그림 5.5.4에서 보듯이 v_A의 기본파성분의 크기가 $2V_{dc}/\pi$이므로 v_{An}의 기본파성분의 크기도 $2V_{dc}/\pi$가 된다.

부하 상전압의 고조파성분 : 그림 5.5.4에 보인 모든 폴전압의 3차 고조파는 그림 5.5.6에 보인 부하 중성점 전압의 기본파와 서로 일치한다. 그런데 $v_{An} = v_A - v_n$, $v_{Bn} = v_B - v_n$, $v_{Cn} = v_C - v_n$이므로 v_{An}, v_{Bn}, v_{Cn}에는 3차 고조파가 존재하지 않게 된다. 부하 중성점 전압 v_n의 고조파성분의 차수는 홀수 × $(3h)$차 $(h = 1, 2, 3, \cdots)$, 즉 3차, 9차, 15차, 21차, $\cdots$의 고조파성분만 존재하는데 이러한 고조파성분은 모두 제거되어 부하 상전압에는 포함되지 않는다. 따라서 부하 상전압에 존재하는 고조파성분의 차수는 $6h \pm 1 (h = 1, 2, 3, \cdots)$이다.

---

14) "6-스텝 제어"라는 용어는 이와 같이 6차례 변하는 부하 상전압으로부터 명명된 것이다.

6-스텝 제어할 때 인버터가 만드는 3상 전압파형에 대하여 요점을 정리하면 다음과 같다.

(1) 폴전압은 오프셋을 갖는 구형파이며 기본파성분의 크기는 $2V_{dc}/\pi$이다.

(2) 폴전압에는 홀수차수의 고조파만 존재한다.

(3) 선간전압은 준구형파이며 기본파의 크기는 $(2\sqrt{3}/\pi)V_{dc}(\approx 1.103\,V_{dc})$이다.

(4) 선간전압은 $6h\pm1(h=1,\,2,\,3,\,\cdots)$차수의 고조파성분만을 포함한다.

(5) 부하 중성점 전압(v_n)은 오프셋을 갖는 구형파이며 기본파의 크기는 $(2/3\pi)V_{dc}$이다.

(6) v_n의 기본주파수는 $3f$이다. 여기서 f는 인버터의 기본주파수이다.

(7) 부하 상전압은 60° 구간마다 변하며 한 사이클 동안 6차례 바뀐다.

(8) 부하 상전압의 기본파성분의 크기는 $2V_{dc}/\pi$이다.

(9) 부하 상전압은 $6h\pm1(h=1,\,2,\,3,\,\cdots)$차수의 고조파성분만을 포함한다.

(10) 부하 상전압의 기본파와 폴전압의 기본파는 파형이 서로 완전히 같다.

예제 5.5.2

6-스텝 제어되는 3상 인버터 시스템을 PLECS로 구현하고 다음을 구하라. 단 인버터의 기본주파수는 $60\,\mathrm{Hz}$, 데드타임은 $3\,\mu\mathrm{sec}$이고, 직류입력전압 $100\,\mathrm{V}$, 부하는 Y-결선된 $R-L$ 부하로서 저항 $R=5\Omega$, $L=5\,\mathrm{mH}$이다.

(a) A상 폴전압 v_A, 선간전압 v_{AB}, 부하의 상전압 v_{An}, 부하 중성점 전압 v_n의 파형을 구하라.

(b) v_A, v_{AB}, v_{An}의 기본파의 크기를 각각 구하라.

(c) 부하 상전압(v_{An})의 20차까지 고조파의 크기를 조사하고 이론대로 $6h\pm1(h=1,\,2,\,3,\,\cdots)$ 차수의 고조파성분만 존재하는지 검토하라.

[풀이]

(a) A상 폴전압 v_A, 선간전압 v_{AB}, 부하의 상전압 v_{An}, 부하 중성점 전압 v_n의 파형을 구하기 위하여 PLECS로 시뮬레이션한다.

○ 3상 인버터 시스템 완성하기

(1) Library Browser 창이 활성화 되어 있을 때 Ctrl+N을 눌러 비어 있는 Schematic 창을 연다. Schematic 창에서 Ctrl+S를 눌러 새로운 파일명 3INV_6pulse_RL.plecs로 저장한다.

(2) 전력부의 구성

Library Browser 창에서 다음의 소자들을 Schematic 창으로 드래그&드롭한다. ① Electrical/Sources/Voltage Source DC, ② Electrical/Power Semiconductors/IGBT, ③ Electrical/Power Semiconductors/Diode, ④ Electrical/Passive Components/Inductor, ⑤ Electrical/Passive Components/Resistor, ⑥ System/Electrical Label, ⑦ System/Signal From. 이러한 소자들을 사용하여 다음과 같이 전력부를 완성한다.

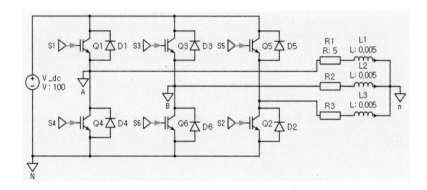

(3) 제어부의 완성

Library Browser 창에서 다음의 소자들을 Schematic 창으로 드래그&드롭한다. ① Control/Sources/Constant, ② Control/Functions & Tables/C-Script, ③ System/Signal Demultiplexer, ④ Control/Delays/Turn-on Delay, ⑤ System/Signal Goto. 여기서 C-Script의 내용은 아직 기입하지 않은 상태이다. 모든 Turn-on Delay 블록에서 Dead time을 3e-6으로 기입하고 Format/Show me name의 체크박스는 해제하도록 한다. 제어부에 대하여 아래와 같이 결선을 완성한다.

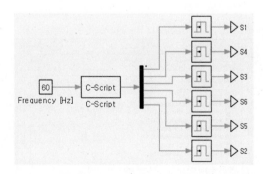

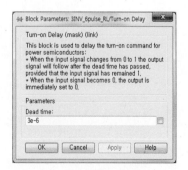

(4) 파형 관찰을 위한 준비

Library Browser 창에서 다음의 소자들을 Schematic 창으로 드래그&드롭한다. ① System/Electrical Label, ② Electrical/Meters/Voltmeter, ③ System/Probe, ④ System/Signal Demultiplexer, ⑤ System/Scope. 다음과 같이 측정 부분을 완성한다.

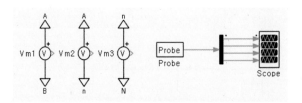

● C-Script 작성하기

(1) C-Script 블록을 더블 클릭하여 C-Script parameters 창을 연 후, Setup pane을 다음과 같이 설정한다.

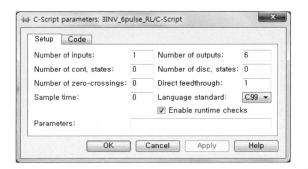

(2) C-Script 블록의 Code pane에서 Code declarations와 Output function code에 대하여 다음 과 같이 작성한다.

〈Code declarations〉

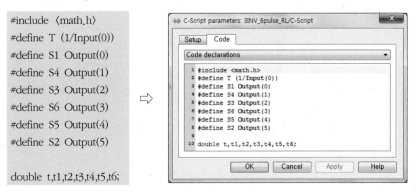

```
#include 〈math.h〉
#define T (1/Input(0))
#define S1 Output(0)
#define S4 Output(1)
#define S3 Output(2)
#define S6 Output(3)
#define S5 Output(4)
#define S2 Output(5)

double t,t1,t2,t3,t4,t5,t6;
```

〈Output function code〉

```
t1=T/6.;
t2=T/3.;
t3=T/2.;
t4=2.*T/3.;
t5=5.*T/6.;

//Current time 0〈t〈T
t=fmod(CurrentTime,T);

if(t〈t1)
    {S1=1; S2=0; S3=0; S4=0; S5=1; S6=1;}
else if((t1〈=t)&&(t〈t2))
    {S1=1; S2=1; S3=0; S4=0; S5=0; S6=1;}
else if((t2〈=t)&&(t〈t3))
    {S1=1; S2=1; S3=1; S4=0; S5=0; S6=0;}
else if((t3〈=t)&&(t〈t4))
    {S1=0; S2=1; S3=1; S4=1; S5=0; S6=0;}
else if((t4〈=t)&&(t〈t5))
    {S1=0; S2=0; S3=1; S4=1; S5=1; S6=0;}
else
    {S1=0; S2=0; S3=0; S4=1; S5=1; S6=1;}
```

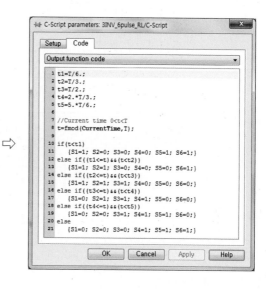

(3) Probe 심볼을 더블 클릭하여 Probe Editor 창을 연다. Probe Editor 창에 IGBT Q4를 드래 그&드롭 한 다음 IGBT voltage에 ☑ 표시한다. 계속해서 Probe Editor 창에 Voltmeter Vm1, Vm2, Vm3 심볼을 드래그&드롭한 다음 Measured voltage에 ☑ 표시한다. Close 버튼을 눌러 Probe Editor 창을 닫는다.

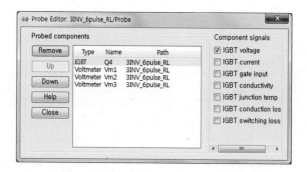

(4) 완성된 Schematic 창은 다음과 같다.

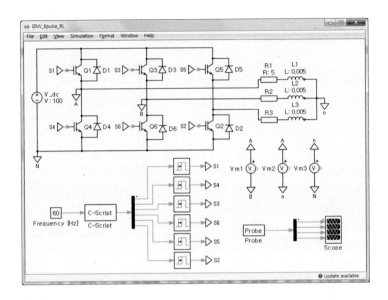

🔵 시뮬레이션 및 파형보기

(1) Simulation Parameters 창을 연다. Stop time을 0.05로 Max step size를 1e-6, Relative tolerance를 1e-6으로, Refine factor를 4로 변경한 다음 OK 버튼을 눌러서 창을 닫는다. Schematic 창에서 Ctrl+T을 눌러서 시뮬레이션을 개시한다.

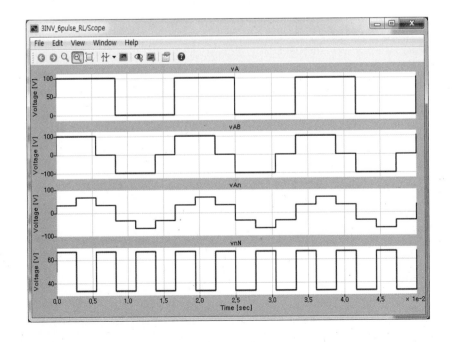

(b) v_A, v_{AB}, v_{An}의 기본파의 크기는 위의 Scope 창의 파형을 Fourier Spectrum 분석함으로써 알 수 있다.

(1) Scope 창의 메뉴바에서 View/Fourier Spectrum을 선택하던지 [📊] 아이콘을 누르면 Fourier 창이 열린다. Fourier 창의 메뉴바에서 [f: 60   N: 20]과 같이 기입한다. 이는 기본파가 60 Hz이며 20차까지의 고조파를 보겠다는 뜻이다.

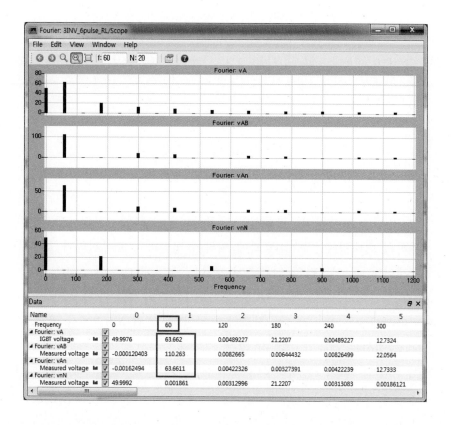

(2) Fourier 창의 Data 창에서 v_A, v_{An}의 기본파의 크기는 63.66 V이고 v_{AB}의 기본파의 크기는 110.26 V임을 알 수 있다.

(c) 부하 상전압(v_{An})의 20차까지 고조파의 크기는 다음과 같다.

　　0차(=DC성분)=−0.00162494≈0, 1차(기본파성분)=63.6611,

　　2차=0.00422326, 3차=0.00327391, 4차=0.00422239

　　5차=12.7333, 6차=0.00324988, 7차=9.09368, 8차=0.00422413,

　　9차=0.00327391, 10차=0.00422153, 11차=5.78833, 12차=0.00324988,

　　13차=4.89619, 14차=0.004225, 15차=0.00327391, 16차=0.00422066,

　　17차=3.7457, 18차=0.00324989, 19차=3.34974, 20차=0.00422586

　　여기서 1차, 5차, 7차, 11차, 13차, 17차, 19차를 제외한 나머지 성분은 거의 0에 가까운 값이다. 그러므로 이론대로 $6h \pm 1 (h=1, 2, 3, \cdots)$차수의 고조파성분만 존재한다고 볼 수 있다.

5.5.3 6-스텝 제어할 때 직류측 전류는?

　3상 인버터가 3상 부하에 3상교류전압을 공급하면 부하에 3상의 교류전류가 흐른다. 여기서는 부하의 필터링(filtering)효과에 의하여 정현파의 교류전류가 흐른다고 가정하고 6-스텝 제어할 때 인버터의 직류측에 흐르는 전류에 대하여 살펴본다.

　그림 5.5.7은 인버터상태 k에 따라 온·오프된 IGBT와 전류가 흐르는 길을 나타낸다. 여기서 인버터상태 k는 표 5.4.1을 참조하기 바란다. 그림 5.5.7에서 굵은 선은 전류가 흐르는 길이고 점선은 전류가 흐르지 않는 길이다.

　그림 5.5.7 (a)와 같이 인버터상태 $k=6$일 경우, $i_{dc}=i_A+i_C$가 된다. 그런데 $i_A+i_B+i_C=0$이므로 $i_{dc}=i_A+i_C=-i_B$가 된다. 마찬가지로, 그림 5.5.7 (b)에서 보듯이 인버터상태 $k=1$인 경우 $i_{dc}=i_A$가 된다. 그림 5.5.7에서, (c)와 같이 $k=2$인 경우, $i_{dc}=i_A+i_B=-i_C$이고 (d)와 같이 $k=3$인 경우 $i_{dc}=i_B$가 되며, (e)와 같이 $k=4$인 경우 $i_{dc}=i_B+i_C=-i_A$, (f)와 같이 $k=5$인 경우 $i_{dc}=i_C$이다. 이와 같이 인버터의 스위칭상태 k에 따라 i_{dc}를 구성하는 전류성분이 달라지며 이를 정리하면 다음과 같다.

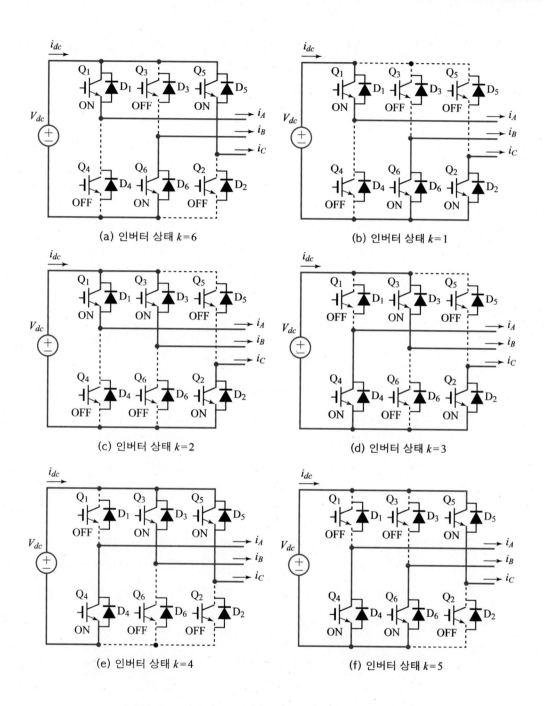

(a) 인버터 상태 $k=6$

(b) 인버터 상태 $k=1$

(c) 인버터 상태 $k=2$

(d) 인버터 상태 $k=3$

(e) 인버터 상태 $k=4$

(f) 인버터 상태 $k=5$

그림 5.5.7 인버터의 스위칭상태에 따른 전류가 흐르는 길

$$i_{dc} = \begin{cases} i_A & (k=1) \\ -i_C & (k=2) \\ i_B & (k=3) \\ -i_A & (k=4) \\ i_C & (k=5) \\ -i_B & (k=6) \end{cases}$$
(5.5.2)

3상 인버터를 그림 5.5.1과 같이 6-스텝 제어하면 인버터상태 k는 60° 구간 마다 6 → 1 → 2 → 3 → 4 → 5 → 6 → …와 같이 변한다. 인버터의 스위칭상태 k가 변할 때 어떤 부하전류 성분이 i_{dc}가 되는지 식 (5.5.2)에 따라 정해진다. 예를 들면 처음 0°~60° 구간 동안 $k=6$이므로 이 구간 동안 $i_{dc}=-i_B$가 되며, 60°~120° 구간 동안 $k=1$이므로 이 구간 동안 $i_{dc}=i_A$가 된다.

부하전류 i_A, i_B, i_C는 부하의 필터링 효과에 의하여 정현파의 교류전류 $i_A = I_O \sin(2\pi ft - \phi)$, $i_B = I_O \sin(2\pi ft - \phi - 2\pi/3)$, $i_C = I_O \sin(2\pi ft - \phi + 2\pi/3)$와 같이 나타낼 수 있다. 여기서 I_O는 부하전류의 크기이며, f는 인버터의 부하 상전압의 기본주파수이고, ϕ는 v_{An}의 기본파성분을 기준으로 했을 때 i_A의 위상지연이다. 이 경우 3상 부하의 역률(power factor) PF는 $PF = \cos(\phi)$가 된다.

그림 5.5.8은 부하 상전압(v_{An})과 i_{dc} 전류파형($\phi = 30°$일 경우)을 나타낸다. 그림 5.5.8에서 보듯이 6-스텝 제어되는 3상 인버터의 직류측 전류 i_{dc}는 톱니형태의 리플(ripple)을 갖는 직류파형이며 리플파형의 주파수는 인버터 기본주파수의 6배가 된다.

그림 5.5.9는 역률이 다른 3상 부하에 대하여 3상 인버터의 정현파 교류전류와 직류측 전류를 나타낸다. 그림 5.5.9에서 알 수 있듯이 인버터 직류측 전류는 역률이 1에서 0.5가 될 때까지는 음(−)의 구간이 발생하지 않는다. 그러나 역률이 0.5보다 작은 부하에 대하여 i_{dc}는 음(−)이 되는 구간이 발생하며 역률이 0($\phi = 90°$)일 때 직류성분을 포함하지 않는 완전한 교류파형이 됨에 유의한다.

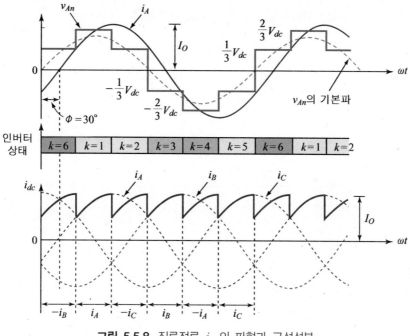

그림 5.5.8 직류전류 i_{dc}의 파형과 구성성분

예제 5.5.3

6-스텝 제어되는 3상 인버터에 역률이 0.5인 평형 3상 부하가 연결되어 있다. 부하의 필터링(filtering) 효과에 의하여 정현파의 교류전류가 흐르며 부하전류의 진폭(amplitude)은 10 A이다. 이 경우 인버터의 직류측에 흐르는 전류(i_{dc})의 평균값 I_{dc}를 구하라.

[풀이]

그림 5.5.9에서 보듯이 부하의 역률이 0.5일 때 $\phi = 60°$이다. 따라서

$$I_{dc} = \frac{1}{\pi/3} \int_0^{60°} 10\sin(\omega t)d(\omega t) = \frac{15}{\pi} \approx 4.775 \text{ A}$$

가 된다.

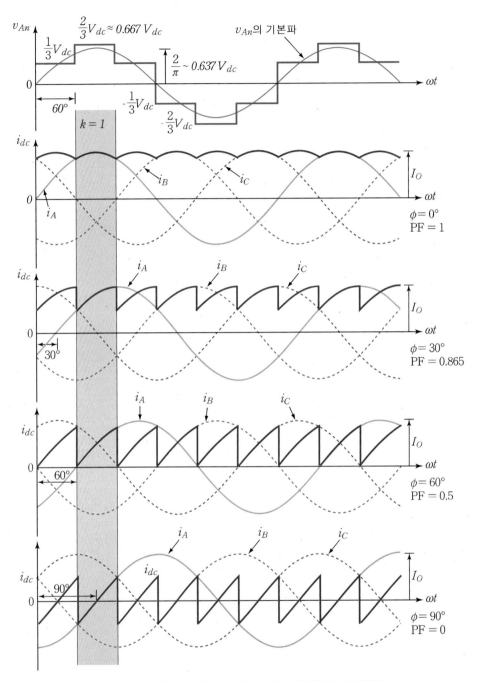

그림 5.5.9 역률에 따른 3상 인버터의 부하전류와 입력전류

5.5.4 6-스텝 제어할 때 IGBT와 다이오드에는 어떤 전류가 흐를까?

3상 인버터를 6-스텝 제어할 때 각각의 IGBT와 다이오드에 흐르는 전류를 살펴보기 위하여 그림 5.5.10과 같이 3상 평형 정현파 부하전류를 갖는 3상 인버터를 고려한다. 즉, 부하의 각 상에는 준구형파의 부하 상전압이 인가되더라도 부하의 필터링효과에 의하여 정현파전류가 흐르는 것으로 가정한다. 이 경우 부하는 그림 5.5.10에서처럼 3상의 정현파전류원으로 볼 수 있다.

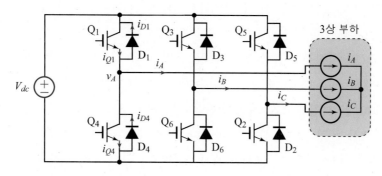

그림 5.5.10 3상 평형 정현파 부하전류를 갖는 3상 인버터

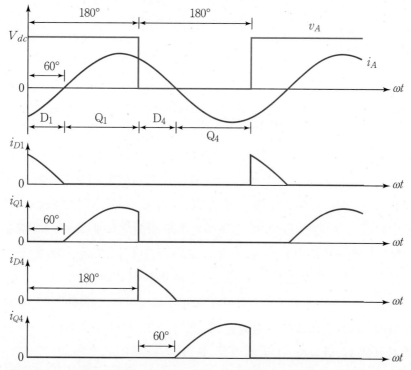

그림 5.5.11 역률 0.5($\phi = 60°$)인 3상 평형 부하를 갖는 경우 IGBT와 다이오드전류

그림 5.5.11은 $\phi = 60°$(PF=0.5)인 경우 각각의 IGBT와 다이오드에 흐르는 전류를 나타낸다. 여기서 유의할 점은 앞서 설명하였듯이 폴전압의 기본파와 부하 상전압의 기본파가 완전히 같은 파형이므로 그림 5.5.1에 나타낸 $\phi = 60°$는 부하 상전압 v_{An}과 부하전류 i_A의 위상차이기도 하다는 점이다. 그림 5.5.11에서 시간별로 각각의 전압, 전류파형을 설명하면 다음과 같다.

(1) 부하전류 i_A는 폴전압(즉, 부하 상전압)보다 위상이 60° 늦으므로 처음 0°~60° 동안은 폴전압이 V_{dc}이더라도 $i_A < 0$, 즉 A상 전류는 음(-)의 값을 갖는다. 그러므로 이 구간 동안 비록 Q_1이 턴온되어 있더라도 Q_1의 전류는 0이 되며, 대신 D_1을 통하여 부하전류가 흐른다.

(2) $\omega t = 60°$인 시점부터 A상 전류는 양(+)의 값을 갖는다. 60°~180° 동안은 Q_1이 턴온된 상태에서 $i_A > 0$이므로 부하전류는 Q_1을 통하여 흐르며 D_1의 전류는 0이 된다.

(3) $\omega t = 180°$인 시점에 $v_A = 0$의 전압을 공급하기 위하여 Q_1을 턴오프하고 Q_4를 턴온 함으로써 A상 폴의 스위칭상태가 바뀐다. 그러나 부하전류는 180°~240° 동안은 여전히 양(+)의 값을 유지하므로 비록 Q_4가 턴온되어 있더라도 Q_4로는 전류가 흐르지 않으며 대신 D_4를 통하여 부하전류가 흐른다.

(4) $\omega t = 240°$인 시점부터 A상 전류가 양(+)에서 음(-)의 값으로 돌아서면 비로소 Q_4에 부하전류가 흐르기 시작하며 D_4의 전류는 0이 된다.

그림 5.5.11에서 $\phi = 60°$(PF=0.5)인 경우 IGBT와 다이오드에 흐르는 전류는 서로 그 양이 다름을 알 수 있다. 즉, IGBT에 흐르는 전류의 평균값이 다이오드에 흐르는 전류의 평균값보다 크다. 그런데 이와 같이 IGBT와 다이오드에 흐르는 전류 평균값의 차이는 부하의 역률에 따라 달라진다.

그림 5.5.12는 $\phi = 0°$(PF=1)인 경우 IGBT와 다이오드에 흐르는 전류를 나타낸다. 부하의 역률이 1이면 폴전압과 부하전류의 위상이 일치하고 부하전류는 IGBT로만 흐르며 다이오드에는 전류가 흐르지 않음에 유의한다.

그림 5.5.13은 $\phi = 90°$(PF=0)인 경우 IGBT와 다이오드에 흐르는 전류를 나타낸다. 이 경우 부하의 역률이 0이면 한 주기 동안 IGBT와 다이오드에 흐르는 전류의 양은 서로 같다. 예를 들면 i_{Q1}의 평균값과 i_{D1}의 평균값은 서로 같다.

3상 인버터를 설계할 때 IGBT와 다이오드의 전류정격을 선택하는 경우 3상 인버터에 연결된 부하에 따라 전류정격이 달라질 수 있다. 즉, 부하의 역률이 0~1 사이의 값을 갖는다고 가정할 때 다음과 같이 정리할 수 있다.

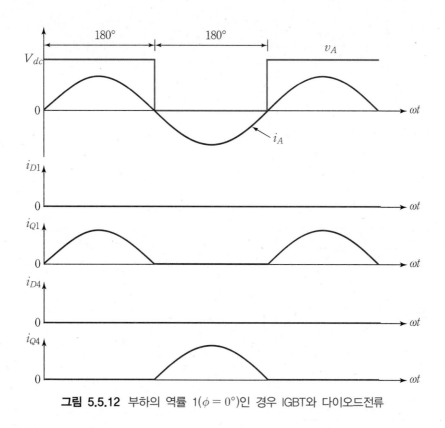

그림 5.5.12 부하의 역률 1($\phi = 0°$)인 경우 IGBT와 다이오드전류

(1) 다이오드에 가장 많은 전류가 흐르는 경우는 부하의 역률이 0일 때이다.

(2) 다이오드에 가장 적은 전류가 흐르는 경우는 부하의 역률이 1일 때이며, 이때 다이오드의 전류는 0이 된다.

(3) IGBT에 가장 많은 전류가 흐르는 경우는 부하의 역률이 1일 때이다.

(4) IGBT에 가장 적은 전류가 흐르는 경우는 부하의 역률이 0일 때이다. 이때 IGBT에 흐르는 전류의 평균값과 다이오드에 흐르는 전류의 평균값은 서로 같다.

(5) 부하의 역률이 0~1사이일 때 한 주기 동안 IGBT에는 항상 다이오드보다 더 많은 전류가 흐른다.

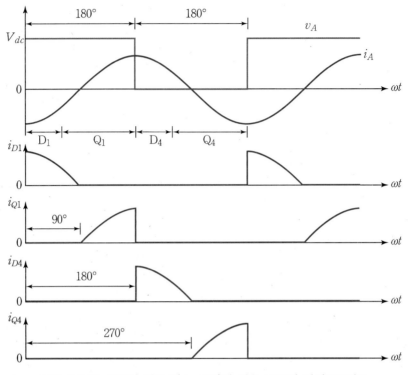

그림 5.5.13 부하의 역률 0($\phi = 90°$)인 경우 IGBT와 다이오드전류

예제 5.5.4

6-스텝 제어되는 3상 인버터에 역률이 0.5인 평형 3상 부하가 연결되어 있다. 부하의 필터링(filtering)효과에 의하여 정현파의 교류전류가 흐르며 부하전류의 진폭(amplitude)은 10 A이다. 이 경우 IGBT에 흐르는 전류의 평균값 I_Q과 다이오드에 흐르는 전류의 평균값 I_D을 각각 구하라.

[풀이]

부하의 역률이 0.5일 때 $\phi = 60°$이다. 그림 5.5.11을 참조하도록 한다.

$$I_Q = \frac{1}{2\pi} \int_{60°}^{180°} 10\sin\left(\omega t - \frac{\pi}{3}\right) d(\omega t) = \frac{15}{2\pi} \approx 2.387 \text{ A}$$

$$I_D = \frac{1}{2\pi} \int_{0°}^{60°} \left[-10\sin\left(\omega t - \frac{\pi}{3}\right)\right] d(\omega t) = \frac{5}{2\pi} \approx 0.796 \text{ A}$$

3상 인버터를 6-스텝 제어하면 다음과 같은 장단점이 있다. 6-스텝 제어할 때 각 상의 폴전압, 선간전압, 부하 상전압의 기본파의 크기는 3상 인버터가 부하에 공급할 수 있는 최대값이 된다. 또한 IGBT의 스위칭주파수는 인버터의 기본주파수와 같게 되는데 이러한 스위칭주파수는 3상 인버터가 3상의 전압을 발생하는데 있어 가장 낮은 주파수 이므로 스위칭 손실이 최소화 된다.

그러나 V_{dc}가 고정된 3상 인버터에서 6-스텝 제어하는 경우 기본파의 크기를 제어할 수 없는 단점이 있다. 또 6-스텝 제어하는 경우 선간전압이나 부하 상전압에는 $6h \pm 1$ ($h = 1, 2, 3 \cdots$)차수의 고조파성분이 존재하는데 가장 낮은 차수인 5차와 7차 고조파 등은 부하에 따라 문제가 될 수도 있다.

예제 5.5.5

예제 5.5.2에서 PLECS로 구현한 6-스텝 제어되는 3상 인버터 시스템에서 A상 부하 상전압 v_{An}, A상 부하전류 i_{oA}, IGBT Q_1의 전류 i_{Q1}, 다이오드 D_1의 전류 i_{D1}의 파형을 나타내어라.

[풀이]

(1) 예제 5.5.2에서 작성한 3INV_6pulse_RL.plecs파일을 불러온다. 이 파일을 새로운 이름 3INV_6pulse_RL2.plecs로 저장한다.

(2) Probe 심볼을 더블 클릭하여 Probe Editor 창을 연 후 Remove 버튼을 눌러 모든 내용을 삭제한다. Probe Editor 창에 Voltmeter Vms를 드래그&드롭한 다음 Measered voltage에 ☑ 표시한다. 계속해서 Probe Editor 창에 Inductor L1, IGBT Q1, Diode D1 심볼을 드래그& 드롭 한 다음 각각의 current 항목에 ☑ 표시한다. Close 버튼을 눌러 Probe Editor 창을 닫는다.

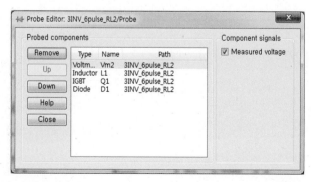

(3) Simulation Parameters 창을 열고 Stop time이 0.05, Max step size이 1e-6, Relative tolerance이 1e-6, Refine factor이 4인지 확인한 다음 OK 버튼을 눌러서 창을 닫는다. Schematic 창에서 Ctrl+T을 눌러서 시뮬레이션을 개시한다.

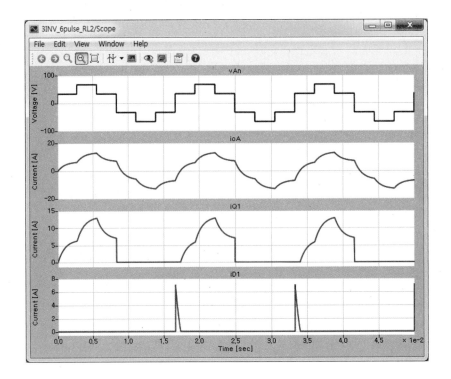

이 예제에서 부하의 역률 PF는 다음과 같다.

$$PF = \frac{R}{\sqrt{R^2 + (2\pi f L)^2}} = \frac{5}{\sqrt{5^2 + (2\pi \times 60 \times 5 \times 10^{-3})^2}} = 0.964$$

역률이 거의 1에 가까우므로 다이오드에는 매우 작은 양의 전류가 흐른다.

5.5.5 기본파의 크기와 주파수를 제어할 수 있는 정현파 PWM 제어

이 절에서는 인버터가 공급하는 3상 전압의 기본파의 크기가 제어가능하며 6-스텝 제어할 때보다 저차 고조파가 적게 포함되는 정현파 PWM 제어방법에 대하여 설명한다.

그림 5.5.14는 3상 인버터의 정현파 PWM 제어 방법을 나타낸다. 3상 인버터는 각 상의 폴전압을 만들기 위한 3개의 폴로 구성되며 이 경우 각각의 폴을 정현파 PWM 제어하기 위한 3개의 기준 전압이 요구된다. 그림 5.5.14에서 v_{rA}, v_{rB}, v_{rC}는 A상 폴전압의 기준파, B상 폴전압의 기준파, C상 폴전압의 기준파를 각각 나타내며

$$
\begin{cases}
v_{rA} = \dfrac{V_{dc}}{2} + \dfrac{V_{dc}}{2}m_a \sin(2\pi ft) \\[2mm]
v_{rB} = \dfrac{V_{dc}}{2} + \dfrac{V_{dc}}{2}m_a \sin\left(2\pi ft - \dfrac{2\pi}{3}\right) \\[2mm]
v_{rC} = \dfrac{V_{dc}}{2} + \dfrac{V_{dc}}{2}m_a \sin\left(2\pi ft + \dfrac{2\pi}{3}\right)
\end{cases}
\tag{5.5.3}
$$

와 같다. 여기서 m_a는 폴전압의 기본파성분의 크기를 제어하기 위한 진폭변조지수이며 f는 폴전압의 기본주파수이다. 식 (5.5.3)의 기준전압은 각 폴에서 레일전압 0과 V_{dc}를 사용하여 합성된다. 각 폴에서 한 주기 가운데 레일전압 V_{dc}를 선택하는 시간과 레일전압 0을 선택하는 시간은 기준전압을 삼각파(v_c)와 비교함으로써 결정된다[15]. 여기서 v_c는 V_{dc}와 0 사이를 스윙(swing)하는 삼각파이며 주파수는 $m_f \times f$이다. 한 스위칭주기 동안 레일전압을 사용하여 기준파를 합성하는 방법을 A상 폴의 경우로 예를 들면, v_{rA}를 매순간 v_c와 비교하여 $v_{rA} > v_c$이면 폴전압이 V_{dc}가 되도록 스위칭하고 $v_{rA} < v_c$이면 폴전압이 0이 되도록 스위칭한다. 여기서 주파수 변조지수 m_f는 인버터의 스위칭주파수를 결정한다.

---

15) 각 상마다 서로 다른 삼각파를 사용해도 되지만 단순한 구성을 위하여 서로 같은 삼각파를 사용하는 것이 일반적이다.

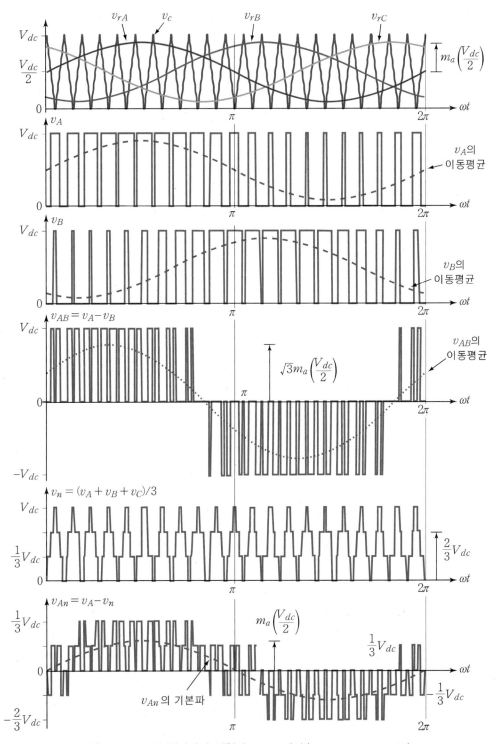

그림 5.5.14 3상 인버터의 정현파 PWM 제어 ($m_a = 0.8$, $m_f = 21$)

그림 5.5.14에 폴전압 v_A와 v_B가 나타내져 있다. 이러한 펄스폭 변조된 폴전압을 스위칭주기마다 평균을 내면 매 스위칭주기 평균의 변화가 기준전압과 거의 같게 될 것이다. 즉, m_f가 충분히 크다면 (v_A의 이동평균) $\approx v_{rA}$가 되고, 마찬가지로 (v_B의 이동평균) $\approx v_{rB}$, (v_C의 이동평균) $\approx v_{rC}$가 된다. 따라서 v_A의 기본파성분은 v_{rA}에서 직류성분인 $V_{dc}/2$를 제거한 나머지 성분, 즉 $(V_{dc}/2)m_a\sin(2\pi ft)$가 된다. 마찬가지로 v_B, v_C의 기본파성분들도 v_{rB}, v_{rC}에서 직류성분을 제거하여 $(V_{dc}/2)m_a\sin(2\pi ft - 2\pi/3)$, $(V_{dc}/2)m_a\sin(2\pi ft + 2\pi/3)$과 같이 각각 구한다.

3상 인버터에서 선간전압은 매순간 두 폴전압의 차로 구한다. 예를 들면 $v_{AB} = v_A - v_B$이다. 그림 5.5.14에 정현파 PWM제어할 때 인버터가 공급하는 선간전압 v_{AB}의 파형이 나타내져 있다. 여기서 (v_{AB}의 기본파)=(v_A의 기본파)−(v_B의 기본파) $\approx v_{rA} - v_{rB}$가 되어 식 (5.5.3)을 대입하여 구할 수 있다. 즉, 선간전압 v_{AB}의 기본파의 크기는 $(\sqrt{3}/2)m_a V_{dc}$가 되며 m_a에 비례한다.

그림 5.5.14에 부하 중성점의 전압 v_n의 파형이 나타내져 있다. Y-결선된 평형 3상 부하인 경우 폴전압을 알고 있다면 중성점의 전압은 $v_n = (v_A + v_B + v_C)/3$ [식 (5.5.1) 참조]으로 구할 수 있다. 정현파 PWM 제어할 때 v_n은 4개의 전압레벨 $\{0, V_{dc}/3, 2V_{dc}/3, V_{dc}\}$ 가운데 하나가 된다. 여기서 $v_n = 0$은 인버터상태 $k = 0$인 경우이고, $v_n = V_{dc}$은 인버터상태 $k = 7$인 경우이며 $k = 0$, 7은 모든 부하 상전압이 0인 경우에 해당되므로 부하전류는 부하와 인버터 사이를 환류한다.

부하가 Y-결선된 3상 부하일 때 부하의 각 상에 인가되는 전압, 즉 부하 상전압은 폴전압에서 부하 중성점 전압을 빼서 구한다. 예를 들면 A상 부하 상전압 v_{An}은 $v_{An} = v_A - v_n$으로 구한다. 그림 5.5.14에 v_{An}의 파형이 나타내져 있다. v_{An}의 기본파 성분은 v_A의 기본파성분과 같으므로 $(V_{dc}/2)m_a\sin(2\pi ft)$가 되고, 진폭이 $(V_{dc}/2)m_a$가 된다. 따라서 부하 상전압 v_{An}은 m_a에 정비례하며 $0 \le m_a \le 1$일 때 $0 \le v_{An} \le V_{dc}/2$가 된다.

그림 5.5.15는 3상 인버터를 위한 정현파 PWM 제어기의 구현을 위한 블록 다이아그램이다.

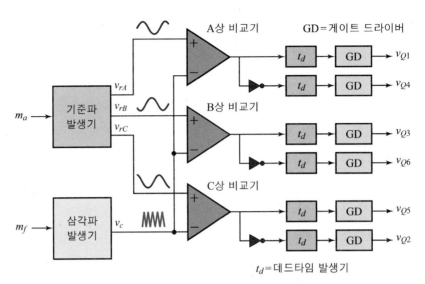

A상 비교기

B상 비교기

C상 비교기

t_d=데드타임 발생기

그림 5.5.15 3상 인버터를 위한 정현파 PWM 제어기의 구현

기준파발생기는 서로 120도 위상차가 나는 기준파 v_{rA}, v_{rB}, v_{rC}를 만들고 각각은 반송파인 삼각파와 비교기에서 비교된다. 각 비교기의 출력은 인버터 폴의 상단 IGBT (Q_1, Q_3, Q_5)를 제어하기 위한 로직신호가 되는데 각 폴의 하단 IGBT(Q_4, Q_6, Q_2)는 비교기의 출력을 반전하여 얻는 로직신호로 제어된다. 단상 풀브리지 인버터에서와 마찬가지로 기준파(v_{rA}, v_{rB}, v_{rC})와 반송파(v_c)를 V_{dc}로 정규화(normalization)하여도 비교기의 출력은 변함이 없으므로 정현파 PWM 제어기를 구현하는데 V_{dc}의 정보가 필요하지 않다.

예제 5.5.6

정현파 PWM 제어되는 3상 인버터 시스템을 PLECS로 구현하고 다음을 구하라. 단 정현파 PWM에서 진폭변조지수 $m_a = 0.8$, 주파수변조지수 $m_f = 21$이고 인버터의 기본주파수는 60 Hz, 데드타임은 3 μsec이다. 또, 직류입력전압은 100 V이고, 부하는 Y-결선된 R-L 부하로서 저항 $R = 5\,\Omega$, $L = 5\,\mathrm{mH}$이다.

(a) A상 폴전압 v_A, 선간전압 v_{AB}, 부하의 상전압 v_{An}, 부하 중성점 전압 v_n의 파형을 구하라.

(b) 부하의 상전압 v_{An}의 주파수성분에 대하여 설명하여라.

(c) A상 부하전류 i_{oA}, 직류전원에서 공급되는 전류 i_{dc}, IGBT Q_1의 전류 i_{Q1}, 다이오드 D_1의 전류 i_{D1}의 파형을 나타내어라.

[풀이]

(1) 3INV_SPWM_RL.plecs의 새로운 명칭으로 다음과 같이 Schematic 창을 완성한다.

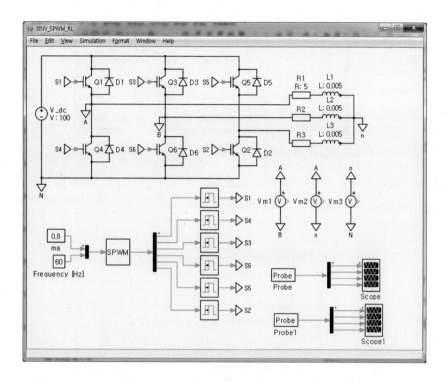

(2) SPWM 블록은 mask된 subsystem으로 다음과 같이 구성된다.

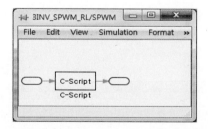

Mask Editor 창에서 Parameters pane의 구성은 다음과 같다. 즉, Prompt에 Frequency modulation index를 Variable에 mf를 적어 넣는다.

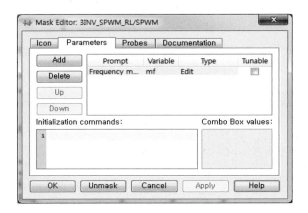

(3) SPWM 블록을 더블 클릭하여 Block Parameters 창을 연 후 Frequency modulation index에
21을 기입한 후 ⌈ OK ⌉ 버튼을 누른다.

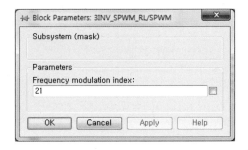

○ C-Script 작성하기

(1) C-Script 블록을 더블 클릭하여 C-Script parameters 창을 연 후, Setup pane을 다음과 같이
설정한다.

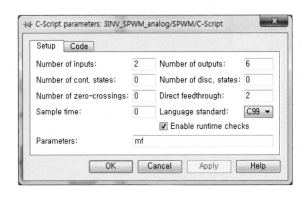

(2) C-Script 블록의 Code pane에서 Code declarations와 Output function code에 대하여 다음
과 같이 작성한다.

〈Code declarations〉

```
#include <math.h>
#define ma Input(0)
#define f Input(1)
#define mf ParamRealData(0,0)
#define S1 Output(0)
#define S4 Output(1)
#define S3 Output(2)
#define S6 Output(3)
#define S5 Output(4)
#define S2 Output(5)

double VrA, VrB, VrC, Vc;
```

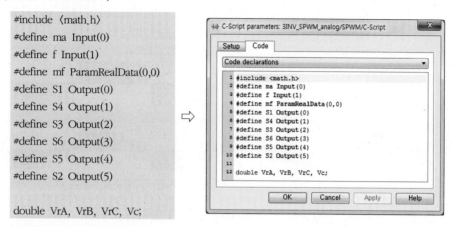

〈Output function code〉

```
//Reference Signals
VrA=0.5+0.5*ma*sin(2.*M_PI*f*CurrentTime);
VrB=0.5+0.5*ma*sin(2.*M_PI*f*CurrentTime-2.*M_PI/3.);
VrC=0.5+0.5*ma*sin(2.*M_PI*f*CurrentTime+2.*M_PI/3.);
//Carrier Signal
Vc=asin(cos(2.*M_PI*mf*f*CurrentTime))/M_PI+0.5;

//Gating Signals
S1=(VrA<Vc) ? 0 : 1;
S3=(VrB<Vc) ? 0 : 1;
S5=(VrC<Vc) ? 0 : 1;
S4=1-S1;
S6=1-S3;
S2=1-S5;
```

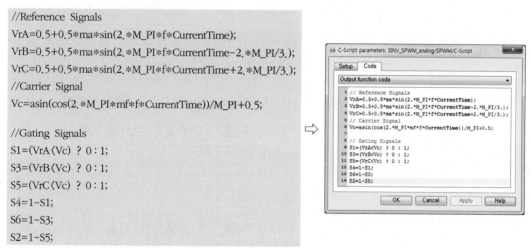

시뮬레이션 및 파형보기

Simulation Parameters 창을 연다. Stop time을 0.05로 Max step size를 1e-6, Relative
tolerance를 1e-6으로, Refine factor를 4로 변경한 다음 OK 버튼을 눌러서 창을 닫는다.
Schematic 창에서 Ctrl+T을 눌러서 시뮬레이션을 개시한다.

(a) A상 폴전압 v_A, 선간전압 v_{AB}, 부하의 상전압 v_{An}, 부하 중성점 전압 v_n의 파형을 구하기
위하여 Scope 창을 연다. 각각의 파형은 아래와 같다.

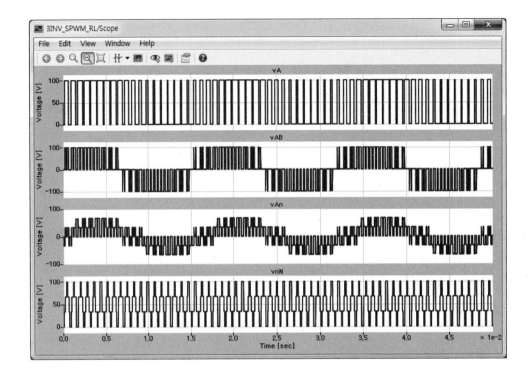

(b) v_{An}의 고조파성분을 살펴보려면 Scope 창의 파형을 Fourier Spectrum 분석함으로써 알 수 있다.

(1) Scope 창의 메뉴바에서 View/Fourier Spectrum을 선택하던지 아이콘을 누르면 Fourier 창이 열린다. Fourier 창의 메뉴바에서 f: 60   N: 80 과 같이 기입한다. 이는 기본파가 60 Hz이며 80차까지의 고조파를 보겠다는 뜻이다.

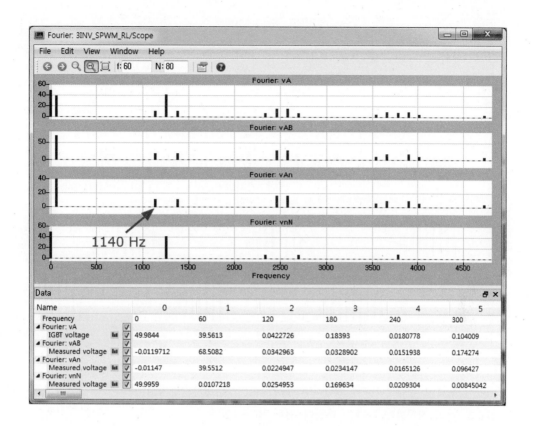

위에서 보듯이 정현파 PWM을 사용함으로써 저차고조파의 크기가 크게 감소하였다. 즉, 부하 상전압에서 최초의 지배적인 고조파는 약 1140 Hz(=19차 고조파)가 됨을 볼 수 있다.

(c) A상 부하전류 i_{oA}, 직류전원에서 공급되는 전류 i_{dc}, IGBT Q_1의 전류 i_{Q1}, 다이오드 D_1의 전류 i_{D1}의 파형을 구하기 위하여 Scope1 창을 연다. 각각의 파형은 아래와 같다.

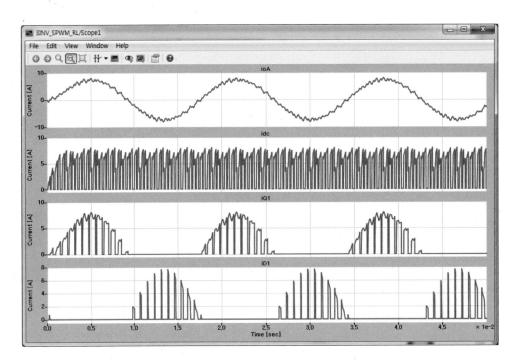

위에서 보듯이 정현파 PWM 제어하면 부하 상전압의 저차고조파성분이 크게 감소하므로 부하 전류가 거의 정현파에 가까운 파형이 됨을 볼 수 있다.

IGBT 제조회사 리스트 (2014년 1월 현재)

[스위스]

- ABB Semiconductors AG : http://www.abb.com
- IXYS : http://www.ixys.com
- STMicroelectronics : http://www.st.com/web/en/home.html

[독일]

- Infineon Technologies AG : http://www.infineon.com/cms/en/product/index.html
- SEMIKRON : http://www.semikron.com

[영국]

- Dynex Semiconductor Ltd. : http://www.dynexpowersemiconductors.com

[미국]

- Fairchild Semiconductor : http://www.fairchildsemi.com
- International Rectifier : http://www.irf.com/indexsw.html
- Vishay Intertechnology, Inc : http://www.vishay.com
- ON Semiconductor : http://www.onsemi.com
- Alpha and Omega Semiconductor Ltd : http://www.aosmd.com
- Microsemi Corporation : http://www.microsemi.com
- Littelfuse : http://www.littelfuse.com

[한국]

- MagnaChip : http://www.magnachip.com/index/index.php

- HIVRON : http://www.hivron.com
- LS Power Semitech : http://www.lspst.com

[일본]

- Mitsubishi Electric Semiconductor & Device Group :
  http://www.mitsubishielectric.com/semiconductors
- Fuji Electric : http://www.fujielectric.com/products/semiconductor/
- Toshiba Semiconductor : http://www.semicon.toshiba.co.jp/eng/
- Hitachi Power Semiconductor Device, Ltd :
  http://www.hitachi-power-semiconductor-device.co.jp/en/index.html
- Vincotech : http://www.vincotech.com
- Renesas Electronics Co. : http://am.renesas.com

[중국]

- BYD : http://bydit.com/doce/products/Microelectronics/
- Zhuzhou CSR Times Electric Co Ltd : http://www.pebu.teg.cn/Index.aspx
- Tianjin Zhonghuan Semiconductor : http://www.tjsemi.com
- Zhejiang Zenli Rectifier Manufacture Co. Ltd : http://www.chinazenli.com
- CSMC Technologies Corporation : http://www.csmc.com.cn/home.aspx
- Jiangsu DongGuang Micro-Electronics Co., Ltd : http://www.jsdgme.com
- Nanjing SilverMicro Electronics : http://www.njsme.com
- Starpower Semiconductor Ltd : http://www.powersemi.cc
- Weihai Singa Electronics Co.,Ltd : http://www.singa.cn
- MacMic Science and Technology Co., Ltd : http://www.macmicst.com/en/
  index.asp
- GREEGOO Electric Co LTD : http://www.greegoo.com
- Keda semiconductor : http://www.kedasemi.com/index.asp
- Xian IR-PERI Co., Ltd : http://www.irperi.com/index.htm

5.1 IGBT에 포함된 내부 다이오드의 특성이 만족스럽지 못할 때 내부 다이오드를 사용하지 않도록 회로를 구성할 수 있다. 이 경우 특성이 더 좋은 별도의 다이오드 2개를 더 사용하여 내부 다이오드를 대치하는 방법은?

5.2 $R-L$ 부하를 갖는 단상 풀브리지 인버터를 구형파 제어할 때 PLECS로 시뮬레이션하여 정상상태에서 다음을 구하라. 단 입력 직류전압 $V_{dc} = 100\,V$, $R = 5\,\Omega$, $L = 10\,mH$이며 구형파 출력전압의 주파수는 $100\,Hz$이다. 또 데드타임은 $3\,\mu sec$로 한다.
(a) 부하전류의 파형을 보이고 부하전류의 최대값, 최소값, 실효값을 구하라.
(b) IGBT Q_1에 흐르는 전류의 파형을 보이고 IGBT에 흐르는 전류의 평균값과 실효값을 구하라.
(c) 다이오드 D_1에 흐르는 전류의 파형을 보이고 다이오드에 흐르는 전류의 평균값과 실효값을 구하라.

5.3 저항과 인덕터가 직렬연결된 $R-L$ 부하를 갖는 단상 풀브리지 인버터를 준구형파 제어할 때 PLECS로 시뮬레이션하여 정상상태에서 다음을 구하라. 단 입력 직류전압 $V_{dc} = 100\,V$, $R = 5\,\Omega$, $L = 10\,mH$이며 출력전압의 주파수는 $100\,Hz$이며 준구형파의 제어변수가 되는 $\alpha = 30°$이다. 또 데드타임은 $3\,\mu sec$이다.
(a) 부하에 인가되는 전압의 12차까지의 고조파성분의 크기를 구하라.
(b) 부하전류의 파형을 보이고 12차까지의 고조파성분의 크기를 구하라. 또 부하전류의 최대값, 최소값, 실효값을 구하라.
(c) IGBT Q_1에 흐르는 전류의 파형을 보이고 IGBT에 흐르는 전류의 평균값과 실효값을 구하라.
(d) 다이오드 D_1에 흐르는 전류의 파형을 보이고 다이오드에 흐르는 전류의 평균값과 실효값을 구하라.

5.4 $R-L$ 부하를 갖는 단상 풀브리지 인버터가 정현파 PWM 제어되고 있다. 여기서 $V_{dc} = 100\,\mathrm{V}$, $R = 2\,\Omega$, $L = 5\,\mathrm{mH}$ 이고 정현파 PWM의 $m_a = 0.9$, $m_f = 168$ 이며 인버터주파수는 $100\,\mathrm{Hz}$ 이다. 또 데드타임은 $2\,\mu\mathrm{sec}$이다. PLECS로 시뮬레이션하여 다음을 구하라.

(a) 이론적으로 정현파 PWM에서 기본파의 크기는 $m_a V_{dc} = 0.9 \times 100 = 90\,\mathrm{V}$ 이다. 문제에서 주어진 단상 풀브리지 인버터를 시뮬레이션하였을 때 부하에 인가되는 전압의 기본파성분의 크기를 조사하고 그 값이 이론적인 값과 차이가 나는 이유를 설명하여라.

(b) 부하에 인가되는 전압의 고조파성분을 분석하고 고조파성분 가운데 기본파 크기의 10 % 이상 되는 크기를 갖는 최초의 고조파는 몇 차의 고조파이며 그 크기는 얼마인지 구하라.

(c) 정현파 PWM의 진폭변조지수를 $m_a = 1.5$로 증가시킨 후 인버터 출력전압파형과 부하전류파형을 구하라. 또 여기서 부하에 인가되는 전압의 기본파성분의 크기는 얼마인지 구하라.

(d) 위의 (c)항의 경우 기본파 크기의 10 % 이상 되는 크기를 갖는 최초의 고조파는 몇 차의 고조파이며 부하에 인가되는 전압의 고조파성분은 위의 (b)의 경우와 비교하여 어떻게 달라지는지 설명하여라.

(e) 문제에서 주어진 단상 풀브리지 인버터 시스템에서 데드타임을 $10\,\mu\mathrm{sec}$로 증가시키면 부하전류의 파형이 어떻게 변하는지 PLECS 시뮬레이션을 통하여 관찰하고 이유를 설명하여라.

5.5 6–스텝 제어되는 3상 인버터가 교류전동기를 구동하고 있다. 여기서 교류전동기는 등가적으로 인덕터(L)–저항(R)–역기전력이 직렬연결된 회로로 모델링 된다고 가정한다. 즉, $R = 1\,\Omega$, $L = 5\,\mathrm{mH}$ 이고 역기전력 e_a, e_b, e_c는 3상 밸런스된 전압이며 크기(진폭)이 $50\,\mathrm{V}$ 이고 주파수가 $100\,\mathrm{Hz}$ 이며 인버터의 각 상 폴전압 기본파보다 위상이 $30°$ 지연된 전압이다. 인버터의 직류 입력전압은 $100\,\mathrm{V}$ 이고 기본주파수는 $100\,\mathrm{Hz}$ 일 때 이러한 인버터 시스템을 PLECS로 구현하고 다음을 구하라. 단, 데드타임은 $3\,\mu\mathrm{sec}$이다.

(a) 3상 부하전류의 파형을 구하라. 또, 부하전류의 실효값은 얼마인지 구하라.

(b) 직류전원에서 인버터로 공급되는 전류의 파형을 구하고 그 평균값을 구하라. 그로부터 직류전원이 공급하는 전력을 구하라.

(c) IGBT Q_1에 흐르는 전류의 파형을 구하고 IGBT 전류의 평균값을 구하라.

5.6 예제 5.5.6의 문제를 디지털방식으로 구현하여라. 즉, PLECS로 사용하여 시뮬레이션 할 때, 매 스위칭주기의 초기에 샘플링(sampling)된 데이터로부터 한 스위칭주기 동안에 발생할 스위칭 이벤트시간(event time)을 계산하고 정해진 시각에 스위칭상태를 변경하는 방법으로 구현하여라.

5.7 정현파 PWM 제어되는 3상 인버터 시스템에서 진폭변조지수 $m_a = 0.9$, 주파수변조지수 $m_f = 168$이고 인버터의 기본주파수는 $60\,\mathrm{Hz}$, 데드타임은 $2\,\mu\mathrm{sec}$이다. 또, 직류입력전압은 $100\,\mathrm{V}$이고, 부하는 Y-결선된 $R-L$ 부하로서 저항 $R = 5\,\Omega$, $L = 1\,\mathrm{mH}$이다. 이러한 시스템을 PLECS로 시뮬레이션하고 다음을 구하라.

(a) 이론적으로 구한 부하 상전압 v_{An}의 기본파성분의 크기와 PLECS 시뮬레이션을 통하여 얻은 값의 크기를 비교하고 두 값이 다르다면 그 이유를 설명하여라.

(b) 직류전원에서 공급되는 전류 i_{dc}의 파형과 그 평균값을 구하라. 또 직류전원이 공급하는 전력은 얼마인가 구하라.

(c) A상 부하전류 i_{oA}, IGBT $\mathrm{Q_1}$의 전류 i_{Q1}, 다이오드 $\mathrm{D_1}$의 전류 i_{D1}의 파형을 나타내어라. 그리고 IGBT $\mathrm{Q_1}$의 평균전류와 다이오드 $\mathrm{D_1}$의 평균전류를 구하라.

(d) 데드타임을 $10\,\mu\mathrm{sec}$로 증가시켰을 때 부하전류의 파형이 어떻게 달라지는지 설명하여라.

(e) 데드타임을 $10\,\mu\mathrm{sec}$로 증가시켰을 때 부하 상전압 v_{An}의 기본파성분의 크기가 위의 (a)와 비교했을 때 어떻게 달라졌는지 설명하여라.

 Electron/cs

연습문제 해답

2장 교류를 직류로 바꾼다?

2.1 (b) 9.9 A   (c) 4.95 A

2.2 (b) 정상상태에 도달하기 까지 소요되는 시간은 약 20 ms이며 이것은 $R-L$ 시정수 τ $(L/R = 5\,\text{ms})$의 약 4배이다.

(c) 9.9A

2.3 (a) 311 V   (b) 1.6 A   (c) 311 V

2.4 (b) 311 V   (c) 1.6 A

2.5 (a) 311 V   (b) 297.1 V   (c) 16.79 A   (d) 5.59 A

2.6 (a) 311 V   (b) 297.1 V   (c) 16.79 A   (d) 5.59 A

(a) 311 V   (b) 311 V   (c) 311 V   (d) 311 V

3장 직류를 왜 또 직류로 바꾸나?

3.1 (a) $D = 0.625$, $I_L = 6$ A, $\Delta i_L = 0.5625$ A, $\Delta v_o = 1.496$ mV

(b) $I_s = 3.75$ A, $I_D = 2.25$ A

(c) $D = 15/28$, $I_L = 6$ A, $\Delta i_L = 0.6964$ A, $\Delta v_o = 1.852$ mV

(d) $I_s = 3.214$ A, $I_D = 2.786$ A

3.3 (a) $0.225 \leq D \leq 0.35$

(b) $I_L = 15.3846$ A   (c) $\Delta i_L = 9.1$ A

(d) $I_{\max} = 19.9346\ mA$, $I_{\min} = 10.8346$ A

(e) $I_s = 5.3846$ A   (f) $I_D = 10$ A

(g) $\Delta v_o = 17.5$ mV   (h) $I_L = 12.903$ A

(i) $\Delta i_L = 6.975$ A   (j) $I_{\max} = 16.3905$ A, $I_{\min} = 9.4155$ A

(k) $I_s = 2.903$ A   (l) $I_D = 10$ A

(m) $\Delta v_o = 11.25$ mV

3.5 (a) $D = 5/13$ (b) $I_M = 8.125$

(c) $I_s = 3.125$ A   (d) $I_D = 5$ A

(e) $I_{\max} = 8.356$ A, $I_{\min} = 7.894$ A

(f) $\Delta v_o = 40.92$ mV

4장 교류를 가변직류로 변환하기

4.1   (a) 1배   (b) 0.8배   (c) 0.8배   (d) 0.91배   (e) 0.828배

4.3   (a) $82.3° \leq \alpha < 83.7°$ (b) 5 A, 5 A   (c) 342.2 V   (d) 2.5 A

4.5   (a) $136.95° \leq \alpha < 141.23°$ (b) 5 A, 5 A   (c) 214.3 V

4.10 $\alpha = 41.1°$

5장 직류로부터 교류를 만들어보자

5.2   (a) 최대값 = 16.966 A, 최소값 = −16.966 A, 실효값 = 11.338 A

       (b) 평균값은 4.15 A, 실효값은 7.36 A

       (c) 평균값은 0.94 A, 실효값은 3.17A

5.3   (a) 1차 = 122.984 V, 3차 = 30.06 V, 5차 = 6.584 V, 7차 = 4.714 V,

          9차 = 10.008 V, 11차 = 11.177 V

       (b) 1차 = 15.316 A, 3차 = 1.539 A, 5차 = 0.207 A, 7차 = 0.106 A,

          9차 = 0.176 A, 11차 = 0.161 A. 부하전류의 최대값 = 16.18 A, 최소값 = −16.18 A,

          실효값 = 11.11 A

       (c) 평균값은 4.490 A, 실효값은 7.508 A   (d) 평균값은 0.423 A, 실효값은 1.705 A

5.4   (a) 부하에 인가되는 전압의 기본파성분의 크기는 이론적인 값이 90 V임에 비하여 시뮬레이션 결과 84.517 V이다. 이것은 데드타임의 영향 때문이다.

       (b) 부하에 인가되는 전압의 기본파 성분의 크기는 84.517 V이므로 그것의 10 %인 8.46 V 이상 되는 크기를 갖는 최초의 고조파는 333차이며 크기는 15.049 V이다.

       (c) 117.312 V

       (d) 부하에 인가되는 전압의 기본파 성분의 크기는 117.312 V이므로 그것의 10 %인 11.73V 이상 되는 크기를 갖는 최초의 고조파는 3차이며 크기는 17.826 V이다.

5.5   (a) 6.941 A   (b) 8.695 A, $8.695 \times 100 = 869.5$ W   (c) 3.032 A

5.7   (a) 이론적으로 $v_{An} = m_a(V_{dc}/2) = 0.9 \times 100/2 = 45$ V인데, 시뮬레이션으로 구한 v_{An}의 기본파성분의 크기는 42.3434 V이다. 이러한 차이는 데드타임의 영향 때문이다.

       (b) 13.018 A, $13.018 \times 100 = 1301.8$ W

       (c) IGBT의 평균전류는 5.486 A이고, 다이오드의 평균전류는 1.146 A이다.

       (e) 데드타임을 10 μsec로 증가시켰을 때의 v_{An}의 기본파 성분의 크기는 32.09 V가 된다. 즉 데드타임을 2 μsec에서 10 μsec로 증가시키면 v_{An}의 기본파성분의 크기는 42.3434 V에서 32.09 V로 감소한다.

부록 PLECS 설치하기

◘ PLECS 다운로드 받기

① Plexim 홈페이지(www.plexim.com)에 접속한다.

② 메뉴에서 Download를 클릭하면 Download page가 나타나고 Download page에는 아래의 세 가지 메뉴가 있는 것을 확인할 수 있다.

- Download PLECS documentation : PLECS의 User Manual 다운로드
- Download PLECS Blockset : MATLAB simulink 연동 version
- Download PLECS Standalone : Standard version

③ 각 메뉴를 클릭하면 다음과 같이 창이 나타나며 파란색 글자부분을 클릭하면 다운로드가 가능하다. 그리고 PLECS standalone과 PLECS blockset을 다운 로드 할 때에는 각 사용자의 컴퓨터 플랫폼 환경에 맞는 파일을 선택해서 다운 로드해야 한다.

- PLECS documentation

PLECS 3.5.3 Manual

Download the latest edition of the PLECS User Manual (4000 KB) in PDF format. The manual was last updated on Feb 11, 2014.

- PLECS Standalone

Platform	File name
Microsoft Windows 32-bit	plecs-standalone-3-5-3_win32.exe (57056960 bytes)
Microsoft Windows 64-bit	plecs-standalone-3-5-3_win64.exe (62471872 bytes)
Mac / Intel 64-bit	plecs-standalone-3-5-3_maci64.dmg (50753975 bytes)
Linux / Intel 32-bit	plecs-standalone-3-5-3_linux32.tar.gz (49863953 bytes)
Linux / Intel 64-bit	plecs-standalone-3-5-3_linux64.tar.gz (50349418 bytes)

• PLECS Blockset

Platform	MATLAB version	File name
Microsoft Windows 32-bit	7.4 .. 8.2	plecs-blockset-3-5-3_win32.exe (44836544 bytes)
Microsoft Windows 64-bit	7.4 .. 8.2	plecs-blockset-3-5-3_win64.exe (47394496 bytes)
Mac / Intel 32-bit	7.4 .. 7.10	plecs-blockset-3-5-3_maci.tar.gz (49469873 bytes)
Mac / Intel 64-bit	7.9 .. 8.2	plecs-blockset-3-5-3_maci64.tar.gz (49315178 bytes)
Linux / Intel 32-bit	7.4 .. 8.2	plecs-blockset-3-5-3_linux32.tar.gz (51196245 bytes)
Linux / Intel 64-bit	7.4 .. 8.2	plecs-blockset-3-5-3_linux64.tar.gz (49961427 bytes)

◘ PLECS 설치하기 (Standalone & Blockset)

① Standalone version 설치하기

PLECS Standalone version부터 설치해보기로 하자 Windows(64bit) version 이다. PLECS 설치 시 나오는 첫 화면에서 Next를 클릭한다.

다음으로 나오는 라이선스 정책에 관한 내용을 숙지 후, 동의 란에 Check한 뒤 Next를 클릭한다.

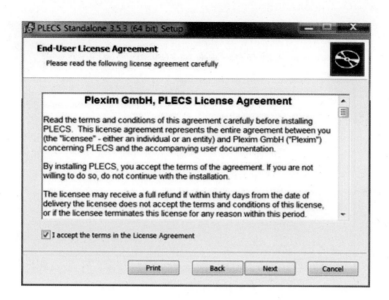

PLECS 사용자를 선택하는 창이다. 현재 PC 사용자만 PLECS 사용 시
Cancel을 클릭하고 모든 사용자가 PLECS 사용할 경우 Next를 클릭한다.

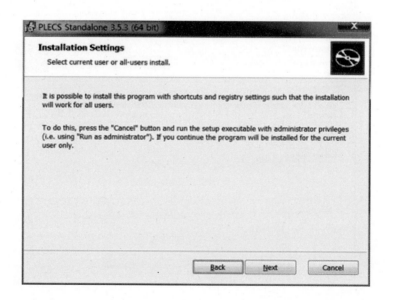

다음으로 나오는 창에서 Install을 클릭하면 PLECS Standalone version의
설치가 시작된다.

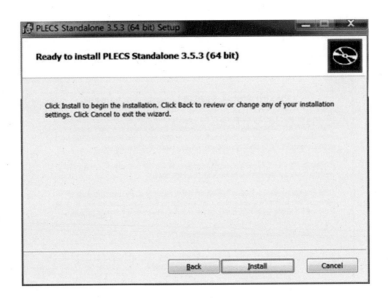

설치 완료 후 License File을 복사하는 창이 나타나는데 아직 라이선스가 없으
므로 Next를 클릭한다.

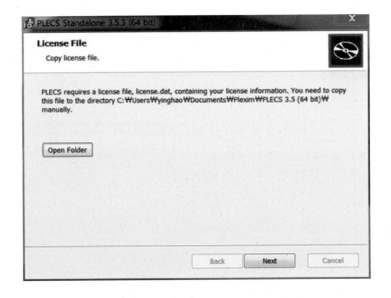

PLECS Standalone version 설치가 완료되었고 Finish를 클릭하면 installation
이 종료된다.

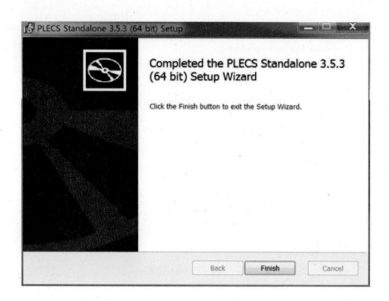

② Blockset version 설치하기

다음으로 PLECS Blockset version을 설치해보기로 하자. Windows(64bit) version 이다. PLECS 설치 시 나오는 첫 화면에서 Next를 클릭한다.

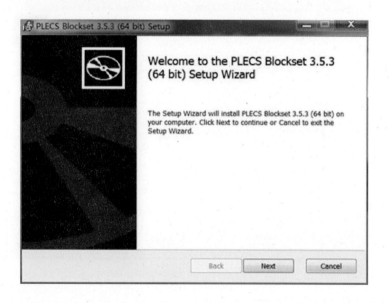

다음으로 나오는 라이선스 정책에 관한 내용을 숙지 후, 동의 란에 Check한 뒤 Next를 클릭한다.

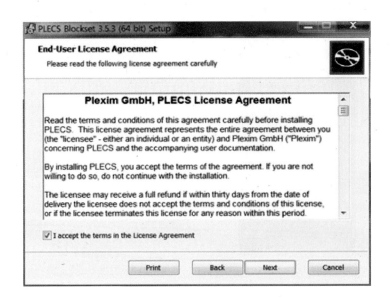

PLECS 사용자를 선택하는 창이다. 현재 PC 사용자만 PLECS 사용 시
Cancel을 클릭하고 모든 사용자가 PLECS 사용 시 Next를 클릭한다.

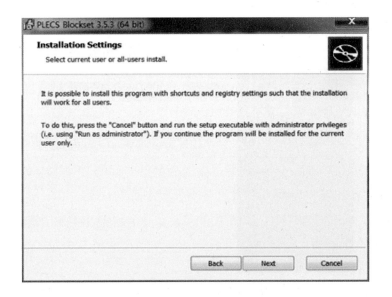

다음으로 나오는 창에서 Install을 클릭하면 PLECS Blockset version의 설치
가 시작된다.

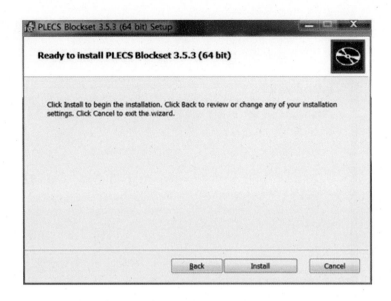

설치 완료 후 나타나는 PLECS 설치 마법사에서 Next를 클릭한다.

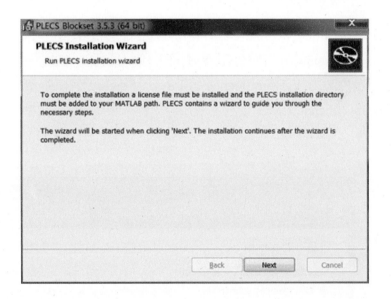

PLECS 설치마법사에 대한 소개이므로 계속 Next를 클릭한다.

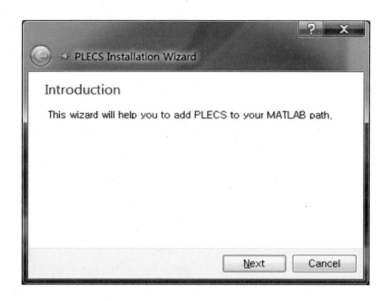

사용할 license file을 선택하는 창으로 아래의 항목 중에서 하나를 선택한 후 Next를 클릭한다.

- Use installed license file : 이미 라이선스 파일이 설치되어 있을 시 선택
- Copy license file : 메일을 통해 라이선스 파일을 받았을 시 선택.
- Use PLECS Viewer license : PLECS Viewer 설치 시 선택.
- Skip : license file이 없거나, PLECS 설치 후 license를 등록하고자 한다면 선택

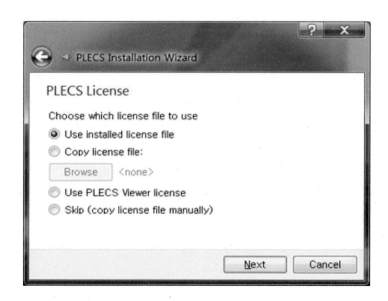

MATLAB이 설치되어 있을 시, 나오는 화면으로 Commit를 클릭한다.

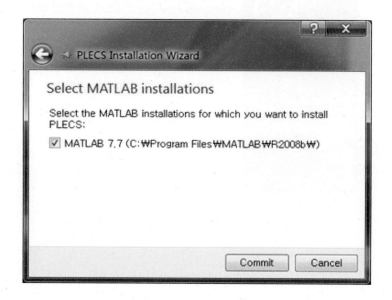

설치가 완료되면 Finish를 클릭한다.

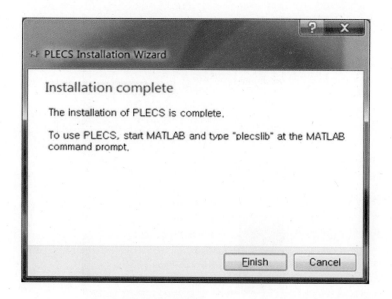

PLECS Blockset version의 설치가 끝났으므로 Finish를 클릭하여 설치를 종료한다.

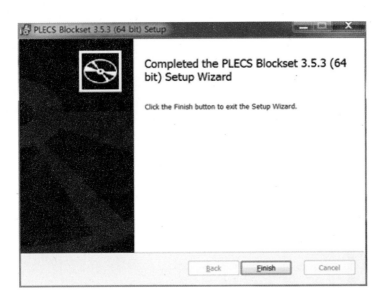

참고로 PLECS Blockset version의 설치가 제대로 되었는지를 Matlab을 통해 확인할 수 있다. 주의할 점은 Matlab 실행 시 반드시 관리자 모드로 실행해야 오류가 발생하지 않는다.

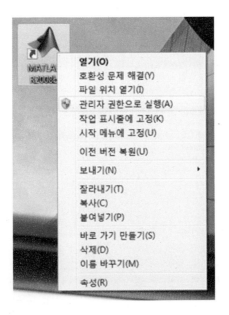

메뉴에서 File -> Set Path를 차례로 선택하면

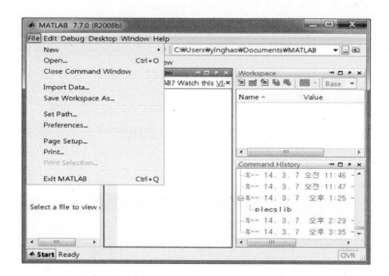

PLECS가 추가 된 것을 확인할 수 있다. 만약 PLECS 경로가 보이지 않을 시, Add Folder를 클릭해 경로를 설정해주면 된다.

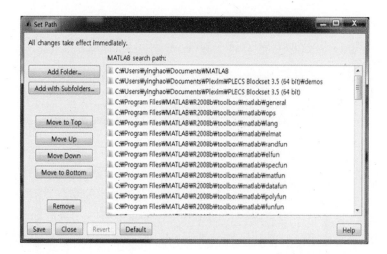

☐ 라이선스 요청하기

license가 없는 상태에서 PLECS를 실행시키면 다음과 같은 경고 창이 생성된다.

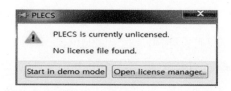

따라서 license를 요청하기 위해서 Open license manager 클릭하면 PLECS license Manager 창이 생성된다. 여기서 각 메뉴 탭의 의미는 다음과 같다.

- Get Host ID : 사용자 컴퓨터 Host ID를 얻을 수 있다.
- Install license file : 메일을 통해 license를 받은 경우에 사용한다.
- Request trial license : trial license를 요청한다.

License 에는 2가지 타입이 있으며 아래와 같다.

- Trial license : 체험판이며, 1달 간 사용 가능하다.
- Student license : 담당 교수님께 받은 코드를 입력 시 정품을 1년 간 사용 가능하다.

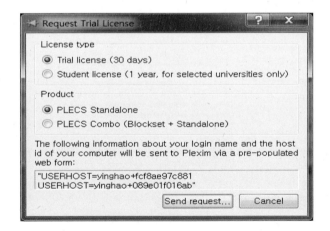

① Trial license 요청하기

Request Trial license 창에서 Trial license란에 체크한 뒤 원하는 PLECS version에 체크한다. 그리고 Send request 클릭하면 아래와 같은 화면이 나타나고 개인정보를 입력한 뒤 Submit 클릭하면 Trial license 신청 과정이 완료되며 1~2일 후 메일을 통해 Trial license file을 받을 수 있다.

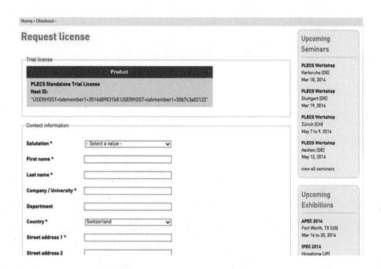

② Student license 요청하기

　PLECS License Manager 창으로 돌아가 Request trial license를 클릭한다.

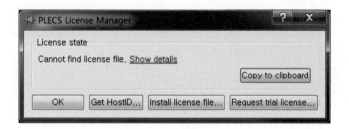

Student license 란에 체크한 뒤 교수님께 받은 Code를 Code provided by your professor에 입력한다. 그리고 나서 Send request 클릭하면 license 요청이 완료된다.

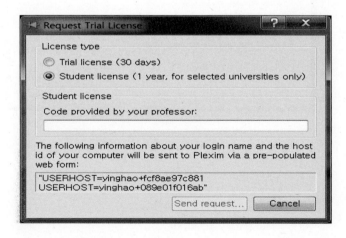

▢ 라이선스 설치하기

PLECS 정식 버전 사용을 위해선, 메일을 통해 받은 License file을 따로 설치해 줘야 한다. 그리고 License file 설치 방법에는 두 가지가 있다.

- PLECS License Manager를 이용한 설치
- PLECS 폴더에 직접 설치

① PLECS License Manager를 이용한 라이선스 설치하기

메일을 통해 license file을 받으면 PLECS를 실행하고 Install license file을 클릭한다.

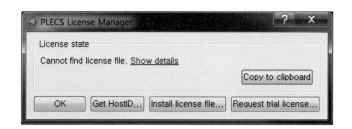

Browser를 클릭하고, 메일을 통해 받은 license file 위치를 지정해 준다. 완료 후 Next 클릭하면

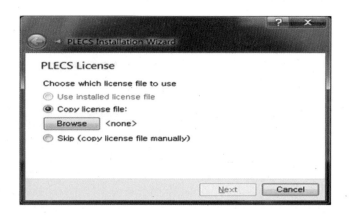

성공적으로 설치가 완료된다.

② PLECS 폴더에 직접 라이선스 설치하기

PLECS가 설치되어 있는 폴더를 찾는다.

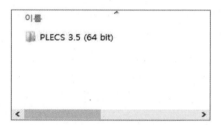

그리고 PLECS 폴더에 메일을 통해 받은 License file을 복사 해주면 설치 완료 된다.

찾아보기

저자소개

노의철

KAIST 전기 및 전자공학과 공학박사
Wisconsin-Madison 주립대학 Visiting Professor
University of California, Irvine Visiting Professor
현, 부경대학교 전기공학과 교수

정규범

KAIST 전기 및 전자공학과 공학박사
Virginia 주립대학 VPEC 연구원
Texas A&M 주립대학 Visiting Professor
한국항공우주연구원 선임연구원
현, 우석대학교 에너지전기공학과 교수

최남섭

KAIST 전기 및 전자공학과 공학박사
Wisconsin-Madison 주립대학 Visiting Professor
미시간주립대학 Visiting Professor
현, 전남대학교 전기전자통신컴퓨터공학부 교수

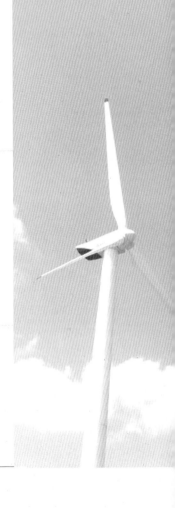

알기쉽게 풀어쓴
전력전자공학

초 판 발 행 ㅣ 2014년 6월 5일
초판3쇄발행 ㅣ 2019년 7월 25일

지 은 이 ㅣ 노의철 · 정규범 · 최남섭
발 행 인 ㅣ 이성범
발 행 처 ㅣ 문운당
주   소 ㅣ 서울시 종로구 혜화로5길 16 (명륜1가 45-3)
출판등록 ㅣ 1962년 7월 4일 제 1-139
전   화 ㅣ (02)762-6010
팩   스 ㅣ 영업 (02)745-0265 / 편집 (02)762-8758
홈페이지 ㅣ http://munundang.co.kr
이 메 일 ㅣ 영업 munun2@chol.com
             편집 munundang@naver.com

ISBN   979-11-5692-019-9 93560

정가 30,000원